Jürgen Arnold

Existenzgründung
Fakten und Grundsätzliches

3. aktualisierte Auflage

UVIS - Verlag

Business - Wellness

Existenzgründerzyklus
„Der sichere Weg zum erfolgreichen Unternehmen"
Band I

Impressum

www.uvis-verlag.de - info@uvis-verlag.de

ISBN 978-3-938684-18-4

Bibliografische Information der Deutschen Nationalbibliothek
Die Deutsche Nationalbibliothek verzeichnet diese Publikation in der Deutschen Nationalbibliografie; detaillierte bibliografische Daten sind im Internet über http://dnb.d-nb.de abrufbar.

Redaktion:	UVIS Beratung GmbH	Manuskript:	Monika Arnold
Grafik:	Tugce Yilmaz	Lektorat:	Pia Scheffler
Cover:	Tugce Yilmaz	Druck:	TZ Verlag & Print GmbH, Roßdorf

Mehrwert / Zusatznutzen: Es wurde 90 gr. Papier verwendet und eine stabile Leimung/ Bindung eingesetzt. Stark gespreiztes Aufdrücken des Werkes schränkt die Haltbarkeit der Bindung ein. Es wurde als Schrift Arial Narrow verwandt, ein Schrifttyp, der bis zu 20 % mehr Inhalt auf gleichen Satzspiegel ermöglicht. - Mehr Text, mehr Inhalt, mehr Informationen, Wissen und Sicherheit richtige Entscheidungen zu treffen.

Ideen gibt es reichlich,

erfolgreiche Gründer setzen sie um.

Jürgen Arnold
Geschäftsführender Gesellschafter eines Consultingunternehmens in Ulm/Burgrieden.

Mitglied im Bundesverband Deutscher Unternehmensberater BDU e.V.

CMC-zertifizierter Berater

Seit 1985 erfolgreicher Buchautor zu wirtschaftlichen Themen.

Vorwort

Dieses in Ihren Händen liegende Werk dokumentiert die vierte Generation von mir verfasster Existenzgründerliteratur. Seit 1980 - zwischenzeitlich 30 Jahre - berate und begleite ich Existenzgründer auf dem Weg in ihre Selbständigkeit und zu mehr Erfolg. Der Markt, die Technologie, die Gesellschaft, auch die Eingangsvoraussetzungen und Rahmenbedingungen für Gründer, Kapital und Partner haben sich in dieser Zeit stark gewandelt.

Ein nach wie vor gültiger Schlüsselwert sind und bleiben die *„80 Prozent“*.

- Innerhalb von acht Jahren verschwinden wieder 80 % der Gründer,
- innerhalb von fünf Jahren gar 50 % und
- oft überleben 30 % nicht einmal das Gründungsjahr im Markt.

Jeder Gründer möchte mit seiner Idee zu den besagten 20 % zu gehören. Doch das ist nicht leicht, wenn man nicht bereit ist sich zu öffnen, zu lesen und zu zuhören. Erfolg ist planbar! Systematisch und strukturiert sich mit dem Vorhaben auseinanderzusetzen und vernunftbegabt Prozesse in die Wege zu leiten ist ein gangbarer Weg.

Mit diesem ersten Band **Existenzgründung - Fakten und Grundsätzliches** des neuen Existenzgründerzyklus *„Der sichere Weg zum erfolgreichen Unternehmen“* werden Ihnen viele notwendige Dinge informativ und konzeptionell rund um die Gründung vermittelt. Spezialthemen wie Markteintritt, Businessplan, Finanzierung und Netzwerke sind als Schwerpunkte ausschließlich den Folgebänden vorbehalten.

Dieses Werk eignet sich vor und nach der Gründung als punktuelles Nachschlagewerk, bietet gleichermaßen die Möglichkeit sich chronologisch, prozessorientiert und sukzessiv Baustein um Baustein an das große Projekt **Existenzgründung** heranzutasten.

Neu in dieser vierten Generation ist die Reichweite der Inhalte. Die Ausführungen beschränken sich nicht nur auf Gründungen von Deutschen in Deutschland, sondern es werden Aspekte der Gründungen im gesamten europäischen Markt genauso berücksichtigt wie die Verselbständigung von Migranten innerhalb der EU.

In der Ihnen heute hier vorliegenden 3. aktualisierten Auflage finden Sie alle gesetzlichen und wirtschaftlichen Neuerungen, die ab 2010 greifen. Schlüsselbegriffe wie beschleunigte Gründungsverfahren, online-aktualisiertes Handelsregister, Unternehmergesellschaft (haftungsbeschränkt), Mustersatzungen, elektronische Signatur, Gründercoaching finden Sie genauso eingearbeitet, wie die neuen Ausführungen von Buchführung- und Abschreibungsbestimmungen, ELSTER- und ELENA-Online-Meldungen, erlaubnis- und genehmigungspflichtigen Gewerbe, AGB's, Pflichtangaben in der Geschäftskorrespondenz und die Abgrenzungen von Gewerbe zu freien Berufen.

Viel Erfolg bei Ihrem Vorhaben
Jürgen Arnold

Antonio Schnieder
Präsident des Bundesverbandes Deutscher Unternehmensberater BDU e.V.

Vorsitzender der Geschäftsführung
Capgemini Deutschland Holding GmbH

Begleitwort

Auf dem Weg zur modernen und innovativen Wissensgesellschaft brauchen wir mehr Offenheit gegenüber dem Neuen und der Veränderung, mehr Optimismus und mutige, aber auch verantwortungsvoll agierende Unternehmer. Gerade jetzt, wo die Konjunktur wieder anzieht, müssen Wachstumsimpulse durch Innovationen gestützt werden. Sie bilden einen Schlüsselfaktor um im globalen Wettbewerb bestehen zu können. Chancen hierfür gibt es in allen Branchen, ob regional oder international.

Allerdings ist nicht nur entscheidend, wie innovativ ein Unternehmen ist, sondern auch wie sich die Innovationen erfolgreich und rentabel am Markt umsetzen lassen! Ein lähmender Pessimismus oder ein überhöhtes Risikodenken sind genauso wenig sinnvoll, wie Überzuversicht und vorschnelles, unbedachtes Handeln. Entrepreneurial Spirit ist gefragter denn je in Deutschland.

Welche Eigenschaften zeichnen einen Entrepreneur neben einer zündenden Geschäftsidee also aus? Erfolgreiche Entrepreneure haben überdurchschnittliche (Eigen-) Motivation, Begeisterungsfähigkeit und Zuversicht, Zähigkeit und zugleich Offenheit sowie Flexibilität, sich immer wieder den Marktgegebenheiten anzupassen.

Und neben all diesem ist wichtig, systematisch die Erfolgsaussichten zu analysieren und Ihr Vorhaben strukturiert anzugehen. Berater und Coaches unterstützen, wo es an Erfahrungen und Kenntnissen mangelt. Auch dieses Buch liefert einen wertvollen Beitrag, um die unterschiedlichen Aspekte, die bei einer Existenzgründung zu beachten sind, zu beleuchten.

Ich wünsche Ihnen auf jeden Fall auf Ihrem Weg als Entreprerneur viel Erfolg und schlussendlich auch noch das nötige Quäntchen Glück.

Ihr
Antonio Schnieder

Wegweiser

Dieses Werk enthält neben zahlreichen Grafiken und Tabellen auch Hervorhebungen, die durch die unten aufgeführten Symbole betont werden.

Symbole	Erläuterungen
(Globus)	**Ergänzende Informationen zu den Themen können unter den angezeigten Adressen im Internet recherchiert werden.** Trotz sorgfältiger Auswahl und Prüfung kann nicht ausgeschlossen werden, dass der Link zum Zeitpunkt des Zugriffs inaktiv ist.
(Buch)	**Weitere Detailinformationen in dieser Buch-Reihe** z.B. Buch II - *„Markteintritt und Wachstum“*
(Zeigefinger)	**Achtung** **Wichtiger Hinweis,** der eine besondere Relevanz in dem beschriebenen Thema hat.
(Zeigende Hand)	**Vorschlag** **Hinweis,** der eine qualitative Verbesserung im Handeln bringen kann.
(Computer)	**Downloads,** zu den angegebenen Themen können auf der Verlags-Website www.uvis-verlag.de entsprechende Ergänzungen abgerufen werden. - Dieses Angebot richtet sich an Premiummitglieder -
Premium-angebot	Das Buch enthält eine individualisierte Anmeldekarte. Der Leser erhält durch dieses einmalig kostenpflichtige Angebot Zugang zu - auf den Themenkreis des gekauften Werkes beschränkte - Downloads. Weiterführende und aktuelle Informationen (Mehrwerte und Zusatznutzen) können über die Verlags-Website im Internet abgerufen werden.

Inhaltsverzeichnis

Freiraum für Notizen

1. Überlegungen zum Existenzgründungsvorhaben

Sie möchten sich selbständig machen?

Vielleicht möchten Sie sogar Unternehmer werden?
Gar nicht mal so schlecht - Ihre Idee. Etwas zu unternehmen, sich zu verwirklichen, Anerkennung zu erlangen sind Motivationsmerkmale, die immer wieder genannt werden.

Wissen Sie, dass Sie sich mit Ihrer Idee eigentlich in guter Gesellschaft befinden?
In den letzten Jahren haben über 800.000 Personen jedes Jahr eine Existenz gegründet und sind den Weg der Selbständigkeit gegangen.

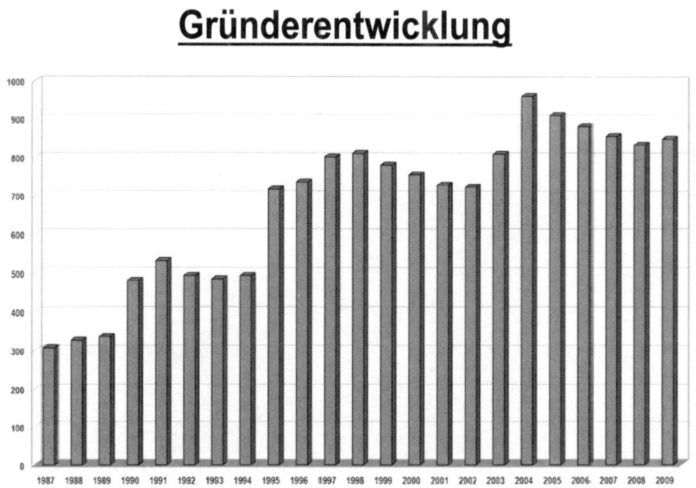

Quelle: BMWI - Statistisches Bundesamt - BDU - Creditreform.

BL-00001c

Die Kehrseite der Medaille - nicht einmal fünf von zehn Gründungen überstehen in der Regel die ersten beiden Jahre. Die Vision, sich selbständig zu machen und eine tragfähige Existenz zu platzieren, wird Sie möglicherweise mit vielen Fragezeichen und scheinbar verschlossenen Türen konfrontieren. Lassen Sie sich nicht entmutigen. Standfestig-, Beharrlich- und Zielstrebigkeit werden Sie weiterbringen, wenn Sie es nur wirklich wollen. Sie werden dieses, Ihr Vorhaben, nur einmal angehen.

Entweder Sie positionieren Ihr Unternehmen richtig, sofern Sie in den Vorbereitungen nicht schon aufgegeben haben oder stürzen einige Zeit nach der Gründung ab.

Der Gründungsprozess ist in der Regel schwierig. Viele Abhängigkeiten sind zu beachten. Tätigkeiten sind miteinander verzahnt. Verbündete und Freunde können zu Gegnern oder Neidern werden.

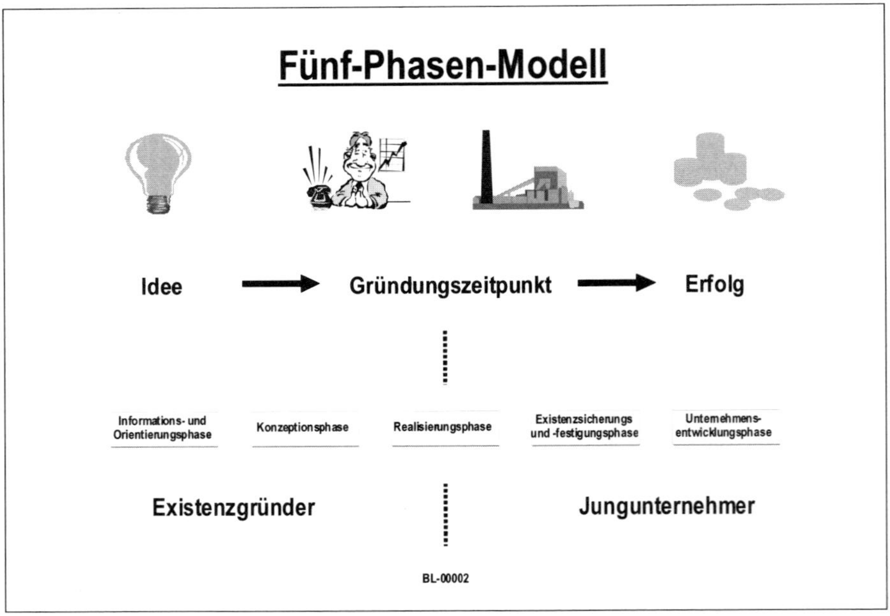

Will man versuchen das Gründungsvorhaben zu strukturieren, entsteht eine Art Ablaufprozess, der für die meisten Gründungen annähernd ähnlich ist. Anzunehmen, dass damit eine Gründung nach einem einheitlichen Rezept realisiert werden kann, ist dennoch falsch.

Sehr viele individuelle Aspekte sind in den Gründungsvorbereitungen zu beachten und differenziert einzuschätzen.

☞ Machen Sie sich vielleicht am besten mit dem Fünf-Phasen-Modell

Je nach Art, Typ und Umfang des Vorhabens können die einzelnen Phasen zeitlich eine sehr unterschiedliche Dauer haben.

Dieses Werk will Ihnen mit einigen strukturierten Meilensteinen Orientierungshilfen bieten, Ihre Visionen zu konkretisieren und möglichst rational zu realisieren.

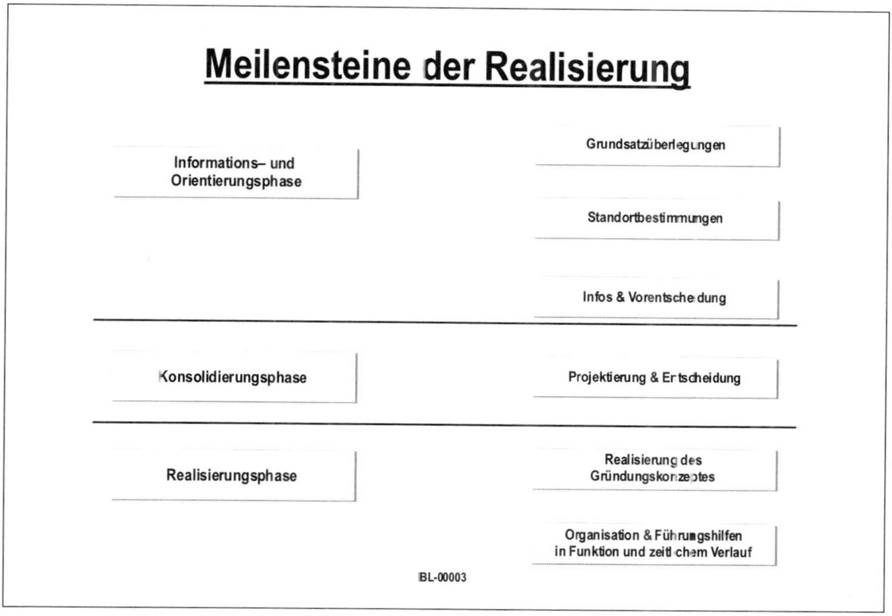

Die **Informations- und Orientierungsphase** hilft Ihnen im zeitlichen Vorfeld der eigentlichen Gründung zu einer qualitativen Vorentscheidung und einem ständigen Verifizieren der Grundsatzüberlegungen.

- Sondieren
- Informieren
- Prüfen
- Orientieren
- Verstehen und

stellen Schwerpunkte Ihres künftigen Handelns dar.

Auch das persönliche Umfeld und die persönliche Standortbestimmung werden mit einbezogen.

- Bin ich geeignet?
- Wo liegen meine Stärken?

- Wo sind Schwächen?
- Sind die vorhandenen Qualifikationen ausreichend?
- Welche äußeren Parameter beeinflussen mein Vorhaben?

Über Kontakte und Gespräche mit Partnern der Wirtschaftsszene erfahren Sie deren Meinungen und Einstellungen.

Um Informationsdefizite zu reduzieren und Doppelarbeit zu vermeiden, sollten Sie möglichst alle erhaltenen Erstinformationen ordnen, auf ihre Verwertbarkeit für Ihr Vorhaben prüfen und durch persönliche Notizen ergänzen.

Trennen Sie das so aufbereitete Datenmaterial nach der für Sie subjektiven Bedeutung in

- wichtige
- informative und
- unwichtige

Informationen. Führen Sie die letzteren einer zweckgerechten Entsorgung zu (Papierkorb).

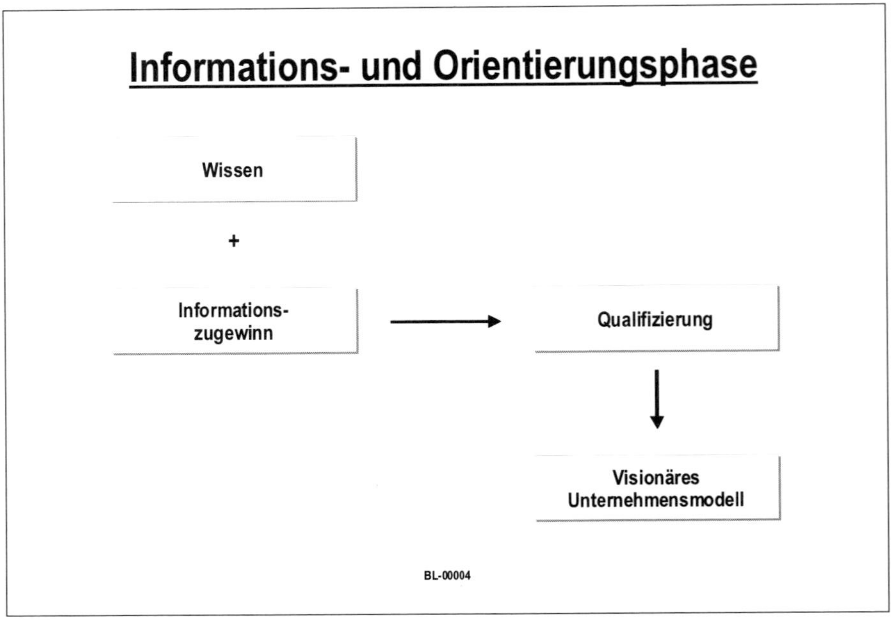

Die Stärkung Ihres Wissens durch Informationszugewinn und dessen Qualifizierung steht im Vordergrund dieser ersten und sehr wichtigen **Informations- und Orientierungsphase.**

Kommen Sie nach Abschluss dieser Erstorientierung zu dem Ergebnis *"weiterzumachen"* - Sie haben sprichwörtlich Blut geleckt - ist es nun existenziell wichtig, Ihre bisherigen Ideen mit den hinzugewonnenen Informationen zu verbinden, diese abzugleichen und ein Modell Ihres Vorhabens zu entwickeln.

Dieses visionäre Unternehmensmodell wird Bestandteil der **Konzeptionsphase**. Sie gibt Ihnen die notwendigen Entscheidungsparameter und -hilfen, um zu Ihrem endgültigen Entschluss zu gelangen, entweder

- zu gründen,
- es sein zulassen oder
- das Vorhaben zeitlich zu vertagen.

Die Kombination Ihres visionären Unternehmensmodells mit den qualifizierten Informationen der Informations- und Orientierungsphase führen durch eine gezielte Strukturierung zu Ihrem Unternehmenskonzept, das auch Unternehmensexposé oder Businessplan genannt wird.

Dieses Konzept beschreibt u.a.:

- Ihr Vorhaben,
- den Unternehmensgegenstand,
- seinen Zweck und
- die Möglichkeiten der Umsetzung.

Es enthält die betriebswirtschaftlichen Parameter, die zur Einschätzung und Prüfung der Frage ob Ihr Vorhaben auch einen **nachhaltigen Erfolg** und eine **tragfähige Vollexistenz** versprechen kann, notwendig werden. Auch vermittelt es so genannten sachverständigen Dritten den notwendigen Einblick, die Realisierbarkeit Ihrer Visionen richtig einzuschätzen.

Weitere Detailinformationen in dieser Buch-Reihe
Buch III - „Businesspan und Chancen“

In der **Konzeptionsphase** strukturieren Sie die gesammelten Informationen Ihres Vorhabens in das Unternehmenskonzept und einem Bündel von Checklisten, die letztlich noch einmal als Orientierungshilfe dienen, Ihre Entscheidung rational zu treffen.

Dann ist der Moment gekommen.
Sie treffen eine - Ihre - Entscheidung.

Ist der Startschuss zum *"Weitermachen"* gefallen, setzt die **Realisierungsphase** ein.

Dieser Prozess umfasst den Zeitraum und die Schritte, die der Umsetzung aller geplanten und vorgedachten Aspekte, von der Realisierung des Gründungsvorhabens bis zu allen Maßnahmen, die unmittelbar vor dem Tag X, **der Geschäftseröffnung** bzw. dem Unternehmensstart und danach liegen, dienen. Selbst der zuletzt genannte Schritt konzentriert sich nicht nur auf den einen Eröffnungstag, sondern deckt die notwendigen Kenntnisse für die Zeit danach und zum Anlaufen der Unternehmung, ab. Diese Form des autodidaktischen Coachings kann Ihnen die Wege, Gänge, Kontakte und Gespräche mit Entscheidungsträgern und sonstigen Beteiligten des Wirtschaftsprozesses nicht abnehmen. Diese müssen Sie schon selbst führen. Doch die Vorbereitungen Ihres Gründungsvorhabens werden wesentlich erleichtert.

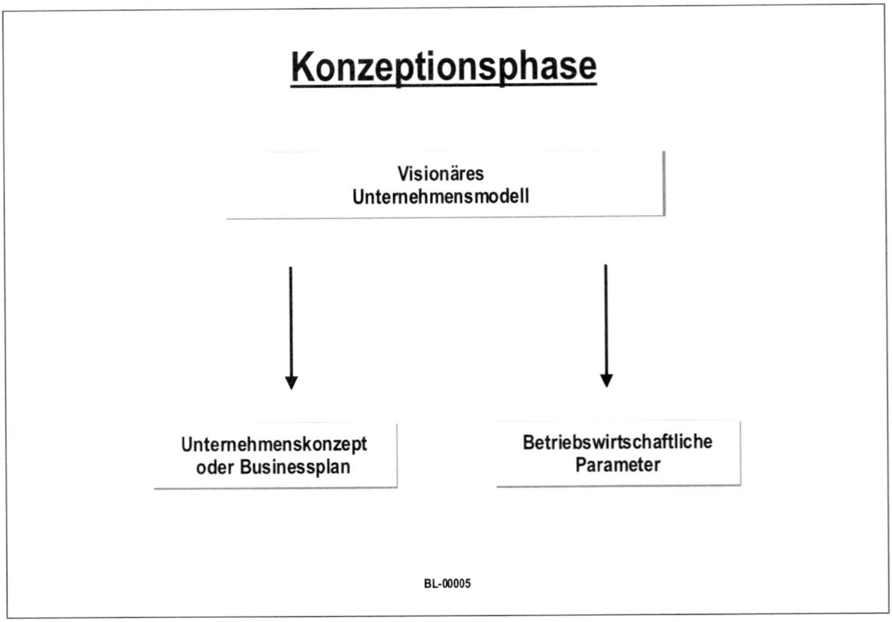

Das Ihnen vorliegende Werk ist der erste Band von fünf. Allesamt sind sie prozessorientiert und begleiten Sie durch die typischen Phasen einer Existenzgründung.

Durch die Schwerpunkte:

- **Fakten und Grundsätzliches**
- Markteintritt und Wachstum
- Businessplan und Chancen
- Finanzierung und Sicherheiten
- Netzwerke und Partnerschaften

werden Sie thematisch in allen Stadien der Vorbereitung, der Konkretisierung und bei der endgültigen Umsetzung Ihres Vorhabens geführt.

Verstehen Sie die Ausführungen auch nicht als allgemeingültige Anleitungen. Sie können weder Unternehmensberater, Steuerberater, Anwälte, noch die Gespräche mit Vertretern von Banken und Kammern, Behörden, Ämtern oder Lieferanten und Kunden ersetzen.

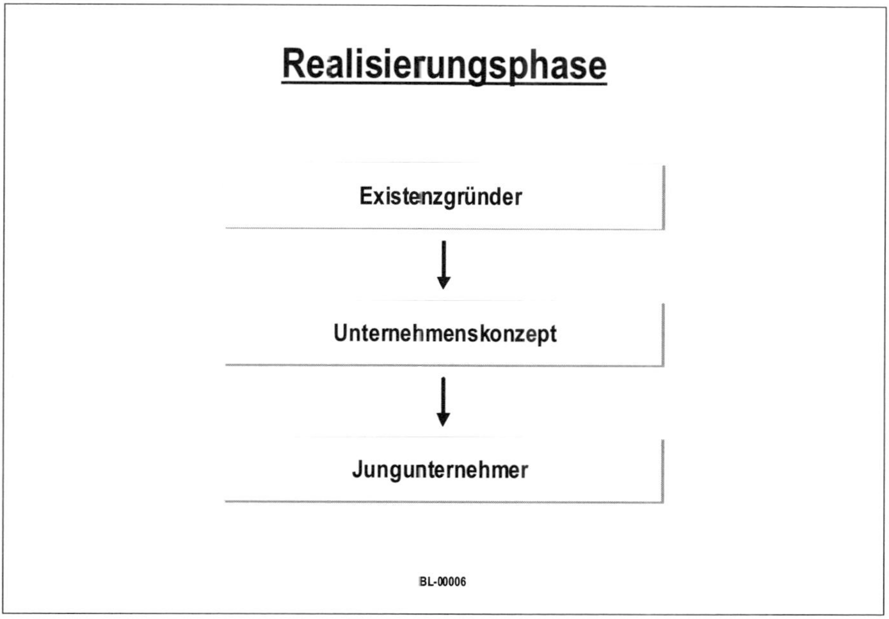

Benutzen Sie diese Werke als Ihren persönlichen Begleiter, als Nachschlagewerk und Orientierungshilfe. Sie dienen dem Zweck, die immer wieder bei gescheiterten Gründungen festgestellten Informationsdefizite möglichst gering zu halten oder sie gar zu vermeiden.

1.1. Der typische Existenzgründer

Den typischen Existenzgründer gibt es nicht.

Jedoch schätzen sich Gründer vom Typus her stets gesellig, begeisterungsfähig, spontan, individualistisch und ehrgeizig ein.

Typus - Existenzgründer

- **gesellig**
- **begeisterungsfähig**
- **spontan**
- **individualistisch**
- **ehrgeizig**

BL-00007

1.1.1. Ansprüche an den Gründungswilligen

Erstmalige Gründer, die ein erfolgreiches Unternehmen im Markt platziert haben, sind recht gut ausgebildet. Zum Gründungszeitpunkt sind sie zwar nicht so hoch qualifiziert wie manche Manager, überzeugen aber in der Regel durch ihr recht praxisorientiertes Auftreten.

Das ist gut so, denn Unternehmertum hat in den wenigsten Fällen mit rein theoretischen Annahmen und Handeln zutun.

Immer wieder verlieren Techniker - meist bei innovativen, aber auch traditionellen Gründungen - das Augenmass für das wirtschaftlich tatsächlich erfolgreich Machbare.

Wer selbständig sein will, muss sich darüber im Klaren sein, dass ab dem Gründungszeitpunkt die Arbeitszeitordnung und andere arbeitsrechtliche Kriterien für die künftigen Mitarbeiter nach wie vor, für einen selbst als frisch gebackenen Jungunternehmer in den *"ersten Jahren"* nicht mehr gelten.

Die realistische Einschätzung muss daher lauten:

- doppelt so viel arbeiten,
- keinen Urlaub,
- Verzicht auf Freizeit und
- das bisherige Arbeitsentgelt um die Hälfte reduzieren.

Wer diese erste Zeit durchsteht, weiß annähernd richtig einzuschätzen was es heißt, erfolgreich im Wettbewerb zu bestehen.

Seien Sie skeptisch, wenn Sie beim Betrachten der Tagespresse Lockangebote lesen, die Reichtum und Monatsverdienste bis zum Drei- oder Fünffachen eines üblichen Monatsgehaltes, bei freier Zeiteinteilung, ohne Eigenkapital und vielleicht noch durch sofort abreisebereiten Einsatz versprechen.

Besinnen Sie sich auf die Tugenden des eigenen Know-hows, der Kraft, des Durchsetzungsvermögens und eines festen Willens, Probleme zu beseitigen oder diplomatisch zu umgehen. Halten Sie allen Widrigkeiten stand - dann kann es funktionieren.

Auf der anderen Seite bietet der Weg in die Selbständigkeit auch recht angenehme Perspektiven:

- Unabhängigkeit
- Kreativität
- gesellschaftliches Ansehen
- finanzielle Beweglichkeit

1.1.2. Was taten die Existenzgründer zuvor?

Es gibt viele Quellen und Studien. Dennoch, auch regionale und zeitliche Unterschiede der verschiedenen Erhebungen sorgen meist nur für geringe prozentuale Abweichungen in den immer wiederkehrenden Feststellungen.

☞ **Die Hälfte der Existenzgründer macht sich mit 36 - 45 Jahren selbständig.**

Bedingt durch Umstrukturierungen in den mittleren Managementebenen, durch Vorruhestandsregelungen, sich verschlankende Unternehmen und der demoskopischen Alterspyramide nimmt die Häufigkeit im oberen Altersbereich zu.

Vor dem Schritt in die Selbständigkeit sind die Gründer überwiegend im Angestelltenverhältnis tätig. Der Anteil, der sich aus der Arbeitslosigkeit Verselbständigenden hat sich in jüngster Zeit durch die Gründungsformen der früheren Ich-AG oder dem Überbrückungsgeld verstärkt. Zwischenzeitlich sind diese Subventionshilfen abgelöst und durch den Gründerzuschuss ersetzt worden.

Bei der Klassifizierung nach Wirtschaftszweigen im mitteleuropäischen Raum stehen Gründungsvorhaben in Handel und Dienstleistung an vorderer Stelle. Bedingt durch die recht hohen Investitionsvolumina in den neuen EU-Mitgliedsstaaten und den asiatischen Ländern nimmt der Anteil des produzierenden Gewerbes in Mitteleuropa stärker ab. Lediglich innovative Gründer mit Perspektiven neue Produkte auf den Markt zu bringen, nehmen in der Gruppe des industriellen Gewerbes einen stärkeren Anteil ein.

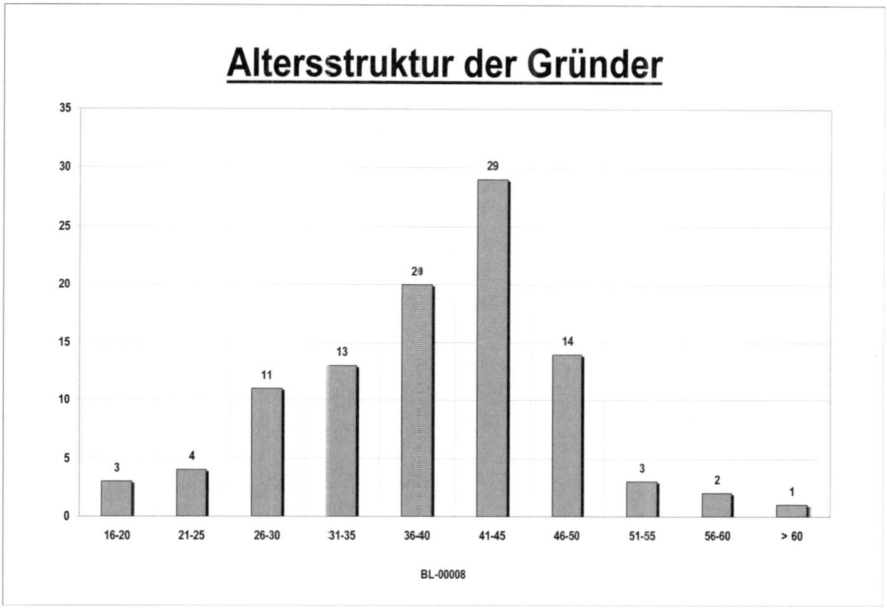

Wegen ihres hohen Risikos und der fehlenden Markterfahrungen werden gerade die innovativen Gründungen durch viele Regierungen stark gefördert. Dadurch, dass Sie neue Produkte auf den Markt bringen, erhalten sie besonders günstige Finanzierungshilfen.

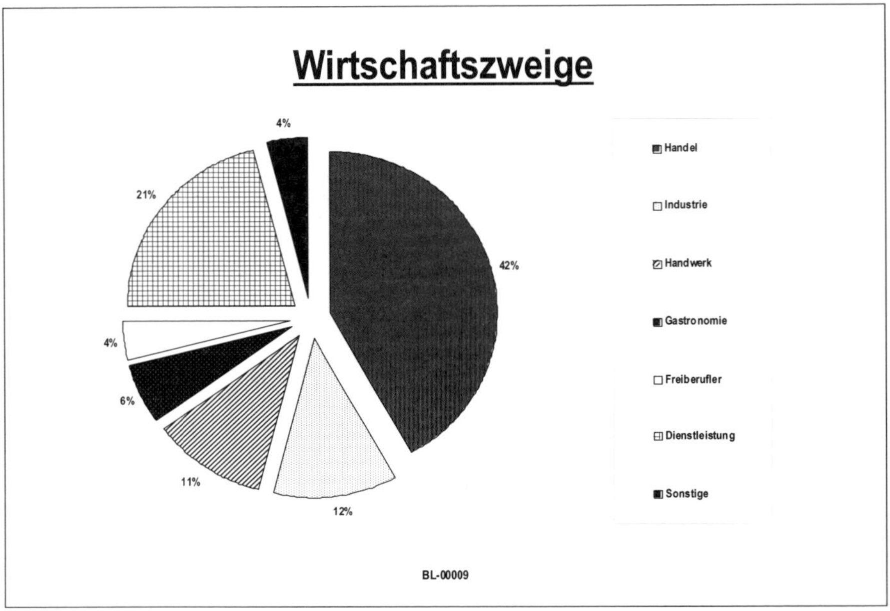

1.2. Warum Existenzgründungen scheitern

Drei wichtige Problemfelder werden immer wieder als Hauptursachen für die Aufgabe von Existenzen oder für Insolvenzen genannt:

- unsachgemäße Gründungsvorbereitungen
- Diskrepanzen zwischen Gründungsidee und tatsächlicher Marktsituation
- Informationsdefizite und vermeidbare Fehler
- betriebspezifische oder sonstige persönliche Ursachen im weiteren Umfeld des Unternehmens.

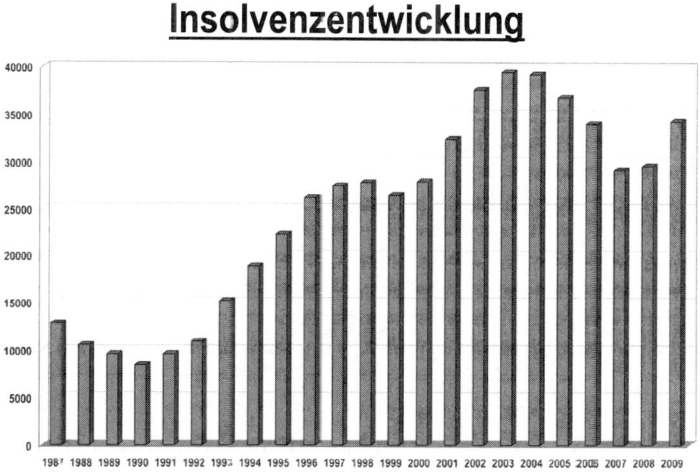

Quelle: BMWI, Statistisches Bundesamt, BDU, Creditreform.

BL-00010c

1.2.1. Unsachgemäße Gründungsvorbereitungen

Unternehmer werden ist nicht schwer, Unternehmer sein dagegen sehr. Diese etwas modifizierte Form eines ähnlich lautenden Sprichwortes lässt erkennen, dass neben der Etablierung gerade die Sicherung eines Unternehmens mit einem erheblichen Zeiteinsatz für den Gründer verbunden sein kann. So ist ein Jungunternehmer in der Zeit nach der Gründung in der Regel für Einflüsse von außen - abgesehen von Kunden, Aufträgen oder Umsätzen - kaum ansprechbar. Das ist zunächst auch richtig.

Keinesfalls darf sich der Jungunternehmer von allen Informationseinflüssen abnabeln.

Tatsache ist auch, dass der Existenzgründer in der Zeit vor der Gründung zeitlich nahezu die einzige Chance hat, sich ausgiebig und umfassend über sein Vorhaben zu informieren, ohne zunächst Schlagworte wie *„Umsatz machen"* , ständig im Nacken sitzen zu haben. Doch treten gerade in der Zeit vor der Gründung enorme Versäumnisse auf, die in der obigen Tabelle stichwortartig als Fallbeispiele dargestellt sind.

Versäumnisse und Tipps

Informationsquellen nicht ausreichend genutzt	Kammern, Verbände, Ämter, Unternehmens– und Steuerberater, Anwälte ansprechen.
zu schnelle und übereilte Gründung	Die idealen Vorbereitungszeiten für Start up's liegen bei 6 - 18 Monaten.
Beratungshilfen nicht genutzt	Infoveranstaltungen und Seminare besuchen und trotzdem umfassende Beratung nutzen.
keine alternativen Finanzierungsangebote eingeholt	Besuchen Sie mit Ihrer Idee und Ihrem Businessplan verschiedene Kreditinstitute.
Unternehmensberater vor der Gründung nicht eingebunden	Fehler können 10 - 20 % des Investitionsvolumens verzehren.
Vertrauengrundlage zur Hausbank nicht hergestellt	Der Kosten- und Zeitaufwand nimmt in kritischen Situationen zu.

BL-00011

1.2.2. Diskrepanzen zwischen Ideen und Marktsituation

Starke Fehleinschätzungen im Mengen- und Wertevolumen ergeben sich bei Existenzgründern immer wieder in der Positionierung ihrer geplanten Umsatzträger.

Selten treffen das Produkt oder die Dienstleistung auf eine Marktlücke.

Argumentieren Sie daher bei Gesprächen zu Ihrem Vorhaben nie mit dem Begriff Marktlücke, wenn es sich nicht wirklich um ein absolutes Novum auf einem unbesetzten Marktsegment handelt.

Beachten Sie bitte, dass **Marktlücken** in der Regel nur in innovativen Bereichen möglich sind, z.B. bei neuen Technologien, in der Ökologie, der Bio- und Gentechnik, der elektronischen Kommunikation, bei automatisierten Fertigungsverfahren, Prozesssteuerungen und Sensorik etc..

Unter dem Begriff *"Neue Technologien"* werden Erfindungen und Verfahren verstanden, deren Realisierung ökonomisch, soziale und in jüngerer Zeit auch ökologische Entwicklungen in der Zukunft mit beeinflussen kann. Die realistischere Form des Markteintrittes erfolgt in einer **Marktnische**. Hier finden sich üblicherweise die meisten Existenzgründer wieder. Eine Marktnische entsteht, bzw. wird besetzt, durch die Variation von eingeführten Marktpotenzialen - das sind bekannte Produkte und Dienstleistungen.

☞ **Die Realisierung von Variationen erfolgt über eine Spezialisierung oder Differenzierung bekannter Potenziale.**

Unter Spezialisierung ist das Verschlanken und die Konzentration auf Kerneigenschaften zu verstehen. Ähnlich einer ABC-Analyse wird bei Untersuchung der Potenziale in Wertklassen getrennt und Unwesentliches, Unwirtschaftliches und Überflüssiges vom Stammprodukt abgelöst.

Dieses Stammprodukt bzw. diese Kernkompetenz wird qualifiziert und als verbesserte Neuerung auf den Markt gebracht. Bei der Differenzierung wird genau der umgekehrte Weg gegangen. Führt die Produkt- und Marktanalyse zu der Erkenntnis, dass zu bestehenden Produkten oder Dienstleistungen über deren Erweiterung und Variation neue Märkte und Zielgruppen erreicht oder vorhandene besser zufrieden gestellt werden können und zudem Wettbewerbsvorteile erzielbar erscheinen, wird die Nische bestätigt, die durch den Zusatznutzen den gewünschten Erfolg begründet.

Trifft, abgesehen von der Übernahme eines Unternehmens (Unternehmenskauf - hier werden neben dem Produkt und der Dienstleistung auch der Kundenstamm und die Infrastruktur übernommen), der Marktlücken- und Marktnischencharakter für Ihr Gründungsvorhaben nicht zu, treffen Sie mit Ihrem Engagement als **Marktverdränger** auf einen bestehenden Markt mit vielen Wettbewerbern. Ihre Gründungsidee würden Sie dann mit den gleichen bereits im Markt vorhandenen Produkten und Dienstleistungen begründen.

In solchen Fällen lassen sich Leistungen nur durch Dumpingpreise oder sonstige niedrige Personaleinsatzkosten wettbewerbsfähig anbieten. Können und wollen Sie das wirklich? Haben Sie einen längeren Atem als der seit Jahren etablierte Wettbewerb? Diese Art von Gründung ist die schlechtere Variante.

1.2.3. Betriebsspezifische oder sonstige Ursachen im weiteren Umfeld des Unternehmens

Neben Erhebungen der Deutschen Bundesbank, der Creditreform e.V., einzelnen Verbänden und der früheren, jetzt in die KfW Bankengruppe integrierten Deutschen Ausgleichsbank wurden oft Analysen zu gescheiterten Existenzgründungen, deren Gründer öffentliche Mittel in Anspruch genommen hatten, durchgeführt:

Wenn auch die Analysen von Jahr zu Jahr nur geringfügig prozentuale Veränderungen aufweisen, sind die betriebsspezifischen Ursachen der Unternehmensschließungen in der Reihenfolge der Häufigkeit immer wieder gleich:

- zu hohe Fixkostenbelastung,
- Fehleinschätzung der Standortqualität,
- zu hoher Übernahmepreis,

- Unterschätzung des Betriebsmittelbedarfs,
- zu hohe Personal- und Nebenkosten,
- Überschreitung des Planvolumens durch zusätzliche Investitionen,
- Überschätzung der Nachfrage und damit der geplanten Umsätze,
- wettbewerbsbedingte Verkäufe unter Preis,
- Diskrepanz zwischen Umsatzrückgang und Personalkostensteigerung,
- zu hohe Abhängigkeit von Kunden und/oder Auftraggebern,
- Verschlechterung der Standortqualität nach der Gründung,
- Unterschätzung der Konkurrenz schlechthin und
- Vernachlässigung des Rechnungswesens,

Des Weiteren wurden folgende Ursachen im Umfeld des Unternehmens oder im Gefolge betriebsspezifischer Schwierigkeiten genannt:

- zu schmale Eigenkapitalbasis,
- chronische Mittelknappheit, die zu ständigen Kreditüberziehungen führt,
- fehlende Kreditsicherheiten zur Finanzierung des Wachstums,
- verweigerte Anschlusskredite der Hausbank zur Ausweitung der Umsätze
- hohe Außenstände durch Überschätzung der Zahlungsmoral sowie
- zu hoher Zeitdruck.

Die auf den folgenden Seiten beschriebenen Lösungsansätze zuvor genannter Probleme haben allgemeingültigen Charakter. Sie sind in der Praxis stets individuell einzuschätzen und werden von Unternehmensberatern bei Schwachstellenanalysen und Konsolidierungsberatungen zu unterschiedlichen Lösungen verarbeitet.

☞ **Gleichen Sie Ihr Vorhaben mit den beschriebenen Problemen ab.**

Haben Sie genügend Vorsorge getroffen, damit Ihr Projekt nicht belastet wird, vermerken Sie das mit *"okay"* bzw. setzen Sie sich eine Frist, bis zu welchem Zeitpunkt Sie diese Themen behandelt haben möchten. Haken Sie die Punkte ab, wenn die Aufgaben erfüllt sind.

Zu hohe Fixkostenbelastung

- Systematische und alternative Planungen wurden vor dem Gründungsbeginn versäumt oder nur oberflächlich durchgeführt.
- Fehlende oder mangelhafte Planungs- und Controllinginstrumente verhinderten vor dem eigentlichen Auftreten der Probleme das rechtzeitige Erkennen und Einleiten von Maßnahmen zur Gegensteuerung.

☞ **Gründungsvorhaben ab ca. 50 000,- Euro sind durch Unternehmensberater zu begleiten.**

Achten Sie auf die detaillierten Planungsansätze in der relevanten Gründungsberatung.

❑ **okay** **Termin:** ____________________ ❑ **erledigt**

Fehleinschätzung der Standortqualität

- Marktanalysen, auch in der einfachsten Form, wurden nicht durchgeführt.
- Die Konkurrenzbeobachtung und -analyse war unzureichend:
- Marktanteile werden nicht analysiert und führten bei Verdrängungsgründungen fast immer in den sicheren Ruin.

☞ **Zielgruppenanalyse, Wettbewerbsanalyse, Gespräche mit der zuständigen Industrie- und Handelskammer.**

❑ **okay** **Termin:** ____________________ ❑ **erledigt**

Zu hoher Übernahmepreis

- Analysen zur Ermittlung der betriebswirtschaftlichen Ertragskraft über einen Zeitraum der letzten drei Jahre wurden durch den Veräußerer nicht durchgeführt bzw. dem Käufer nicht vorgelegt. Bilanzen und G.u.Vs genügen in der Regel zur Einschätzung nicht. Sie werden oft geschönt und sind höchstens als zusätzlicher Parameter in der Beurteilung heranzuziehen.

☞ **Eine Firmenwertermittlung ist durch einen unabhängigen Gründungsberater vom Veräußerer durchzuführen.**

❑ **okay** **Termin:** ____________________ ❑ **erledigt**

Unterschätzung des Betriebsmittelbedarfs

- Vor der Gründung fand keine systematische und ausreichende Betriebsmittelbedarfsermittlung statt.

☞ **Fragen Sie Ihre zuständige Landesbank ob und in welchem Umfang Betriebsmittel für Ihr Gründungsvorhaben finanziert werden können.**

Dieser Bedarf kann durch manche öffentliche Finanzierungsprogramme im Rahmen des Investitionsbedarfs finanziert werden.

❑ **okay** **Termin:** ____________________ ❑ **erledigt**

Zu hohe Personal- und Nebenkosten

- Die Personalkostenplanung beschränkte sich auf die Gehalts- und Lohnkosten. Nebenkosten des Arbeitgebers werden genauso vernachlässigt wie Personalbeschaffungs- und Weiterbildungskosten, Kosten der Direktversicherungen, sonstiger betrieblich begünstigter Altersvorsorge, sowie Beiträgen zu den Berufsgenossenschaften, etc..
- Des Weiteren wurden nicht selten von Gründungsbeginn an Festangestellte eingeplant.

☞ **Sprechen Sie mit Ihrer Agentur für Arbeit. Informieren Sie sich über die Modalitäten von Geringverdienern.**

Aushilfen, Halbtagskräfte und/oder Beschäftigungen über Zeitverträge stellen in der Regel kostengünstigere Alternativen dar.

❑ **okay** **Termin:** ____________________ ❑ **erledigt**

Überschreitung des Finanzbudgets durch nicht eingeplante zusätzliche Investitionen

- Dieses Problem entsteht in Situationen, bei denen der erforderliche Investitionsbedarf ausschließlich auf den Gründungszeitpunkt ausgerichtet ist. Die wenigsten Unternehmer sind in der Lage, in den ersten drei bis fünf Jahren durch das gegründete Unternehmen Mittel für Ersatz- oder Zusatzinvestitionen zu erwirtschaften.

☞ **Das Finanzierungsvolumen muss den Investitionsbedarf des Gründungszeitpunktes und eines Zeitraumes von mindestens einem, besser zwei Jahren danach abdecken.**

❑ **okay** **Termin:** ____________________ ❑ **erledigt**

Überschätzung der Nachfrage und möglichen Umsätze

- Alternative Planungen mit optimistischen, realistischen und pessimistischen Varianten wurden nicht durchgeführt.

☞ **Sprechen Sie mit Ihrem Gründungsberater bei den Rentablilitätsberechnungen mehrere Varianten durch.**

Eine Katastrophen- oder Worst Case-Planung könnte rechtzeitig zu sicheren Anhaltspunkten führen und die absolute Umsatzuntergrenze ermitteln. Umsatzeinbrüche (zeitweise mit Null-Euro-Umsatz) und sich daraus ergebende Konsequenzen lassen sich simulieren.

❑ **okay** **Termin:** ____________________ ❑ **erledigt**

Wettbewerbsbedingte Verkäufe unter Preis

- Eine pauschalierte durchschnittliche Handelsspanne, schlechte bzw. unzureichende Kalkulation von Material- und Wareneinsätzen, sowie sonstiger direkter umsatzabhängiger Kosten bei einzelnen zu differenzierenden Umsatzträgern führten zu falschen Annahmen und Ansätzen.
- Fehler bei der Kalkulation von Waren/Material- und Lohneinsätzen folgten unrealistische Rohertragsannahmen
- Verdeckte, variable Kosten (Fracht, Verpackung, Skonto, Gewährleistung, Ersatzlieferungen, Reklamationen beim Hersteller, Recycling- und Entsorgungskosten etc.) wurden übersehen.

☞ **Differenzieren Sie die Umsatzplanung in unterschiedliche Umsatzträgergruppen.**

Setzen Sie differenzierte Zuschlagssätze ein und berücksichtigen Sie alle nur möglichen direkten Kosten.

❑ **okay** **Termin:** ____________________ ❑ **erledigt**

Diskrepanzen zwischen Umsatzrückgang und Personalkostensteigerung

- Ein oft anzutreffendes betriebswirtschaftliches Manko. Bei negativen Umsatzveränderungen führte eine mangelnde Anpassung der Fixkosten zu Problemen in der Unternehmenssteuerung. Diese schlugen sich schnell auf die Wirtschaftskraft und das Kostengefüge des Gesamtunternehmens nieder.
- Buchhaltungsleistungen außer Haus zu vergeben zeichnet sich nicht überall als hilfreiches Instrumentarium aus. Dieser Weg bietet zwar Erleichterungen, schafft Freiraum, verleitet aber immer wieder zu Oberflächlichkeiten und zu hoher Distanz von den marginalen Unternehmenswerten.

☞ **Setzen Sie auf eigenes Controlling.**

Nur durch den Einsatz ständig aktuell gehaltener Planung- und Controllinginstrumente lassen sich Veränderungen rechtzeitig erkennen und begegnen.

❑ **okay** **Termin:** ____________________ ❑ **erledigt**

Zu hohe Abhängigkeit von Kunden und Auftraggebern

- Fehlende Simulationen in der Umsatz- und Kostenplanung. Fällt beispielsweise eine Warengruppe/ ein Hauptauftraggeber oder Lieferant aus, führt dies in der Realität schnell zu schwer auszugleichenden Konsequenzen.

☞ **Alternativen konzipieren.**

Unternehmensstrategien und Budgetierungen sind in einer Gründungsberatung durch unterschiedliche Ansätze ständig zu verifizieren.

❑ **okay** **Termin:** ____________________ ❑ **erledigt**

Verschlechterung der Standortqualität nach der Gründung

- Standortuntersuchungen wurden möglicherweise nicht ausreichend durchgeführt.

☞ **Über das Kataster- oder Bauplanungsamt sollte Einsicht in bauliche Veränderungen genommen werden.**

Das ortsübliche Amtsblatt ist regelmäßig zu lesen, Ausschreibungen und Bekanntmachungen müssen hinsichtlich eventueller Relevanz für das eigene Vorhaben beobachtet und Einsprüche angemeldet werden.

❑ **okay** **Termin:** ____________________ ❑ **erledigt**

Unterschätzung der Konkurrenz schlechthin

- Konkurrenz- und Marktanalysen wurden vernachlässigt oder nicht durchgeführt.

☞ **Wird als ein wichtiger Schwerpunkt im Rahmen einer jeden Gründungsberatung abgedeckt.**

Fehlende Konkurrenz- und Marktanalysen führen zu einem Versagen der Beratungsförderung bei ansonsten zuschussfähigen Gründungsberatungen.

❑ **okay** **Termin:** ____________________ ❑ **erledigt**

Vernachlässigung des Rechnungswesens

Solange ...

- sich das Rechnungswesen durch die Aufbewahrung der Rechnungen und Überweisungen im Schuhkarton dokumentiert,
- die Belege zum Monatsende dem Steuerberater außer Haus gegeben werden und irgendwann zurückkommen,
- der Unternehmer sich bei der Kontrolle nur auf die Kontoauszüge der Bank und das Kassenbuch beschränkt, ist die Etablierung des Vorhabens als tragfähige Vollexistenz völlig infrage gestellt.

☞ **Preiswerte Computerprogramme sind die Lösung.**

Sie führen menügesteuert durch die Buchhaltungssysteme, die für kaufmännisch versierte Kräfte überschaubar und schnell zu erlernen sind.

❑ **okay** **Termin:** ____________________ ❑ **erledigt**

Zu schmale Eigenkapitalbasis

- Gründungen werden oft zu schnell auf dem Markt realisiert, ohne vorher die Eigenkapitaldecke ausreichend geprüft zu haben. Ein zu niedriges Eigenkapital ist auch Indiz, für eine nicht in Anspruch genommene qualifizierte Gründungsberatung.

☞ **Wird es hinsichtlich des Eigenkapitals zu eng, stellen Sie Ihr Vorhaben einige Monate zurück.**

❑ **okay** **Termin:** ____________________ ❑ **erledigt**

Chronische Mittelknappheit, die zu ständigen Kreditüberziehungen führt

- Manko im Rechnungswesen - Planung und Controllinginstrumente fehlen.
- Liquiditätsplanung und -übersicht sind Fremdworte

☞ **Schalten Sie schnell einen externen Unternehmensberater ein.**

Beratungszweck: Schwachstellenanalyse, Reorganisation, Umfinanzierung.

❑ **okay** **Termin:** ____________________ ❑ **erledigt**

Herausgabe letzter Kreditsicherheiten, die dann zur Finanzierung des Umsatzwachstums fehlen

- Kreditlinien wurden durch die Kreditinstitute nicht angehoben, weil entweder die Ertragskraft nicht stimmte oder eine mangelhaft kaufmännische Übersicht vermutet wurde.
- Die Mängel einer unzureichenden Planung führen in der Etablierungszeit oft zu einer Nichtfinanzierung erforderlicher Zusatzinvestitionen. Das Unternehmen kann sich nicht entwickeln und verliert Marktanteile.

☞ **Eventuelle Neu-/Ersatzinvestitionen, die für die nächsten Monate geplant sind, sammeln.**

Über Finanzierungsprogramme zur Existenzfestigung und Einbindung der Bürgschaftsbank oder von Kreditgarantiegemeinschaften nachdenken.

❑ **okay** **Termin:** ____________________ ❑ **erledigt**

Falsche Ratschläge von dritter Seite

- Die Bandbreite kann hier von den notorisch am besten informierten Stammtischbrüdern, über neidische Verwandte bis hin bei der Gründung involvierter Personen, z.B. Steuerberater, Anwälte, Kammerangehörige, Bankenvertreter, etc. gehen.

☞ **Fragen Sie bei Ihrer Kammer oder dem Bundesverband Deutscher Unternehmensberater nach einem Gründungscoach.**

Viele Gründungsberater bieten intensive Begleitung auch in der Aufbau- und Festigungsphase an.

❑ **okay** **Termin:** ____________________ ❑ **erledigt**

Vonseiten der Hausbank verweigerte Anschlusskredite zur Ausweitung der Umsatztätigkeit

- Mangelnde Planungs- und Controllinginstrumente, sowie eine fehlende Liquiditätsplanung machen Bankenvertreter argwöhnisch.
- Ein schlüssig und nachvollziehbares Unternehmenskonzept für die Etablierungs- und anstehende Konsolidierungsphase wurde nicht vorgelegt.

☞ **Mängel durch Beratungshilfen abbauen.**

Nutzen Sie zuschussfähige Aufbauberatungen, die Jungunternehmern in der Regel bis zu zwei Jahren nach dem Gründungszeitpunkt zustehen.

❑ **okay** **Termin:** ____________________ ❑ **erledigt**

Überschätzung der Zahlungsmoral von Kunden mit der Folge hoher ungeplanter Außenstände

- Unterschätzung des Zeitraumes, der sich zwischen Angebot, Auftragsannahme, Auftragserfüllung, Rechnung bis schließlich zur Zahlung erstreckt.
- Planungs- und Controllinginstrumente helfen Erfahrenswerte präventiv einzubinden.

☞ **Die Schaffung eines Debitorenmanagements grenzt Forderungsausfälle ein.**

Auf diese Weise behalten Sie stets einen Überblick über Ihre Außenstände und können gezielt nachhaken.

❑ **okay** **Termin:** ____________________ ❑ **erledigt**

Zu hoher Zeitdruck

- Mangelndes Organisationstalent, Schwierigkeiten in der Trennung von Wesentlichem und Unwesentlichem, sowie zusätzlicher Arbeits-/Zeitaufwand durch Versäumnisse in der Organisation prägen dieses Phänomen.
- Selbst- und Zeitmanagement ist für Existenzgründer oft ein Fremdwort oder ein Themengebiet, für das es sich scheinbar nicht lohnt Zeit zu investieren - ein Irrglaube.

☞ **Erkundigen Sie sich nach Zeitmanagementseminaren für Existenzgründer.**

Je früher Sie damit anfangen, desto eher können Sie kreative Ideen realisieren.

❑ **okay** **Termin:** ____________________ ❑ **erledigt**

1.3. Volkswirtschaftliche Bedeutung und der europäische Markt

Die Gründung selbständiger Existenzen hat sich über Jahre als mittragende Säule der Volkswirtschaft erwiesen. Experten in Deutschland schätzen, dass Jungunternehmer in den letzten zwölf Jahren über 5 Mio. Arbeitsplätze geschaffen haben. Damit wird nicht nur der Arbeitsplatz für den Gründer eingerichtet bzw. gesichert, sondern vielfach durch Neueinstellungen der Arbeitsmarkt entlastet.

Mit den Neugründungen steigen neue Anbieter in den Markt ein, vervielfältigen den Wettbewerb und bereichern das Wirtschaftsleben.

Ohne Existenzgründungen würde der Wettbewerb Kraft und Dynamik verlieren. Je mehr selbständige Existenzen in einer Volkswirtschaft vertreten sind umso stabiler ist das Gemeinwesen.

1.3.1. Chancen und Mehrwerte

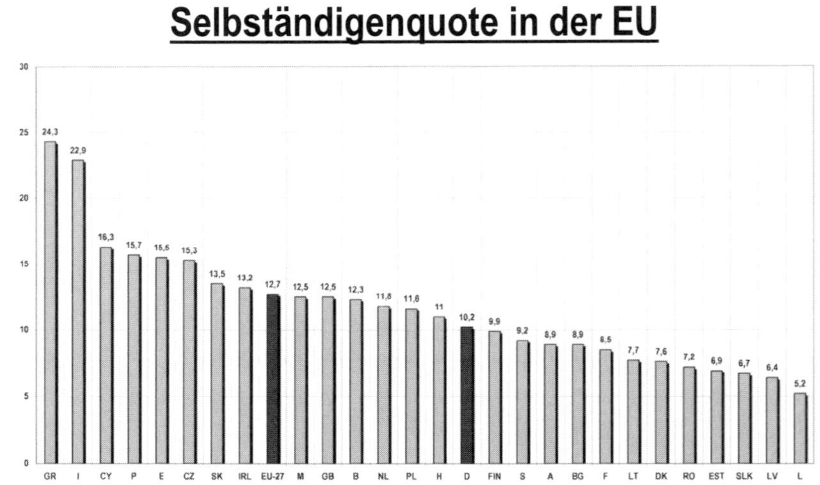

Quelle: EUROSTAT, OECD - 2008/2009.

BL-00013c

Existenzgründer, kleine und mittlere Unternehmen, auch die großen Konzerne sind mit für die Förderung des Bruttosozialproduktes verantwortlich. Würde es diese selbständigen Wirtschaftspartner nicht geben sondern nur amtliche Stellen und Institutionen, wäre eine Wertschöpfung nicht mehr gegeben. Vor diesem Hintergrund klingt es erschreckend, dass es in Deutschland bei ca. 82 Millionen Bürgern gerade mal 4,1 Millionen Unternehmer, Unternehmen und Freiberufler gibt.

Interessant ist auch der Blick auf das übrige Europa. Deutschland liegt in der Selbständigenquote deutlich unter dem Schnitt. In Ländern mit einem hohen Anteil an Einzelunternehmen ist die Quote besonders hoch. Der Mut zum Risiko etwas in eigener Regie zu bewerkstelligen, ist in den mediterranen Ländern am stärksten geprägt.

Die Statistik der Gewerbean- und -abmeldungen dokumentiert über die letzten fünf Jahre einen vorübergehenden Boom von Anmeldungen und Überhängen, also der Differenz zwischen An- und Abmeldungen.

Jahr in Tsd.	Anmeldungen	Abmeldungen	Saldo
2003	809,0	643,0	166,0
2004	960,5	677,6	282,9
2005	910,5	694,9	215,6
2006	881,8	713,3	168,5
2007	855,6	719,6	136,0
2008	833,3	732,3	101,0
2009	848,0	740,3	107,7

Quelle: Creditreform

Der durchschnittliche Wert von Gründungsinvestitionen liegt bei ca. 200.000,- Euro, von Kleinstgründungen im Schnitt bei 5.000 - 10.000,- Euro.

Aus der Gegenüberstellung der An- und Abmeldungen leitet sich ein Überhang von meist über 100.000 neuen Marktteilnehmern ab, wenn gleich damit nicht die Höhen früherer Jahre erreicht werden. Von diesen neuen Marktteilnehmern, in ihrer Multiplikatoreneigenschaft 100.000 Einheiten, geht eine belebende Wirkung auf Investitionen, Arbeitsplätze, aber auch neue Ideen aus. Diese Werte beruhen auf Erfahrungen einer Vielzahl querschnittlich beobachteter Existenzgründungen in der gewerblichen Wirtschaft und der Freien Berufe. Dem Investitionsbedarf, der in einem recht engen zeitlichen Rahmen um den Gründungszeitpunkt herum realisiert wird, steht ein gleiches Finanzierungspotenzial gegenüber.

Dieses setzt sich aus dem Eigenkapital des Gründers und der Fremdfinanzierung zusammen, die immer häufiger durch öffentliche Finanzierungshilfen ergänzt werden. Über die durch die Gründungsfinanzierung bezahlten Investitionen werden nicht nur Produktions- und Handelsanreize bei den Geschäftspartnern des Gründers geschaffen, sondern durch den recht *„unproblematischen"* und sicheren Geldfluss ein Dominoeffekt bei den weiteren verbundenen Unternehmen geschaffen.

Dem geschätzten Gesamtinvestitionsvolumen der *„zusätzlichen Marktteilnehmer"* in Höhe von ca. 22 Mrd. - die anderen Gründungen, die den Abmeldungen gegenüber stehen werden jetzt nicht berücksichtigt - standen demnach ca. 48 Mrd. Werteverzehr gegenüber, die durch alle Unternehmensinsolvenzen begründet waren. Die Differenzen zwischen Werteverzehr und Wertezuwachs waren nicht jedes Jahr so gravierend. Dennoch ist der volkswirtschaftliche Anreiz nicht zu verkennen, dass konjunkturelle Einbrüche durch die multiplizierbare Wirkung von Unternehmensgründungen und Investitionen beeinflussbar sind.

Neben der notwendigen Investitionsstimulierung gewinnt auch der Aspekt einer Innovationsstärkung eine zusätzliche Bedeutung. Gelänge es den jungen Unternehmen *„rein statistisch"* innerhalb von drei bis fünf Jahren *„eine"* Innovation, d.h. eine Produkt- oder Dienstleistungsidee bis zur Patentierung hin zu entwickeln und im Markt zu platzieren, resultierten daraus 100.000 Innovationen. Ein beachtliches Potenzial, das durch den Mut und die Risikobereitschaft der Unternehmensgründer initiiert wird. Die Auswirkungen, die durch Neugründungen auf die Schaffung neuer Arbeitsplätze ausgehen, dürfen nicht überbewertet, aber auch nicht unterschätzt werden. Der statistische Mittelwert liegt regional unterschiedlich zwischen 2 bis 5 Arbeitsplätzen pro Gründung.

Motive und Auswirkungen sind je nach Gründungstypologie unterschiedlich.

- **Technologieorientierte Gründungen**
  Sie machen einen geringen Prozentsatz aus und liegen von der Anzahl um ein Prozent der Gründungen. Da sie sich in Wachstumsmärkten bewegen, sind der Kapitalbedarf und das Risiko hoch. Durch den hohen Innovationsgrad werden meist internationale Märkte angesprochen und qualifizierte Arbeitsplätze im In- und Ausland geschaffen.
- **Traditionelle Gründungen - Handwerk, Handel, Dienstleistung**
  Etwa zehn Prozent des Gründungsaufkommens sind in diesem Segment zu finden. Oft sind es Familienunternehmen oder zwischenzeitlich Betriebsübernahmen, vielfach auch Franchisegründungen und eine Vielzahl in den Freien Berufen. Das Risiko ist überschaubarer, die Investitionsbereitschaft eher vorsichtig einzuschätzen.

- **Kleinstgründungen**
  Die jüngsten Erhebungen belegen einen enormen Zuwachs der Gründungen davon 90 % als Kleinstgründungen. Stark daran beteiligt sind die Gründungen aus der Arbeitslosigkeit, weil durch die Selbständigkeit einmal den Arbeitslosen scheinbare Perspektiven versprochen, zum anderen Teil die Statistik geschönt werden kann. Das Investitionsvolumen darf in diesem Gründungssegment eher als gering eingeschätzt werden.

Durch die vereinfachten Regeln des Kleinunternehmerförderungsgesetzes wurde für viele der letztgenannten Gründergruppe der Unternehmenseinstieg und -alltag erleichtert.

Exkurs: Kleinunternehmer-Regelung - Bei Unternehmen, deren Umsatz im Jahr der Gründung voraussichtlich 17.500,- Euro nicht übersteigt, wird vom Gesetzgeber keine Umsatzsteuer erhoben, d.h. Sie müssen keine abführen. Für die folgenden laufenden Jahre gilt eine Umsatzgrenze von 50.000,- Euro. Zu beachten ist allerdings, dass auch keine Vorsteuer geltend gemacht werden kann. Ein derartiger Verzicht ist für fünf Jahre bindend. Für Kleinunternehmer entfällt neben dem Vorsteuerabzug, der Ausweis der Umsatzsteuer sowie der Umsatzsteuer-Identifikationsnummer auf erstellten Rechnungen.

Auch der Anteil der Migranten bei den Existenzgründungen in Deutschland ist beachtlich. Jede zehnte Existenzgründung in Deutschland erfolgt durch Migranten. Das Interesse der Zuwanderer sich in Deutschland selbständig zu machen, schafft nicht nur die besagten Arbeitsplätze, sondern erweitert die Branchenvielfalt mit oft ethischen und national-typischen Eigenheiten. Von ca. 7,5 Millionen Ausländern in Deutschland sind knapp 300.000 selbständig, führen kleinere oder größere Unternehmen. Schätzungen zufolge haben Sie über 600.000 Arbeitsplätze geschaffen und wirken mit ihren Engagement sehr belebend auf die Volkswirtschaft.

Geht es um die Gründung eines Unternehmens in Deutschland, sind die Mitbürger ausländischer Herkunft deutlich überrepräsentiert. Die Gruppe der Migranten macht zwar nur neun Prozent der Bevölkerung, aber elf Prozent aller Gründer aus. Um auf Dauer erfolgreich zu sein, müssen Migranten besondere Hürden nehmen.

Eine wichtige Voraussetzung für die Selbständigkeit ist die Bereitschaft zur Integration, denn nur in und für die eigene Volksgruppen zu agieren, verspricht keine nachhaltige erfolgreiche Selbständigkeit. Im Rahmen der Gründungsvorbereitungen ist es unabdingbar sich ausreichend deutsche Sprachkenntnisse zu verschaffen und sich mit den Grundvoraussetzungen von Buchhaltungssystemen auseinander zu setzen.

Der Erfolgsfaktor für jeden Migranten ist die Verständigung in der Landessprache. Die besten Informationsquellen nutzen dann, wenn der Migrant die deutsche Sprache in vollem Umfang versteht. Deutsch ist wichtig beim Umgang mit Kunden, Banken und Behörden. Fehlende Deutschkenntnisse können Missverständnisse und Fehler verursachen, die unter Umständen die Selbständigkeit bedrohen.

Viele Migranten beschränken sich bei der Informationsbeschaffung ausschließlich auf Freunde und Bekannte. Das ist nahe liegend aber bei weitem nicht ausreichend. Bei der Existenzgründung durch Migranten gilt zudem: Etwas anderes zu machen als etwas *„typisch Deutsches“* ist für viele Unternehmen die Chance für Erfolg..

Allerdings genießen die meisten Migranten einen entscheidenden Vorteil gegenüber deutschen Existenzgründern. Situationen und Probleme können Sie meist von zwei Seiten her betrachten, aus der Sicht ihres Heimatlandes und der neuen Heimat hier. Auch das soziale Netz ihres persönlichen Aktionsteams ist weitaus fester und stabiler als bei deutschen Gründern. Familie und Freunde identifizieren sich ebenfalls mit dem Vorhaben und helfen intensiver.

Regelungen im handwerklichen Bereich

Handwerker aus anderen Ländern des EU-Binnenmarktes genießen in Deutschland weitgehende Niederlassungsfreiheit. Die erforderlichen Qualitätsnachweise haben sich am EU-Recht zu orientieren. Beispielsweise gelten folgende Erleichterungen:

- mindestens sechsjährige ununterbrochene Tätigkeit als Selbständige oder Betriebsleiter in dem betroffenen Metier.
- mindestens dreijährige ununterbrochene Tätigkeit als Selbständige oder Betriebsleiter, wenn der Migrant zuvor eine mindestens dreijährige Ausbildung in dem betroffenen Beruf erfahren hat sowie
- mindestens dreijährige Selbständigkeit und mindestens fünfjährige Unselbständigkeit in diesem Beruf.

Können die Jahre nicht komplett nachgewiesen werden, ist eine Verselbständigung dennoch möglich, wenn ein absolvierter Abschluss dokumentiert wird, der der deutschen Meisterprüfung gleichwertig ist. Sollten selbst bei den vorgelegten Prüfzertifikaten bestimmte Kenntnisse oder Fähigkeiten fehlen, können diese in Anpass- und Aufbaukursen nachträglich erlangt werden. In den seit 2004 zulassungsfreien Handwerksberufen werden kaum Qualifikationsnachweise erforderlich.

Für Migranten aus Nicht-EU-Staaten gelten die Regelungen der deutschen Handwerksordnung. Qualifizierte ausländische Prüfungen, die der Meisterzulassung entsprechen, werden anerkannt.

Weitere Vorgaben für den Unternehmer in spe

Wer als Ausländer eine selbständige Tätigkeit aufnehmen oder ausüben darf, ist durch das Aufenthaltsgesetz und das Freizügigkeitsgesetz/EU geregelt.

1. Staatsbürger aus einem EU-Mitgliedsland (oder einem der EWR-Staaten oder der Schweiz): Für Staatsbürger aus einem EU-Mitgliedsland gilt die „*Niederlassungsfreiheit*“ innerhalb aller EU-Mitgliedsstaaten. EU-Bürger dürfen in allen Mitgliedsstaaten ein Unternehmen gründen.

2. Staatsbürger aus einem Nicht-EU-Land:

   - Wer eine Aufenthaltserlaubnis (befristet oder zweckgebunden) besitzt, die nicht ausdrücklich die selbständige oder eine vergleichbare Erwerbstätigkeit gestattet, muss einen besonderen Antrag bei der zuständigen Ausländerbehörde stellen.
   - Nicht-EU-Bürger erhalten eine Aufenthaltserlaubnis zur Ausübung einer selbständigen Tätigkeit, wenn ein übergeordnetes wirtschaftliches oder ein besonderes regionales Interesse an ihrem Aufenthalt in Deutschland besteht.
   - Wer mit einer deutschen Staatsbürgerin oder einem deutschen Staatsbürger verheiratet ist, erhält nach drei Jahren Ehe eine Niederlassungserlaubnis und kann sich dann jederzeit selbständig machen. Wer innerhalb der ersten drei Jahre nach der Eheschließung ein Unternehmen gründen will, muss eine entsprechende Aufenthalts-erlaubnis bei der Ausländerbehörde beantragen.
   - Wer bereits eine Niederlassungserlaubnis besitzt, kann sich jederzeit selbständig machen.

1.4. Kontrollfragen

- ❑ Ich kenne meine Stärken.
- ❑ Ich kenne meine Schwächen.
- ❑ Ich habe Maßnahmen ergriffen die Schwächen zu minimieren.
- ❑ Ich verfüge über ausreichend Qualifikationen.
- ❑ Die einzelnen Phasen des Fünf-Phasen-Modells einer Existenzgründung sind mir bekannt.
- ❑ Ich bin bereit, die Ansprüche, die an den Gründer gestellt werden, zu erfüllen.
- ❑ Mir sind die unterschiedlichen Chancen und Risiken bei Marktlücken und Marktnischen bekannt.
- ❑ Ich habe mich mit den Hauptursachen von Geschäftsaufgaben auseinandergesetzt.
- ❑ Ich verfüge über genügend Eigenkapital oder weiß wie ich dieses rechtzeitig vor der Gründung aufstocke.
- ❑ Über Gründungsberater und -hilfen habe ich mich erkundigt.
- ❑ Ich bin mir bewusst, dass ein Kopieren von Geschäftsideen nur bedingt Aussicht auf Erfolg haben kann.

2. Selbstanalyse und Strukturierung

Die Gründe, sich selbständig zu machen, sind mannigfaltig. Sie reichen von der angestrebten Unabhängigkeit über Selbstverwirklichung bis zur finanzielleren Beweglichkeit und treten immer in Kombination mit einer hohen Motivation des Gründers auf. Bei der persönlichen Standortbestimmung wird Ihre Person in den Vordergrund gerückt. Bevor Sie ein Unternehmen am Markt platzieren, müssen Sie ehrlich und tief in sich schauen, sich realistisch erkennen und absolut überzeugt sein, den Widrigkeiten mit genug Kraft und Know-how entgegentreten zu können. Neben den gesetzlichen, fachlichen und finanziellen Voraussetzungen erfahren Sie mehr über Praktiken sich selbst zu überprüfen und werden in die Lage versetzt, ein persönliches Zielsystem zu entwickeln, um die erforderliche Eigenmotivation sicherzustellen.

2.1. Latente Erfolgspartner - das Aktionsteam

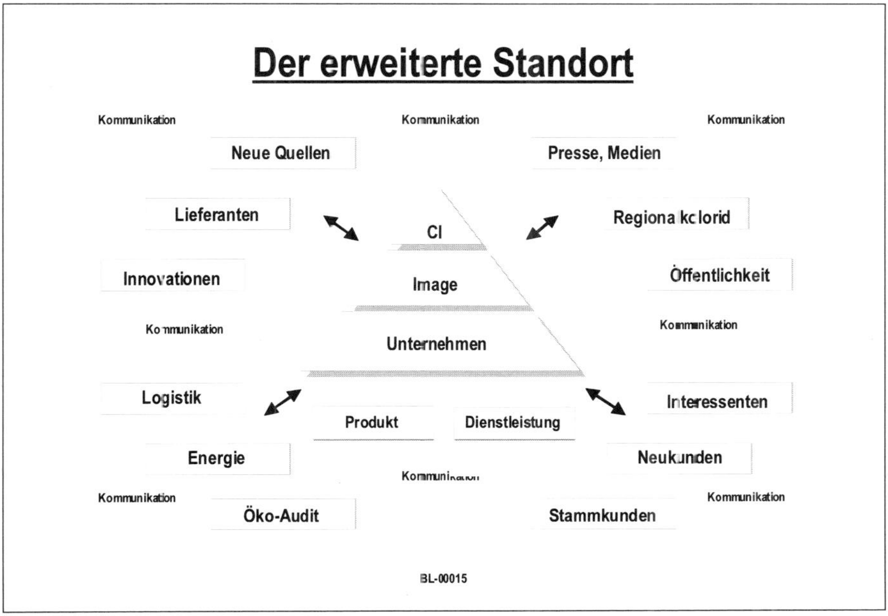

Stellt sich für Unternehmen die Standortfrage, wird immer die regionale Position verstanden.

Bei Existenzgründungen gilt dies zunächst uneingeschränkt. In der Gesamtbetrachtung gewinnt neben dem regionalen Standort noch ein anderer Standort an Bedeutung - der persönliche Standort oder das persönliche Umfeld in der nächsten Umgebung des Gründers. Hier geht es um die **Bewusstseinserweiterung**, dass Sie mit der Realisierung Ihres Gründungsvorhabens etliches für sich selbst, Ihre Familie, Ihre Freunde, künftigen Mitarbeiter und Partner bewegen können. Sie werden ein Zahnrädchen in einem verwobenen und vernetzten Gebilde neuer Beziehungen sein, in dem Sie sich zurechtfinden müssen.

2.1.1. Personennahe Ressourcen

Um diesen erweiterten und für Sie wichtigen Standort zu finden, gilt es zu erfahren, welche Positionen Sie innerhalb der einzelnen Elemente einnehmen, welche Kontakte Sie vertiefen, vernachlässigen oder gar meiden müssen. Versuchen Sie die Bedeutung Ihres Standortes zunächst von der inneren Schale her - Ihrer Person zu erfahren. Ihre Person - Ihr *„Ich“*, verändert sich.

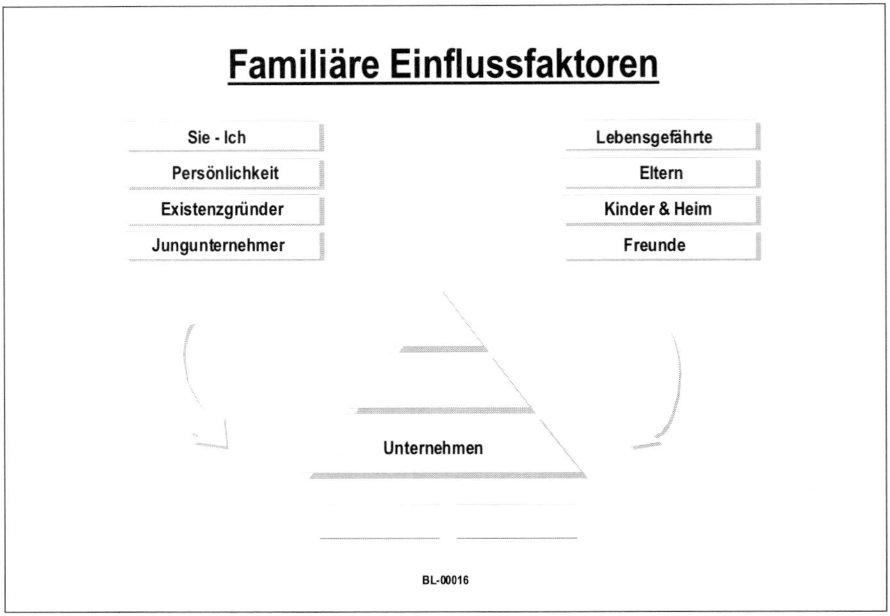

Betrachten Sie sich in einem Spiegel.

Ihre Denkansätze, Perspektiven und Einschätzungen gewinnen eine neue Qualität - werden andere werden. Ihre Person wird zum **Existenzgründer** mit ganz spezifischen Bedürfnissen, Absichten, auch Ängsten. Sie entwickeln sich nach Ihrer Geschäftsgründung schließlich zum (Jung-) **Unternehmer**. Vieles ist nicht mehr das, was es war. Sie lernen Personen in verschiedenen Positionen des Wirtschaftslebens und der Öffentlichkeit kennen, die Ihnen bisher nicht zugänglich waren. Sie gewinnen Kraft, Stärke, Ausdauer, Motivation und müssen ein Gespür für Diplomatie und Toleranz entwickeln. Die persönliche Qualifizierung kann zudem noch durch Ihr direktes Umfeld weiter gestärkt werden.

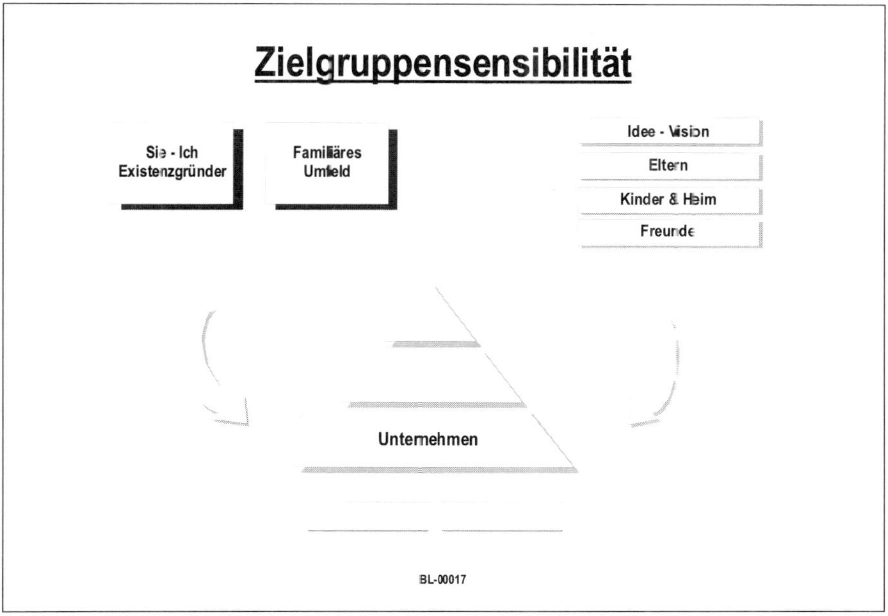

Der Lebensgefährte oder der Ehepartner kann Sie stimulieren, Ihr Engagement forcieren, im ungünstigen Falle aber auch mögliche Entwicklungen be- oder gar verhindern. Geschwister und Eltern bieten in der Regel soziale Polster. Werden Sie einmal von den Entwicklungen überfordert, wird der finanzielle Rahmen in der Privatsphäre mal enger als gewünscht, kann die Solidargemeinschaft der Familie und Verwandtschaft seelische Konflikte reduzieren.

Zusätzlich kann eine angenehme Atmosphäre von Kindern, Familie und Heim aus- und auf Sie übergehen. Verstehen Sie es, diese Einflüsse in Ihrer unmittelbaren persönlichen Umgebung intakt zu halten, nutzen Sie Positivpotenziale, um Ihre Gründung sicherer zu platzieren. Diese kraftvolle innere Schale - aus der näheren persönlichen Umgebung - bietet Ihnen den besonderen Vorteil, sich von anderen Personen, die sich vielleicht ebenfalls verselbständigen, hinsichtlich Kraft, Dynamik und Konstitution zu unterscheiden.

Ihre Ideen und Visionen fließen in geeignete Produkte oder Dienstleistungen, die Sie aus der Zielgruppenanalyse und vermuteter Bedürfnisstrukturen erkannten, ein. Letztlich wird allein Ihre persönliche Position, Ihre Ausgangskraft und der Wille maßgeblicher Motor bei der Realisierung der Innovation werden.

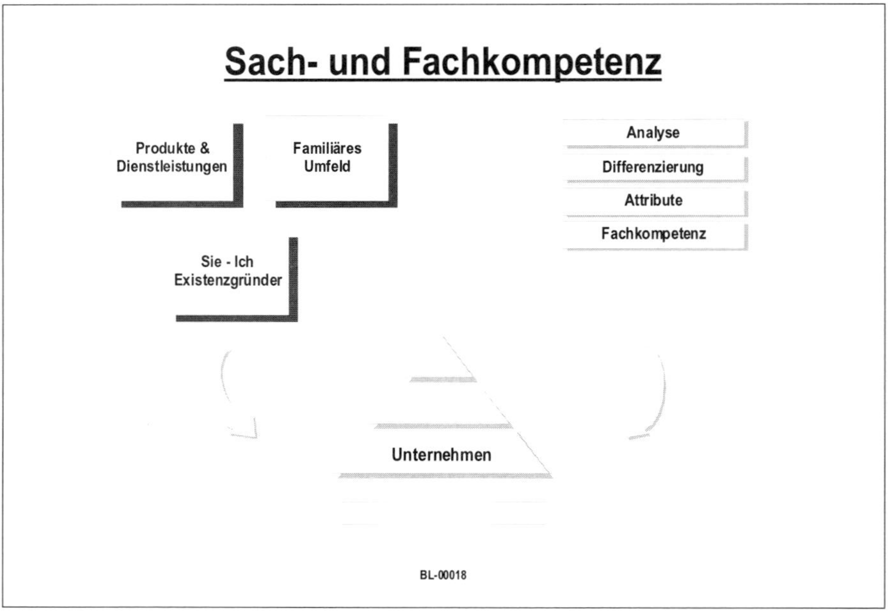

Stärken Sie Ihre Position durch Differenzierung der vorhandenen **Sach- und Fachkompetenz** sowie der geplanten Produkte und Dienstleistungen. Sie gewinnen eine Argumentationsvielfalt. In Diskussionen mit wenigen oder in der Präsentation Ihrer Ideen vor vielen Gesprächspartnern werden Sie stärker. Sie werden spüren, wie Ihre momentan noch auf die eigene Person ausgerichtete Betrachtung und Positionierung weiter an Kraft gewinnt.

Zuerst die persönliche Standfestigkeit, Selbstsicherheit und das sich stärker prägende Selbstbewusstsein, dann die familiären Einflussfaktoren, zuletzt die Fähigkeit, Prägung und Betonung der eigenen Fachkompetenz, schaffen diesem (Ihrem) qualitativen Energiepotenzial eine imaginäre und räumlich nahe Plattform, einen Bereich, in dem Sie sich nun verwirklichen können. Orientieren Sie sich bei der regionalen Standortwahl an den üblichen, für Sie infrage kommenden Merkmalen. Legen Sie dabei Wert auf eine positiv wirkende und auf Dauer ausgerichtete **Infrastruktur**. Sie bündeln jetzt Ihre Person mit einem ersten fremden, neuen, vielleicht noch unbekannten Element - Ihrem neuen Arbeitsplatz mit einem typischen Arbeits- und Raumklima. Richten Sie Ihre persönliche Werkstatt oder Denkfabrik so ein, wie Sie sie aus guter und innerer Überzeugung für richtig halten. Vermeiden Sie Kompromisse wo nur möglich. Sich wohl fühlen wird für Sie oberstes Gebot und dient bereits in diesem frühen Ansatz dem Abbau von später sicherlich entstehenden Stressmomenten. Ein angenehmes, farbiges wie duftendes, auch akustisches Ambiente bestimmen Ihre Kreativität, Ihre Denk- und Schaffensprozesse.

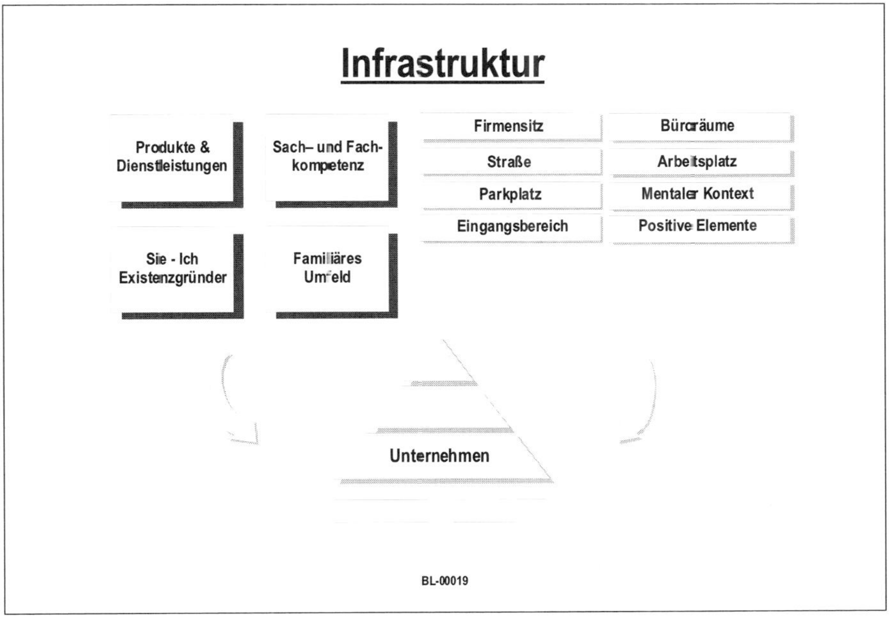

Diese Prägungen beginnen bereits mit der Wahl des Firmensitzes, der Lage innerhalb einer Strasse, an einer Allee oder einem Platz. Sie setzt sich bei der Anfahrt mit dem PKW, im Vorhandensein unkompliziert erreichbarer Parkmöglichkeiten fort. Spielen Sie in Gedanken doch einmal den künftig immer wiederkehrenden täglichen Ablauf durch.

Sie verlassen das Auto, betreten Ihr neues Unternehmen - Tür, Fenster, Fassade, Haus- oder Türschmuck, Skulpturen, Bilder in der richtigen Dimension, Farbe und Stil - alles muss stimmen. Sie erreichen Ihr Büro, öffnen die Tür - wie ist der erste Eindruck? Gleiches gilt beim Betreten Ihres Arbeits- oder Chefzimmers oder einer sonstigen Arbeitsstätte in Ihrem Unternehmen. Wenn auch in diesem Stadium noch etwas zu früh, nehmen Sie einfach zur Kenntnis, dass Sie sicher der neue Alltag nach der Unternehmensgründung einholen wird. Schaffen Sie sich einen neutralen und angenehmen Kontext, von dem Sie permanent stimuliert, angeregt, motiviert und zufrieden gestellt werden. Mit der Positionierung Ihres erweiterten Standorts nehmen Sie Einfluss auf alle Wirkungen, die im operativen Alltag immer stärkere Bedeutung gewinnen.

2.1.2. Partnerschaftliche Verstärker

Zu den bisher sehr persönlich vorhandenen und gestaltbaren Potenzialen treten im sozialen und gesellschaftlichen Kontext Personen in ihr Umfeld, die in ihrer Individualität eigene Interessen verfolgen. Diese sind für ihre Vorstellungen zu gewinnen. Weitere Elemente, Erfolgselemente, Menschen wie auch Ihre künftigen Mitarbeiter beeinflussen Ihre Initiative.

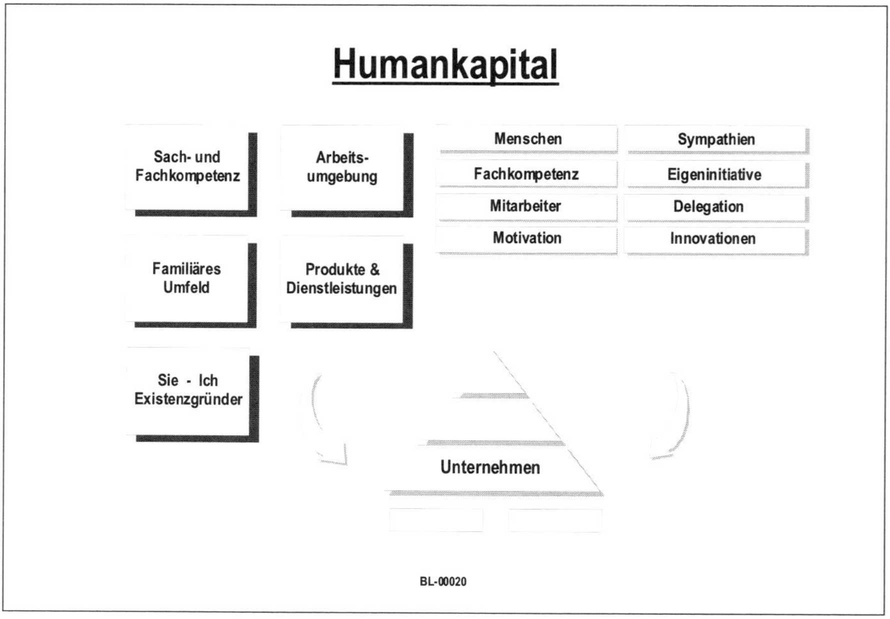

Die Mitarbeiter müssen Ihnen sympathisch sein. Sie müssen Seele und Verstand haben und - sehr wichtig - Eigeninitiative, die dazu beiträgt, entsprechend durch Sie geführt und motiviert, Ihnen den Beitrag zur Unternehmensentwicklung zu verschaffen, der unerlässlich ist. Sicherlich gibt es auch Existenzgründer, die gewohnt sind alleine zu arbeiten. Doch können Gründer, die introvertiert agieren, ihr Unternehmen nur recht schlecht entwickeln.

Aus diesem Grund werden Sie Menschen in Ihre Unternehmensentwicklung und -politik mit einbinden müssen. Nennen wir die zwischenzeitlich gewonnenen und beschriebenen Beziehungen Ihrer erweiterten Standortpositionierung *„Aktionsteam.“*. Dieses Aktionsteam wird Sie bei der weiteren Positionierung im Markt, bei der jetzt viele Faktoren von außen auf Sie zukommen, begleiten. Das angesprochene Aktionsteam - Sie und Ihre Mitarbeiter - kennen den Markt, d.h. die anzusprechenden Zielgruppen. Sie gemeinsam setzen die persönlichen Potenziale, Fachkompetenz, Familie, Produkt-/ Dienstleistung, Infrastruktur etc. gezielt ein, um das angedachte Unternehmen mit Leben zu erfüllen.

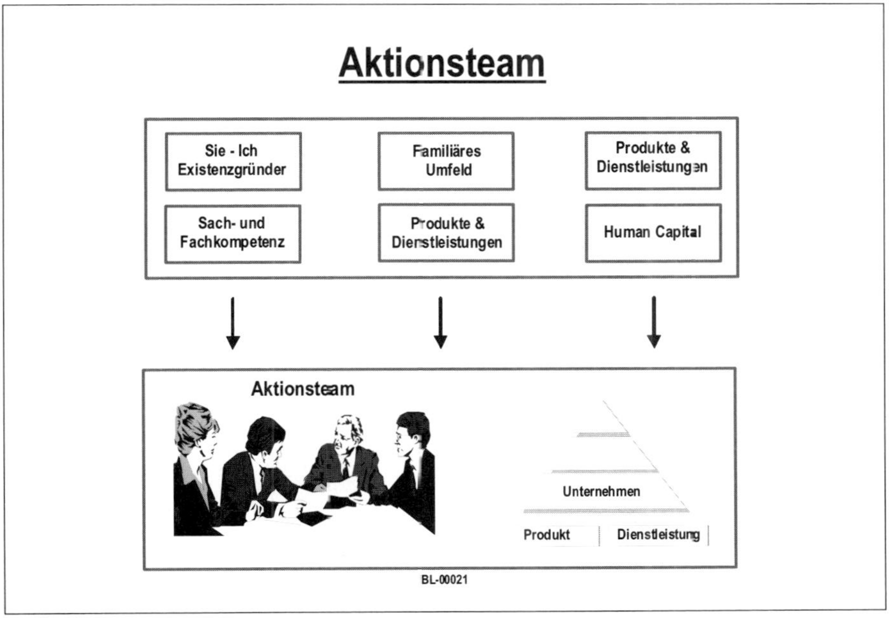

Ein weiteres existenzielles Ziel ist es nun Ihre Produkte attraktiv zu gestalten. Sie sollen schließlich auch gekauft werden. In drei Schritten können Sie über die Merkmale:

- Interessenten
- Neukunden und
- Stammkunden

Ihre **Zielgruppen qualifizieren**.

Sie bereiten die Ihnen bekannten Informationen zu den angedachten Interessenten- und Kundenkreisen so auf, dass eine wirtschaftliche Ansprache Ihrer Zielgruppen (Marketing, Werbung, Kommunikation) möglich wird. Die Spannbreite und Geschwindigkeit mit der Sie dieses Beziehungspotenzial aufbauen, trägt mit zur Etablierung und Stabilisierung des neuen Unternehmens bei.

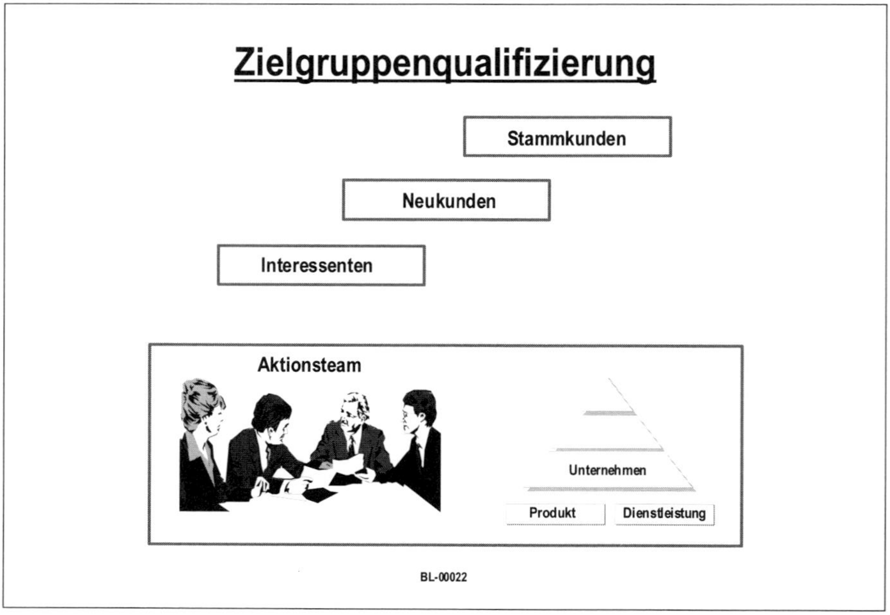

Allerdings werden Sie nicht alles produzieren wollen oder können was Ihre Zielgruppe gerne wünscht. Dies ist mit ein Grund, dass Sie auf Zukäufe angewiesen sind. Sie werden sich auf der Beschaffungsseite mit den Lieferanten befassen müssen.

Diese sind ebenfalls keine statische Zielgruppe und unterliegen ständigen Veränderungen. **Qualifizieren Sie Ihre Lieferanten** ähnlich wie Sie es mit Ihren Kunden getan haben. Durch die technologische Weiterentwicklung und immer wiederkehrende Sondierungen von Bezugsquellen nach Produktveränderungen, können Sie Verbesserungen in unterschiedlichen Produktstufen indizieren. Diese Engagements binden Sie in Ihr Portfolio ein und erzielen bei Ihren Kunden weitere Wettbewerbsvorteile. Auf diese Weise übernehmen Sie die Innovationen der Lieferanten in Ihre Verkaufsstrategien und betreiben aktive Unternehmensentwicklung.

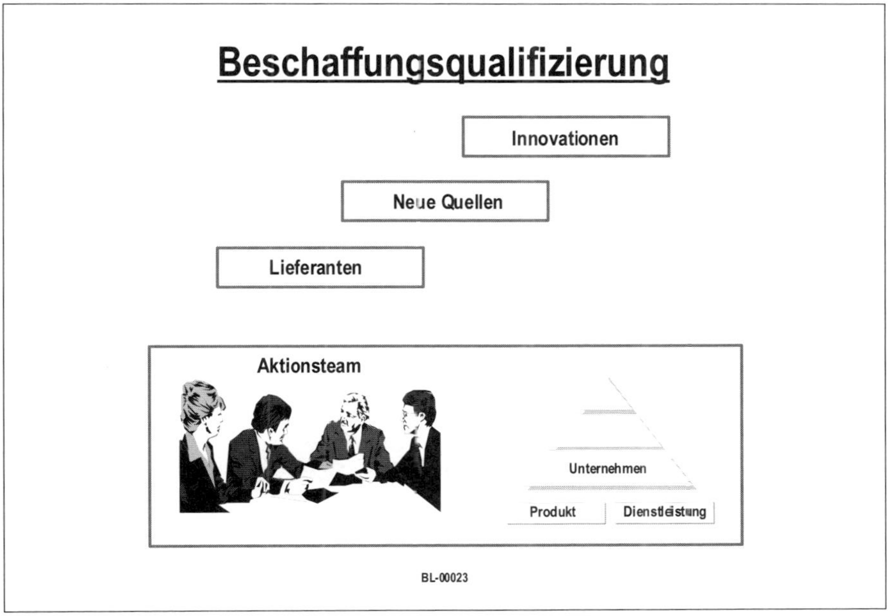

2.1.3. Indifferente Gesellschaftseinflüsse

Waren und Güter müssen sowohl von den Lieferanten zu Ihnen, als auch von Ihnen zum Kunden bewegt werden. In den Warenfluss binden Sie logistische Transportsysteme und -techniken außerhalb (LKW, Schiff, Flugzeug, Schiene) wie innerhalb (Gabelstapler, Richtkisten, Paletten) des Unternehmens mit ein - eine Gelegenheit, in diesem Unternehmenssegment auch Punkte zu sammeln. Energie, vor Jahren ein noch unterschätzter Kosten- und Ökofaktor, wird an vielen Stellen verbraucht.

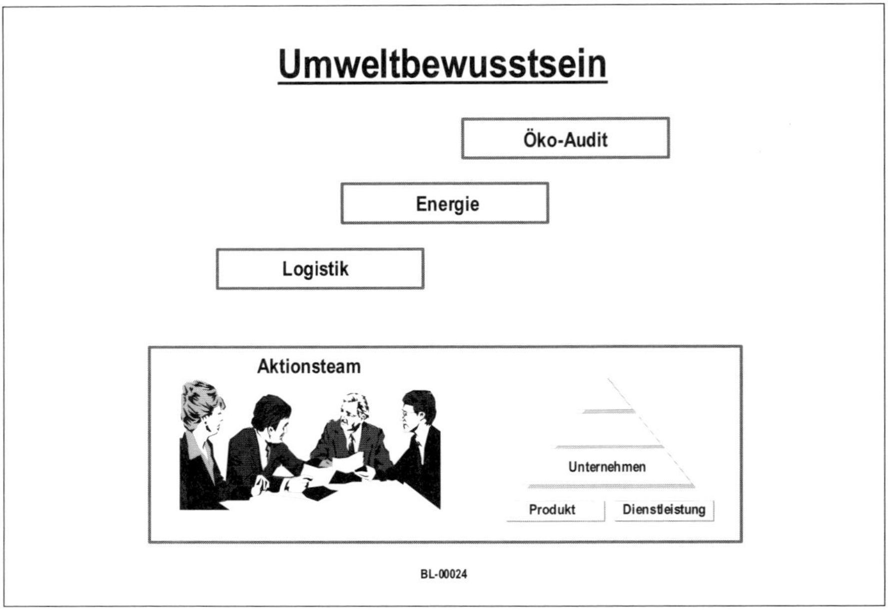

Zudem werden Verpackungen benötigt, die wieder zu entsorgen oder dem Werteverlauf zurückgeführt werden müssen. Das **Umweltbewusstsein** wird in der künftigen Entwicklung Ihres Unternehmens eine zunehmend bedeutendere Rolle spielen. Schließen Sie umweltverträgliche Logistiksysteme bei Ihrer Positionierung mit ein. Ein weiteres Element Ihrer persönlichen Standortfindung stellt der Gesellschaftsfaktor *„Öffentlichkeit"* dar. Dieser Faktor ist in Ihre persönliche Positionierung des Gründungsvorhabens mit einzubeziehen. Die **öffentliche Meinung** schafft zum wirtschaftlichen Tatbestand eigene Bilder. Beschäftigen Sie sich beispielsweise mit Themen des Recycling oder der Entsorgung kritischer Güter, ist dies auf der einen Seite gut und dem gesamten Wirtschaftsgefüge dienlich. Auf der anderen Seite müssen Sie auch mit kritischen Problemzonen umgehen können. Themen wie Müllverbrennung, Viehtransporte, behandelte Lebensmittel, Spielhallen etc. sind im Wirtschaftsleben je nach Blickwinkel durch die öffentliche Meinung negativ besetzt. So gibt es Bereiche, die ungünstige Assoziationen auslösen können. Zählen derartige Themen zu Ihrem künftigen Unternehmensumfeld, ist vorsichtiges Taktieren angesagt. Die Grenze zum Negativimage ist fließend, insbesondere wenn *„schwarze Schafe"* die Branche und das Klima ungünstig beeinflussen. Die öffentliche Meinung kann nach dieser Erkenntnis - richtig eingesetzt - förderlich für Ihr Vorhaben, substanziell - falsch angewandt - ruinierend wirken.

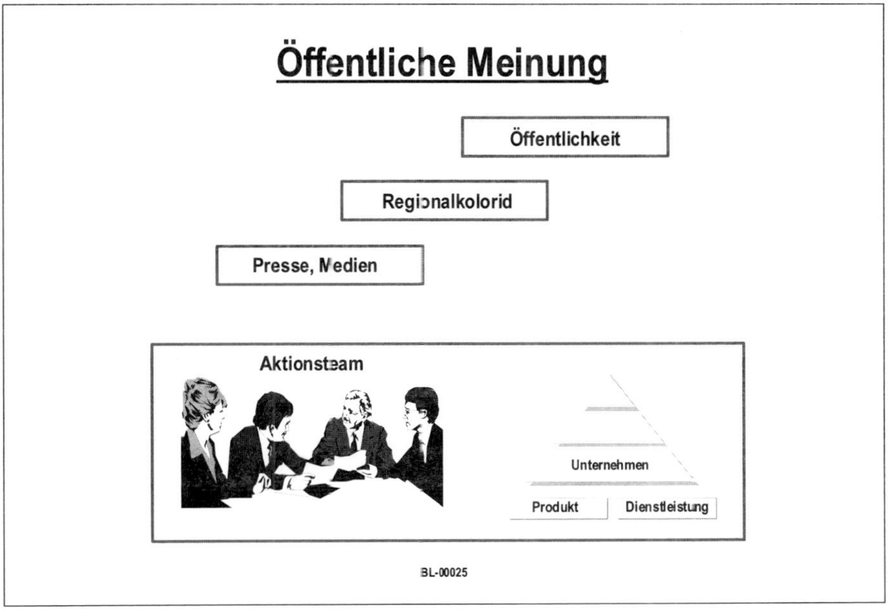

Wie soll nun aber Ihr Unternehmen in der Öffentlichkeit richtig positioniert werden? Nutzen Sie die Möglichkeiten, die sich Ihnen bieten, und machen Sie die Öffentliche Meinung zu Ihrem Verbündeten. Streichen Sie bewusst Ihre Stärken heraus, reduzieren Sie Schwächen, suchen Sie Multiplikatoren, Meinungsbilder und -träger. Diese finden Sie bei Redakteuren, Pressevertretern, bei regionalen Vereinen, Interessengemeinschaften und Verbänden.

☞ **Betreiben Sie Imagepflege.**

Sorgen Sie für eine ausgewogene Unternehmenskultur. Werden Sie mit Ihrer Meinung für die Partner der Wirtschaft ein kalkulier- und berechenbarer Teilnehmer. Tragen Sie mit Ihrem **Erscheinungsbild** in der Öffentlichkeit, untermalt mit Geschäftsunterlagen, die Inhalte, Ziele und Ergebnisse dokumentieren, zu der gewünschten Transparenz bei, dann kann Ihr Gründungsvorhaben gelingen. Stimmen darüber hinaus Wirtschaftlichkeit und Leistungskraft Ihres Vorhabens, wird sich der gewünschte Erfolg sicherlich recht bald einstellen. Haben Sie bei der Erarbeitung des neu definierten, erweiterten Standortes eigentlich auch bemerkt, dass der ursprünglich, allein räumlich vermutete Standort im Vergleich zu den hier neu hinzu gewonnenen Aspekten, gänzlich in den Hintergrund getreten ist.?

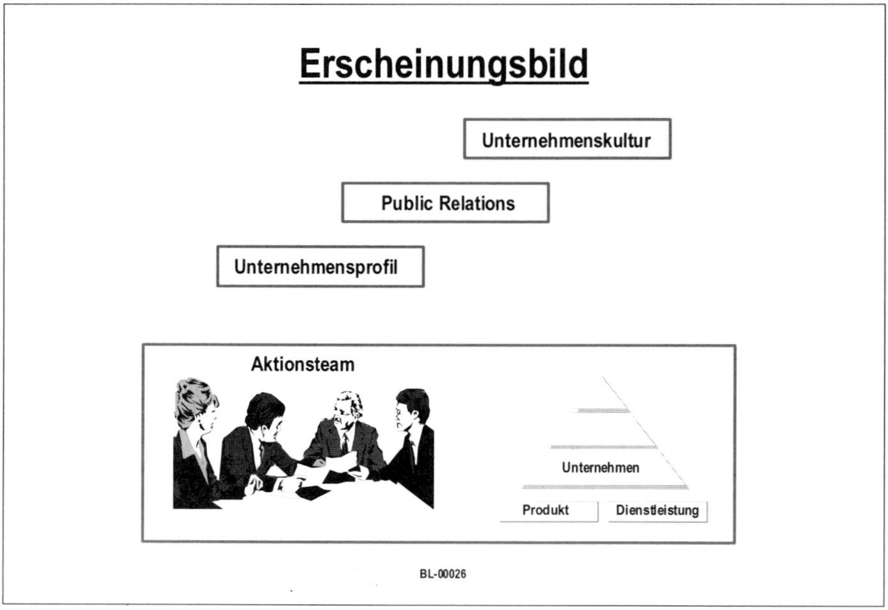

Die Reihe der Bausteine zur persönlichen und erweiterten Standortbestimmung ließe sich noch weiter fortsetzen. Allein die Erkenntnis der Bereiche, in denen der Gründer gegenüber bisher unselbständigen Mitarbeitern wirken und entscheiden kann, mag Ihnen helfen, die neuen Horizonte Ihrer Schaffenskraft zu erahnen. Die Standortbestimmung soll an dieser Stelle mit einem immer noch unterschätzten dominanten Merkmal abschließen - der Kommunikation. Die Interaktion über den kommunikativen Kanal ist das A & O jeglichen unter-nehmerischen Handelns und Fortschrittes.

Öffnen Sie sich bei Ihren weiteren Gründungsaktivitäten auch diesen *„Neuen Kommunikationstechnologien“*. Der Einsatz von Computern und Kommunikations-einrichtungen wird ein existenzieller Bestandteil. So richtig gerüstet gewinnt - mit Blick auf den Wettbewerb - der Grundsatz *„ die Großen fressen die Kleinen“* schnell einen weiteren Partner, der da heißt:: *„die Schnellen umrunden die Zauderer.*

Den Markt richtig einschätzen, die Realisierung des Vorhabens richtig voranbringen, setzt eine ständige Kontrolle des jetzt sicherlich klar gewordenen *„erweiterten Standortes“* voraus.

2.2. Persönliche Voraussetzungen

Sie beziehen sich auf die Person des Gründers selbst und seine unmittelbare körperliche und mentale Umgebung. Flexibilität, Durchsetzungsvermögen, starke Beanspruchung in der Gründungs- und Etablierungszeit fordern von Ihnen seelische, geistige und körperliche Widerstandsfähigkeit und Belastbarkeit. Sind Sie denn wirklich der Meinung, unternehmerisch tätig sein zu können? Nicht, dass Sie vielleicht nicht eins und eins zusammenzählen können, aber sind Sie körperlich fit? Wie steht es mit Ihrer Familie? Haben Sie diese im Rücken, oder sitzt sie Ihnen im Nacken? Können Sie in Gruppen an Diskussionen teilnehmen, diese vielleicht auch kooperativ führen? Wie sieht es mit Ihren Fähigkeiten aus, in Gesellschaften den richtigen Ton, Takt und Stil an den Tag zu legen?

2.2.1. Sind Sie ein Unternehmertyp?

Als Existenzgründer verlassen Sie *„Altes“* und beginnen etwas *„Neues“*. Ein erstes wichtiges Merkmal für Unternehmer liegt wirklich darin begründet, etwas Neues zu unternehmen und zum Erfolg zu führen, eine Idee zu vertreten, umzusetzen oder zu verkaufen, dafür einen Zugewinn und Anerkennung zu erhalten. Sie werden Verbündete zu sich ins Boot nehmen - Mitarbeiter, die Sie zu führen und zu motivieren verstehen müssen, Geschäftsfreunde gewinnen, die Sie zu Partnern werden lassen, um schließlich gemeinsam die Ideen zu realisieren.

Trauen Sie sich das zu?

Dann sollten Sie folgende Checkliste durcharbeiten und sich kritisch Ihren Schwächen stellen.

Checkliste	trifft zu	trifft nicht zu	verbesserungs-fähig
Ich kann meine Ziele transparent und nachvollziehbar formulieren.	❑	❑	❑
Ich treffe Entscheidungen erst dann, wenn ich Alternativen gründlich durchdacht habe.	❑	❑	❑
Wenn ich Chancen sehe, ergreife ich die Initiative.	❑	❑	❑
Ich fördere das berufliche Weiterkommen meiner Mitarbeiter.	❑	❑	❑
In der arbeitsteiligen Gesellschaft ist mir die Meinung anderer Kompetenzträger wichtig.	❑	❑	❑
Ich informiere Mitarbeiter über festgestellte Schwächen und erarbeite mit ihnen Lösungskonzepte zu deren Beseitigung.	❑	❑	❑
Ich bin bereit, mehr als andere zu arbeiten.	❑	❑	❑
Wenn ich plötzlich angesprochen werde, kann ich jederzeit sofort und überzeugend reagieren.	❑	❑	❑
Ich verhalte mich experimentierfreudig und gehe auch unbekannte Wege.	❑	❑	❑
Ich kann intuitive Situationen, in denen sich Mitarbeiter befinden, sehr schnell nachvollziehen.	❑	❑	❑

Checkliste (Fortsetzung)	trifft zu	trifft nicht zu	verbesserungs-fähig
Ich halte mich selbst an Grundsätze, die ich von anderen fordere.	❑	❑	❑
Ich bin bereit Fehler zuzugeben und erkenne darin die Möglichkeit, sie für die Zukunft zu beseitigen.	❑	❑	❑
In folgenden Bereichen/Punkten fühle ich mich sicher:			
Fachwissen	❑	❑	❑
Auffassungsgabe	❑	❑	❑
Argumentation	❑	❑	❑
Mitarbeitergespräche	❑	❑	❑
Rhetorik und Dialektik	❑	❑	❑
Zielsetzungen	❑	❑	❑
Controlling	❑	❑	❑
im Auftreten	❑	❑	❑
Präsentationen	❑	❑	❑
Nutzung von Computern	❑	❑	❑

2.2.2. Gesundheit

Das Gründungsvorhaben sollte in den ersten drei Geschäftsjahren in keiner Weise beeinträchtigt oder gefährdet werden. Eine unerwartete Krankheit oder ein ernsthaftes körperliches Gebrechen können in der Gründungs- und Etablierungsphase zum Scheitern des Vorhabens führen.

☞ **Prüfen Sie Ihren gesundheitlichen Allgemeinzustand.**

Können Sie notwendige Operationen oder Spezialbehandlungen (z.B. Zähne etc.), die in die Gründungsphase fallen könnten, erkennen, sind diese in jedem Fall rechtzeitig vorher zu erledigen. Ergänzen Sie diese Risikoabschätzung durch eine weitergehende Prophylaxe. Vermeiden Sie, auch wenn es schwer fallen sollte, jegliche gefährlichen oder risikobehafteten sportlichen Tätigkeiten, insbesondere auch Sportarten wie z.B. Fußball, Boxen, Skifahren, Drachenfliegen etc. Gerade in der Zeit, in der Sie alleine Ihr Unternehmen aufbauen, sollten Sie zum Stressabbau auch auf andere leichtere Aktivitäten ausweichen.

2.2.3. Familie

Durch die starken Belastungen in den ersten Unternehmensjahren können familiäre Spannungen auftreten.

☞ **Sprechen Sie sich so früh wie möglich mit Ihrem/Ihrer LebensgefährtIn ab.**

Steht dieser Ihrem Gründungsvorhaben ablehnend gegenüber, wird er in kritischen Situationen wenig Verständnis aufbringen. Gerade in der schwierigen Zeit des Unternehmensstartes benötigen Gründer erhebliche Ruhe- und Entspannungsphasen, um Kraft und neue Reserven zu schöpfen. Sprechen Sie mit Ihrem Partner über das Vorhaben. Versuchen Sie ihn zu motivieren und binden Sie ihn eventuell ein. Notfalls streben Sie einen neutralen *„Status quo"* an, wenn ein überzeugender Enthusiasmus nicht zu erkennen ist. Klären Sie in jedem Fall, ob Ihnen Ihr/Ihre PartnerIn gegebenenfalls behilflich sein kann. Bieten Sie Ihrer Familie einen fairen Kompromiss an, die verbleibende Zeit sich auf das Familienleben zu konzentrieren. Auf diese Weise reduzieren Sie das Risiko, das das junge Unternehmen in der kritischen Etablierungszeit scheitern lässt, wenn in der Partnerschaft Probleme auftreten.

2.3. Fachliche Voraussetzungen

Durch die rechtzeitige und kritische Überprüfung der eigenen

- Kenntnisse,
- Fähigkeiten,
- Fertigkeiten und
- Erfahrungen

verschaffen Sie sich den erforderlichen Überblick über Ihr persönliches Know-how. Diese Erkenntnis ist deshalb von Bedeutung, da sie die Stärken des zu gründenden Unternehmens später mit beeinflussen werden.

☞ **Entwerfen Sie ähnlich einer Bewerbung ein fachliches Profil Ihrer Qualifikationen.**

Beginnen Sie mit dem Schulabschluss, Ausbildungsgängen, Praktika ggf. Auslandsaufenthalten und nennen Sie Funktionen und Aufgabenstellungen in Projekten oder bei Firmen. Haben Sie Führungsaufgaben oder kommerzielle Budgetverantwortung übernommen, sind diese genauso wichtig, wie die Mitwirkung in betrieblichen oder überbetrieblichen Arbeitskreisen und Ausschüssen. Lassen sich bei der Zusammenstellung Ihrer Qualifikationspotenziale kausale Abhängigkeiten oder kontinuierliche Qualifizierungsverbesserungen erkennen, unterstreichen Sie diese und argumentieren Sie, aus welcher Intension diese für Ihre fachliche Karriereplanung so wichtig waren. Gelingt es Ihnen, die Struktur und Transparenz der qualitativen Merkmale schlüssig darzustellen, halten Sie einen der wesentlichen Schlüssel in Händen, um positive Entscheidungen Dritter, die Ihr Vorhaben einschätzen sollen, herbeizuführen. Zum Beispiel geben Sie Beratern, Bankern und Personen, die bei der Realisierung Ihres Vorhabens mit eingebunden werden, auf diese Weise wertvolle Hilfestellungen, Sie in Ihrem Vorhaben positiv zu unterstützen. Außerdem werden Sie bei der Erstellung des Businessplanes oder Unternehmenskonzeptes auf diese Bausteine zurückgreifen.

2.4. Finanzielle Voraussetzungen

Bei aller zwangsläufig mit den ersten Schritten in die Selbständigkeit einhergehenden Euphorie, sollten Sie sich stets vergegenwärtigen, dass Sie ein Mindestmaß an Eigenkapital besitzen müssen. Das ist notwendig, um Ihr Vorhaben auf sichere Füße zu stellen und statt Ihres Traumes ein Trauma zu erleben. Das Investitionsvolumen wird meist höher ausfallen, als Sie es zunächst annehmen. Die Umsätze werden dagegen eher geringer sein. Nebenkosten, die Sie zunächst nicht angesetzt haben, fallen an und müssen bezahlt werden. Sicherlich wird Ihnen dieses Werk des Gründerzyklus mit den noch folgenden Beiträgen helfen, Ihr Vorhaben sicherer zu platzieren, doch eine Garantie wird es Ihnen nie bieten können.

☞ **Prüfen Sie aus diesem Grund die folgenden Punkte zur finanziellen Sicherheit.**

Beantworten Sie alle Fragen mit einem eindeutigen *„Ja“*, sind die finanziellen Voraussetzungen positiv einzuschätzen. Im anderen Falle sollten Sie bei der weiteren Planung Ihres Vorhabens, die mit *„Nein“* beantworteten Punkte stets mit Nüchternheit und Realismus betrachten und letztlich klar abwägen, ob Ihnen diese Merkmale nicht hinderlich sein können.

Kriterien / Merkmale	ja	nein
Besitze ich ausreichend flüssige bzw. zu verflüssigende Mittel (Sparbuch, Festgeld, Aktien, festverzinsliche Papiere) um:		
a) 6 - 12 Monate ohne Einkommen zu verkraften?	❑	❑
b) Ein Mindestmaß an notwendigen Investitionen zu tätigen?	❑	❑
Bin ich in den letzten fünf Jahren eventuellen finanziellen Verpflichtungen (sofern vorhanden) stets pünktlich nachgekommen?	❑	❑
Kann ich ausschließen, dass ich durch Versprechen oder Zusagen (auch Bürgschaften) möglicherweise in den nächsten 12 - 24 Monaten finanziell in die Pflicht genommen werde?	❑	❑
Habe ich in den letzten Jahren stetig ein für den Lebensunterhalt ausreichendes Einkommen erzielt und durch Konsumverzicht Vermögen angespart?	❑	❑
Sind Kreditsicherheiten (Bürgschaften, Hypotheken, Grundschulden, andere aktiv zu bewertende Mittel) vorhanden?	❑	❑
Habe ich ausreichend Risikovorsorge (Unfall-/Lebensversicherung, Krankenkasse und Rentenbeiträge) getroffen?	❑	❑

2.5. Kontrollfragen

- ☐ Haben Sie die Bedeutung Ihres erweiterten Standortes richtig eingeschätzt?
- ☐ Der Begriff „*Aktionsteam*“ ist Ihnen schlüssig?
- ☐ Checkliste zum Unternehmertyp - komplett beantwortet?
- ☐ Gibt es Verbesserungsmöglichkeiten?
- ☐ Ist Ihr Gesundheitszustand okay?
- ☐ Wurde das Gründungsvorhaben ausgiebig mit dem/der LebensgefährtIn besprochen?
- ☐ Haben Sie ein fachliches Profil Ihrer Qualifikationen angelegt?

Freiraum für Notizen

3. Gründen, aber wie?

Wenn man von den Anfahrtswegen zum Amt für Öffentliche Ordnung oder der regionalen zuständigen Gemeindeverwaltung und einigen sonst vorhandenen Einschränkungen absieht, dauert der Vorgang keine 15 Minuten.

Der Staat verlangt von Ihnen keine Fachkenntnis, wenn Sie sich selbständig machen wollen. Für jeden gilt der Grundsatz der Gewerbefreiheit. Es genügt zunächst, das Gewerbe anzumelden, sich also einen Gewerbeschein ausstellen zu lassen. Auch wenn von staatlicher Seite keine besonderen Kenntnisse verlangt werden bleibt offen, wie lange Sie es wohl durchhalten werden. Aus diesem Grund ist nicht der schnellste Weg in die Selbständigkeit der geeignete, sondern wohl der gut vorbereitete.

3.1. Wege der Verselbständigung

Selbständiges Handeln wird üblicherweise mit Unabhängigkeit und freiem Entscheidungswillen gleich gesetzt. Die Perspektive sich zu verselbständigen kann mit der Überprüfung des bisherigen Einkommens angeregt werden. So können diese Überlegungen von einem zeitlich eingegrenzten Wirken auf einer Veranstaltung oder einem engen Zeitraum bzw. (Straußen- und Besenwirtschaft) bis zu dem systematisch geplanten und tragfähigen Vollerwerb reichen. Damit spannt sich der Bogen

- von der nebenberuflichen selbständigen Tätigkeit, bei der später der Haupterwerb aus nichtselbständiger Tätigkeit realisiert wird, bis hin
- zu dem radikalen Schnitt, die bisher sicher geglaubten Einkommensquellen und Beschäftigungsverhältnisse aufzugeben und sie durch die Platzierung der neuen Selbständigkeit und dem Wunsch, Einkommen aus einer aufzubauenden tragfähigen Vollexistenz zu beziehen, zu ersetzen.

Folgende Wege der Verselbständigung haben sich in den letzten Jahren durchgesetzt:

- tragfähige Vollexistenz
- nebenberufliche Selbständigkeit
- gleitender Weg in die Selbständigkeit und
- Gründung aus der Arbeitslosigkeit

3.1.1. Tragfähige Vollexistenz

Nicht nur die Vergabe öffentlicher Finanzierungshilfen bzw. die Förderung von Gründungsberatungen kennt den Begriff *"Tragfähige Vollexistenz"*, auch gegenüber dem Finanzamt kann diese Eigenschaft der vorgesehenen Gründung von Bedeutung sein. Der Begriff umschreibt die Funktion, Einkünfte ausschließlich aus selbständiger, gewerblicher oder freiberuflicher Tätigkeit zu erzielen.

Diese Einkünfte dienen dem Zweck, Unternehmer oder Freiberufler den gewünschten, erforderlichen, finanziellen und wirtschaftlichen Rahmen zu bieten, sich und seine Familie zu ernähren. Es muss eine nachhaltige Gewinnerzielungsabsicht zu erkennen sein. Davon unbelastet bleiben eventuell weitere Einkünfte aus Vermietung und Verpachtung oder Kapitalerträge. Mit der Entscheidung zur Gründung einer tragfähigen Vollexistenz wird der Unternehmer keine, auch nicht teilweise, Einkünfte aus unselbständiger Tätigkeit mehr erzielen.

3.1.2. Nebenberufliche Selbständigkeit

Die nebenberufliche Selbständigkeit, sie wird auch als *„Nebenerwerbsgründung“* bezeichnet, ist eine Zwitterunternehmerschaft. In der Regel besteht noch ein abhängiges Arbeitsverhältnis. Dieses bleibt auch erhalten und dient als Haupterwerbsquelle. Arbeitslosen-, Renten- und Krankenversicherungsbeiträge werden durch den Arbeitgeber und Arbeitnehmer in der üblichen Form abgeführt. Nebenberufliche Tätigkeiten, die einen Gewerbeschein bedürfen, z.B. Tupperware-, AMC-Veranstaltungen, sporadischer Internet-handel etc. sind selten geeignet ein Einkommen zu erwirtschaften, das die Aufgabe des abhängigen Arbeitsverhältnisses begründet.

Mit Blick auf die Finanzbehörden gilt zu beachten, dass derartig angemeldete Tätigkeiten auch ernsthaft betrieben werden und eine langfristige Gewinnerzielungsabsicht erkennen lassen. Wird beispielsweise ein Fitnessraum in einem neu gebauten Eigenheim zu einem Massage-, oder Farb- und Stilberatungsinstitut umfunktioniert und die Höhe der Abschreibung und Kosten der Unterhaltung auch auf mittlere Frist nicht von Erträgen gedeckt, werden nicht selten die Gewinnerzielungsabsicht infrage gestellt und auch rückwirkend angesetzte Kosten wieder aberkannt.

☞ **Deshalb ist auch bei der nebenberuflichen Selbständigkeit auf die Erzielung von Gewinnen achten.**

In Zweifelsfällen können zur Beweisführung auch Unterlagen herangezogen werden, aus denen zu erkennen ist, mit welcher Strategie die nebenberufliche Selbständigkeit geführt wurde.

☞ **Dokumentieren Sie durchgeführte Marketing-Maßnahmen.**

Halten Sie Methoden, Zielgruppenansprache und Kosten fest. Führen Sie Erfolgskontrollen durch. Alle diese Aktivitäten helfen einer späteren Nachprüfung standzuhalten.

3.1.3. Gleitende Wege in die Selbständigkeit

Die meisten öffentlich geförderten Existenzgründungsförderprogramme zur Finanzierung von Investitionen begünstigen Vorhaben nur dann, wenn sie eine wirtschaftlich tragfähige Vollexistenz versprechen. Dieser Grundsatz wurde zwischenzeitlich in einzelnen Ländern in Deutschland, z.B. in Baden Württemberg über die dortige Landeskreditbank Baden-Württemberg (L-Bank) als Geldgeber zugunsten einer flexibleren Lösung aufgegeben. Auch ein gleitender Übergang in die Selbständigkeit kann gefördert werden, sofern die persönlichen und fachlichen Voraussetzungen erfüllt sind und **eine Vollexistenz innerhalb eines Zeitraumes von drei Jahren** erreicht werden kann.

In diesen Fällen kann bei Existenzgründern eine zunächst nebenberuflich ausgeübte unselbständige Tätigkeit akzeptiert werden. Dies gilt aber auch nur dann, wenn der Existenzgründer in der Übergangszeit auf ein Zusatzeinkommen angewiesen ist oder die Tätigkeit in einem fachlichen Zusammenhang mit der langfristig beabsichtigten tragfähigen Vollexistenz steht. Diese Regelung unterstützt z.B. junge Wissenschaftler, die bisher in Forschungseinrichtungen oder Industrieunternehmen beschäftigt waren. Es werden aber auch Frauen zur Wiederaufnahme einer selbständigen Tätigkeit ermutigt, wenn diese bereits in früherer Zeit selbständig waren.

☞ **Fragen Sie bei der für Ihr Land zuständigen Landesbank nach öffentlichen Gründungsfinanzierungshilfen an.**

Wird der Vollexistenzstatus nicht in einer angemessenen Zeit erreicht, handelt es sich um eine im Markt etablierte **Kleingründung**. Diese liegt dann nach EU-Definition vor, wenn nicht mehr als 25.000,- Euro investiert wurde. Oftmals bietet die Kleingründung nur ausreichend Einkommen für den Gründer alleine.

Ein Risiko für manche Kleingründungen - Sie setzen sich (z.B. mit nur einem Auftraggeber) nicht selten der Gefahr der Scheinselbständigkeit aus. Ihre Beiträge zur Renten-, Kranken-Pflege- und Arbeitslosenversicherung müssten dann je zur Hälfte von Ihnen und Ihrem (Haupt-) Auftraggeber gezahlt werden. Auftraggeber beobachten daher sehr genau, ob ihr Auftragnehmer *„scheinselbständig"* ist oder nicht. Hierbei kann der Arbeitgeber rückwirkend bis zu 30 Jahre (bei vorsätzlicher Hinterziehung) zur Zahlung des Arbeitgeber- und Arbeitnehmeranteils verpflichtet werden.

Eine **Scheinselbständigkeit** liegt vor, wenn eine erwerbstätige Person als selbständiger Unternehmer auftritt, wenn gleich die Art seiner Tätigkeit zu den abhängig Beschäftigten zählt. Die in Deutschland geltenden gesetzlichen Regelungen wurden mehrfach überarbeitet.

Von 1999 bis zur Gesetzesnovelle des Sozialgesetzbuches wurde die Scheinselbständigkeit nach § 7 Abs. SGB IV vermutet, wenn mindestens drei der folgenden fünf Kriterien erfüllt waren:

- Sie beschäftigen keine versicherungspflichtigen Arbeitnehmer, mit mehr als 400,- Euro monatlich.
- Sie sind regelmäßig und wesentlich nur für **einen Auftraggeber** tätig. (5/6-Regelung = ca. 84 % der Umsätze).
- Ihr oder andere Auftraggeber lassen die Arbeiten **normalerweise** durch eigene Arbeitnehmer ausüben.
- Ihre **Tätigkeit ist die gleiche**, die Sie vorher für den Auftraggeber als Arbeitnehmer ausgeübt haben.
- Typische Merkmale für unternehmerisches Handeln sind bei Ihnen nicht erkennbar. Dies gilt beispielsweise für die Einteilung der Arbeitszeit, Gestaltung der Geschäftsbeziehungen und der Arbeitsstätte, Werbung um neue Kunden oder Unabhängigkeit von der Organisation des Auftraggebers.

Nachdem 1999 zunächst anhand von einzelnen konkreten Umständen eine Einstufung vorgenommen wurde, ist nunmehr in § 7 SGB IV geregelt worden, dass es entscheidend darauf ankommt, ob die Tätigkeit nach Weisungen eines Auftraggebers ausgeführt wird bzw. ob eine Eingliederung in die Organisation des Auftraggebers erfolgt ist. Wichtige Kriterien sind daher nach wie vor die Arbeitszeitgestaltung und die Möglichkeit, die vereinbarte Leistung auch durch Dritte erbringen zu lassen. Nunmehr besagt § 7 Abs. 4 SGB IV lediglich, dass Personen, die Gründerzuschuss nach § 421l Abs. 1 SGB III beantragt haben, für die Dauer ihrer Förderung widerlegbar als Selbständige beurteilt werden.

Neben Scheinselbständigkeit tritt nun der Begriff: **Arbeitnehmerähnliche Selbständige**

Rentenversicherungspflichtige arbeitnehmerähnliche Selbständige sind häufig arbeitsrechtlich als arbeitnehmerähnliche Personen anzusehen.

Für arbeitnehmerähnliche Selbständige ist die gesetzliche Rentenversicherung Pflicht (§ 2 Satz 1 Nr. 9 SGB VI). Hierzu gehören Selbständige, die folgende Kriterien erfüllen:

- im Zusammenhang mit ihrer selbständigen Tätigkeit regelmäßig keinen versicherungspflichtigen Arbeitnehmer beschäftigen
-

  und

- auf Dauer und im Wesentlichen nur für einen Auftraggeber tätig sind; bei Gesellschaftern gelten als Auftraggeber die Auftraggeber der Gesellschaft.

Eine Befreiung von der Rentenversicherungspflicht ist in Einzelfällen möglich und daher bei der Deutschen Rentenversicherung-Bund zu erfragen.

3.1.4. Gründungen aus der Arbeitslosigkeit

Auch die Agenturen für Arbeit, in anderen Ländern vergleichbare Arbeitsämter, bemühen sich, den Weg aus der Arbeitslosigkeit in die Selbständigkeit zu erleichtern und gewähren finanzielle Hilfen.

Zu unterscheiden gilt,

- dér Gründerzuschuss für ALG-I-Berechtigte und
- das Einstiegsgeld für ALG-II-Berechtigte.

Der Gründerzuschuss für **ALG-I-Berechtigte** kennt zwei Phasen und eine Förderdauer von bis zu 15 Monaten.

Phase 1:
Viele Gründer erwirtschaften in der Anlaufphase keinen ausreichenden Umsatz, um ihre privaten Lebenshaltungskosten davon bestreiten zu können. Der Gründungszuschuss trägt diesem Umstand Rechnung. **In den ersten neun Monaten** nach dem Unternehmensstart erhalten Gründerinnen und Gründer einen monatlichen Zuschuss in Höhe ihres individuellen Arbeitslosengeldes sowie eine Pauschale von 300,- Euro zur persönlichen Absicherung (Kranken- und Pflegeversicherung, Altersvorsorge).

☞ **Für die ersten neun Monate besteht ein Rechtsanspruch.**

Soweit die Voraussetzungen zur Förderung erfüllt sind, wird der Zuschuss zzgl. Pauschale gewährt.

Phase 2:
Nach Ablauf der ersten neun Monate kann sich eine **zweite Förderphase von sechs Monaten** anschließen. Während dieses Zeitraumes wird eine Pauschale von 300,- Euro für die Sozialversicherung gezahlt. Der Gründer muss vor Beginn der zweiten Förderphase die Geschäftstätigkeit und die hauptberuflich unternehmerischen Aktivitäten nachweisen.

☞ **Für die zweite Förderphase gilt ein Ermessensspielraum.**

Kann der Gründer die unternehmerischen Tätigkeiten nicht nachhaltig nachweisen besteht kein Anspruch.

Voraussetzungen für den Gründungszuschuss

- Es werden nur **Gründungen** gefördert, die im **Haupterwerb** erfolgen und einen Arbeitsumfang von mindestens 15 Stunden pro Woche haben. Nebentätigkeiten (auch versicherungspflichtig) sind erlaubt, solange deren Zeitumfang nicht den zeitlichen Umfang der Selbständigkeit überschreitet.
- Die Förderung gilt für Gründer, die Anspruch auf Arbeitslosengeld von mindestens 90 Tagen haben (nicht ALG-II).
- Gründer, die den neuen Gründungszuschuss beantragen möchten, müssen durch die Existenzgründung ihre Arbeitslosigkeit beenden. Ein direkter Übergang von einer Angestelltentätigkeit in eine geförderte Selbständigkeit ist nicht möglich.
- Um den Antrag für den Gründungszuschuss zu stellen, muss der Gründer die Stellungnahme einer fachkundigen Stelle vorlegen. Diese Stellungnahme gibt Auskunft über die Tragfähigkeit des Existenzgründungsvorhabens. Fachkundige Stellen können die Kammern, Gründungszentren, aber auch **spezialisierte Unternehmensberater** der freien Wirtschaft sein.
- Antragsteller müssen die Agentur für Arbeit von ihrer persönlichen und fachlichen Eignung überzeugen. Sollten Zweifel an der Eignung bestehen, kann vom Antragsteller verlangt werden, an einer Maßnahme zur Eignungsfeststellung oder an einem Existenzgründungskurs teilzunehmen. In einigen Ländern gibt es ein Gründercoaching, das stattdessen die Möglichkeit öffnet, freie Existenzgründungsberater für das Vorhaben individuell in Anspruch zu nehmen.

☞ **Als Gründer haben Sie die freie Wahl, wen Sie mit einer fachkundigen Stellungnahme beauftragen.**

Die Agentur für Arbeit hat gegenüber ihren Mitarbeitern klargestellt, dass eine Einflussnahme institutioneller Stellen, statt freien Beratern den Vorzug zu geben, nicht gestattet ist.

Es gibt eine Sonderregelung für bisherige Arbeitnehmer, die selbst gekündigt haben. Arbeitnehmer, die ohne wichtigen Grund kündigen, können zwar in die Selbständigkeit gehen, erhalten aber über einen Zeitraum von zwölf Wochen auch keine Förderung.

Diese Zeit entspricht der Sperrzeit für Arbeitnehmer, die Ihre Arbeitslosigkeit durch freiwillige Arbeitsaufgabe selbst herbeiführen Der Zuschuss wird in diesem Fall nach Ablauf der zwölf Wochen für die reguläre Förderdauer gezahlt.

Für **ALG-II-Berechtigte** mit Anspruch auf Zuwendungen der ALG-II-Hilfe und dem Wunsch sich beruflich selbständig zu machen, kann ein Einstiegsgeld beantragt werden.

Mit Hilfe des Einstiegsgelds kann bis zu zwei Jahre lang die Regelleistung des Arbeitslosengeldes II um 50 bis 100 % erhöht und zusätzlich noch etwas dazu verdient werden. Außerdem erhöhen sich die Vermittlungschancen bzw. baut sich aus der Sicherheit des Arbeitslosengeld II-Bezugs eher eine selbständige Existenz auf. Das Einstiegsgeld ist ein Zuschuss zum Arbeitslosengeld II und beträgt grundsätzlich 50 % der Regelleistung. Zusätzlich wird die Größe der Familie bzw. Bedarfsgemeinschaft berücksichtigt. Für jedes zusätzliche Mitglied erhöht sich die Regelleistung um weitere 10 %. Der Zuschuss soll aber insgesamt 100 % der Regelleistung nicht übersteigen. Hinzu kommen die Erstattungen von Wohn- und Heizkosten sowie Übergangszahlungen, falls innerhalb der letzten beiden Jahre Arbeitslosengeld I bezogen wurde.

Voraussetzungen für das Einstiegsgeld:

- Es muss ein Anspruch auf ALG-II bestehen.
- Einkommen vom Partner und eventuell vorhandener Vermögen (Freibeträge) werden angerechnet. Um Einstiegsgeld zu erhalten, muss sich hauptberuflich selbständig betätigt werden, d.h. zeitlich uneingeschränkt (auch mehr als 15 Wochenstunden).

Ein Rechtsanspruch auf das Einstiegsgeld besteht nicht. Die Überschüsse aus der selbständigen Tätigkeit werden nur bedingt auf das Arbeitslosengeld angerechnet. Wichtig ist, dass nicht der Umsatz *„sondern“* der Überschuss, also die Differenz aus Umsatz minus Betriebsausgaben berücksichtigt wird.

3.2. Gründungsvarianten

Die klassische Unternehmensgründung - **die Start up Gründung** - versteht im engeren Sinne die erstmalige Gründung eines Unternehmens auf dem Markte. „*Start up*“ ist eine neuzeitliche Wortschöpfung, welche die ***"originäre Form"*** einer Existenz- oder Unternehmensgründung beschreibt. Gemeint ist damit eine in einem abhängigen Arbeitsverhältnis stehende Person, die mit der Gründung eines neuen Unternehmens eine tragfähige Vollexistenz anstrebt.

Die bisher unselbständige Person wird mit dem gegründeten Unternehmen als **neuer Marktteilnehmer** auf dem Markt selbständig. Dem gegenüber platziert sich mit der ***"derivativen Form"*** einer Start up-Gründung gleichfalls ein neuer Teilnehmer am Markt. Allerdings verfügt dieser meist über Erfahrungen mit der Selbständigkeit, nämlich dann, wenn er bereits selbständig war und mit der neuen Gründung lediglich ein **zweites Standbein** schaffen will. Damit wird zwar ein neues Unternehmen platziert, der Gründer selbst ist aber im engeren Sinne kein Newcomer. Neben dieser originären und derivativen Form der Gründung bestehen noch eine Reihe weiterer Möglichkeiten, deshalb die Frage:

Wollen Sie eine eigene Firma gänzlich neu im Markt platzieren?

Oder könnten Alternativen und andere Varianten eine interessantere Lösung darstellen?

- Sie können beispielsweise Ihre Kenntnisse als Partner (Beteiligung) in einem bestehenden Unternehmen einbringen.
- Vielleicht bietet sich eine Subunternehmerschaft bei Ihrem bisherigen oder früheren Arbeitgeber an.
- Wie sieht es mit einer Betriebsübernahme im Sinne der Unternehmensnachfolge aus? Altershalber gibt es immer wieder Unternehmer die händeringend Nachfolger suchen.
- Oder kennen Sie Franchise? Ein System, bei dem Sie als Partner im Rahmen angemessener Möglichkeiten selbständig sein können.

Zurücklehnen macht manchmal Sinn - noch einmal überlegen, ob man wirklich die gesamten Mühen alleine auf sich nehmen will.

3.2.1. Franchise

Franchise beschreibt ein bestimmtes Vertriebsrecht, das dem Lizenzrecht ähnlich ist, aber in seiner Wirkung weit darüber hinausgeht. Bei *„Franchise“* handelt es sich um ein vertriebsorientiertes Vertragssystem, bei dem der Franchise-Geber die

- Planung,
- Durchführung und
- Kontrolle

eines bestimmten Betriebstyps vornimmt und in dem meist mehrere Franchise-Nehmer unter der

- Leitung,
- Anleitung und unter dem
- Namen des Franchise-Gebers

den Vertrieb eines Produktes, eines Sortiments und/oder einer Dienstleistung übernehmen und den Betrieb während der vertraglich vereinbarten Laufzeit laufend führen.

☞ **Das Franchise-Paket beschreibt die Leistung des Franchise-Gebers.**

Es besteht aus einem Beschaffungs-, Absatz- und Organisationskonzept, dem Nutzungsrecht von Schutzrechten, der Ausbildung des Franchise-Nehmers und der Verpflichtung des Franchise-Gebers, den Franchise-Nehmer aktiv und laufend zu unterstützen und das Konzept ständig weiterzuentwickeln.

Um Franchising erfolgreich in einem Unternehmen als alternatives Absatz- und Vertriebssystem zu etablieren, ist eine Prüfung der Produkte und der bisherigen Organisation auf Marktsegmente, Verfahren und Zielgruppen vorzunehmen. Gelangt die Prüfung zu dem Ergebnis *„erfolgversprechend“* und *„praktikabel“*, werden die Rahmenbedingungen für die eigentliche *"strategische Franchise-Planung"* geschaffen.

Das zu entwickelnde Franchise-Konzept soll

- strategisch umfassend,
- ganzheitlich und
- allgemeingültig

ausgelegt sein.

Es muss dem Franchise-Geber und seinen Mitarbeitern verständlich und jederzeit durchschaubar, den Kern der Idee, den organisatorischen Aufbau und Ablauf verdeutlichen.

Der Entwicklungs- und Einführungszeitraum von Franchise-Systemen wird unterschätzt.

Die Entwicklung und marktgerechte Einführung von Franchise-Konzepten kann einen Zeitraum von mehreren Monaten, je nach Komplexität bis zu mehreren Jahren in Anspruch nehmen (Internationales Master-Franchising). Derartige Vorhaben sind im Zeit- und Kostenverhalten mit recht umfangreichen Projekten zu vergleichen und erfordern die Einrichtung eines eigenständigen Projektmanagements.

Ist das Produkt- / die Dienstleistung franchisetauglich?

Interessieren Sie sich als Franchise-Interessent für ein System, das noch nicht stark auf dem Markt verbreitet ist, seien Sie besonders kritisch und nehmen Sie die Produkte und Dienstleistungen bitte genau unter die Lupe.

- Die zentrale Steuerung wichtiger Hauptfunktionen muss organisierbar sein (z.B. Produktion, Einkauf, Werbe- und Marketingmaßnahmen).
- Die Systemtauglichkeit orientiert sich an einem multiplizierbaren Absatz (Verfahren müssen beliebig oft anwendbar sein).
- Das System muss für die Partner verständlich, überschaubar, kalkulierbar sein und die Realisierung einer tragfähigen Vollexistenz versprechen.

Treffen diese Kriterien zu, sind die Franchisegrundlagen in Ordnung.

Das **Franchise-Paket** ist die reale Konkretisierung der Systemidee. Hierzu gehört die Beschreibung der Idee, deren Ziele und Methoden der Umsetzung. Organisationshilfen gehören genauso zum Franchise-Paket wie die Offenlegung der Pflichten, Rechte, Vorteile und Nachteile für die Systempartner. Das Franchise-Paket wird durch das Systemhandbuch und den Franchise-Vertrag nachvollziehbar beschrieben. Damit werden beide Dokumente Ausgangspunkt für die Beziehungen der Partner im System.

Das **Systemhandbuch** zum Franchise-System beschreibt die Organisation, Informations- und Warenströme. Es ist das Nachschlagewerk für den Franchise-Nehmer und wird im Franchise-Vertrag immer wieder als die Verfahrensgrundlage genannt. In ihm wird exakt beschrieben, wie das Marketingkonzept funktioniert und umgesetzt werden soll.

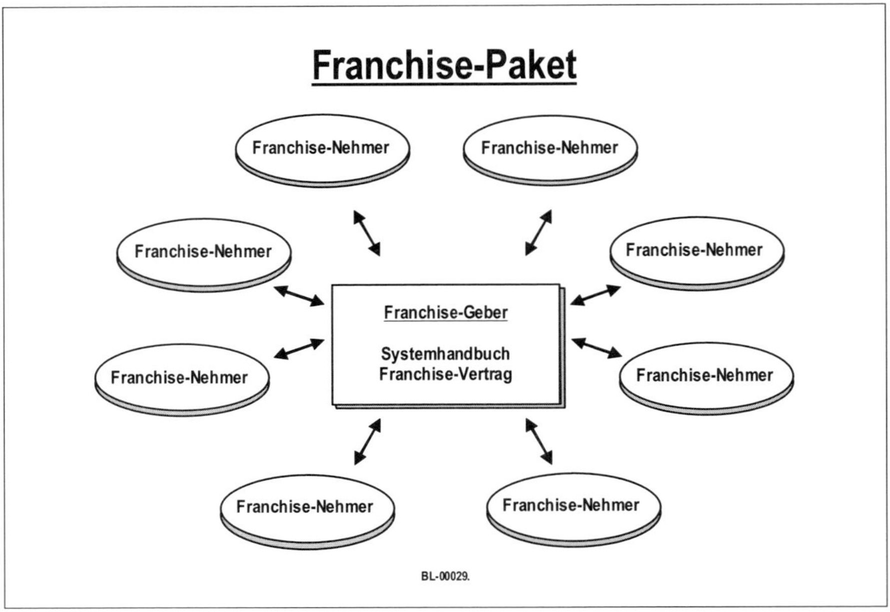

Die wichtigsten Inhalte des Systemhandbuches:

- Ziel des Marketingkonzeptes
- Kriterien bei der Wahl des Standortes
- Geschäftsräume und -ausstattung
- Sortimentspolitik, Wareneinkauf und Disposition
- Produktplatzierung und -repräsentation in der Verkaufsstelle
- Warenkunde bzw. -Beschreibung der Dienstleistung
- Investition, Finanzierung und Betriebsführung
- Werbung und Verkaufsförderung
- Personalauswahl, -führung und -weiterbildung
- Kosten, Kalkulation und Buchführung

Der **Franchise-Vertrag** ist die rechtliche Grundlage der Geschäftsbeziehungen im System. Vertragspartner sind der Franchise-Geber und der Franchise-Nehmer. Bei stark verbreiteten und schon länger im Markt eingeführten Franchise-Systemen, insbesondere derer, die auch von Förderbanken (öffentliche Finanzierungshilfen) anerkannt sind (ggf. nachfragen), dürfte es hinsichtlich des Vertragswerkes kaum Probleme geben.

Standardinhalte eines Franchise-Vertrages:

- Präambel
- Vertragsgegenstand
- Selbständigkeit
- Corporate Identity
- Vertragsgebiet
- Pflichten des Franchise-Gebers
- Pflichten des Franchise-Nehmers
- Schutzrechte
- Vergütungen
- Markenbenutzung
- Werbung
- Versicherungen
- Haftung
- Buchhaltung und Betriebswirtschaft
- Betriebsgeheimnis
- Wettbewerbsverbot
- Probleme bei Franchise
- Rechtliche Grundlagen
- Preisbindung
- Bezugsbindung
- Gebietsschutz

Was muss ein Franchise-Geber bringen?

Zu unterscheiden sind typische Leistungen zu Beginn des Franchise-Vertrages, die im Regelfall einmalig erfolgen, zum anderen die laufende Unterstützung.

- **Leistungen zu Beginn des Franchise**
  Markt- und Standortanalyse, technisches und kaufmännisches Know-how zum Betreiben des Franchise, Layout für Eröffnungs- und überregionale Werbung, PR-Maßnahmen, Verkaufsschulungen für Mitarbeiter der Franchise-Nehmer, Praktische Schulung von Servicepersonal, detailliertes Systemhandbuch, Beschaffungskonzepte, Rahmenverträge und Organisationskonzepte für alle Dienstleistungen, Hilfe beim Aufbau des Franchise bis zur schlüsselfertigen Übergabe, Ausbildung des Franchise-Nehmers, Finanzierungshilfen und betriebswirtschaftliche Unterstützung in der Vorbereitung.

- **Leistungen während des Franchise**
  Nutzung der Schutzrechte, Marken- und Warenzeichen, jährlicher Erfahrungsaustausch, Franchisereport (Mitteilungsblatt), Umsatzvergleich mit anderen Franchise-Nehmern, Werbe-, Public Relations- und Verkaufsförderungshilfen, Regale, Schütten, Organisationskonzepte, permanente Betreuung und Unterstützung durch den Systemgeber, Weiterbildung des Franchisenehmers und seiner Mitarbeiter, korrekte und termingerechte Belieferung des Franchise-Nehmers, Einhaltung von beschriebenen Qualitätsstandards der eigenen Produkte und zugekauften Fremdwaren.

Weitere Detailinformationen in dieser Buch-Reihe
Buch II - „Markteintritt und Wachstum"

Weitere Detailinformationen zum Thema Franchise im Buch
„Franchise-Systeme - Gemeinsam erfolgreicher werden"

3.2.2. Spin off

Unter dem international geläufigen Begriff *"Spin off"* wird das Herauslösen von Unternehmensfunktionen aus einer Muttergesellschaft verstanden. Unter der Einbindung von Dritten wird eine Unternehmensgründung vollzogen. Sie wird schon seit längerem von größeren Unternehmen praktiziert und tritt in der mittelständischen Wirtschaft zusehends häufiger auf. Diese Variante des Verselbständigens hat sich aus zwei Aspekten heraus gebildet. Wenn für einen Mitarbeiter der Aufstieg auf der Karriereleiter eines Unternehmens nicht weiter möglich erscheint, wird man als Unternehmer versuchen, das qualifizierte Personal in den Führungsebenen zu halten. Bevor die Führungskraft für das Unternehmen verloren geht wird geprüft, ob das Unternehmenssegment ggf. verselbständigt werden kann.

Die vorhandene Verantwortung des bisher Leitenden Angestellten wird durch seine finanzielle Beteiligung ergänzt. Damit bleibt er als Geschäftsführender Gesellschafter des neuen Unternehmens weiterhin in die Unternehmenspolitik eingebunden. Die Einflechtung besonderer Finanzierungshilfen kann weitere Argumente darstellen, eine Abteilung auszulagern. Besonders die Produkt- und Verfahrensweiterentwicklung, um eine bessere technologische Ausrichtung zu erhalten, kann ein Gesichtspunkt sein. Mit der Verselbständigung des ehemaligen Mitarbeiters in die neue Unternehmenseinheit werden auch die öffentlichen Finanzierungshilfen für Unternehmensgründer erreichbar.

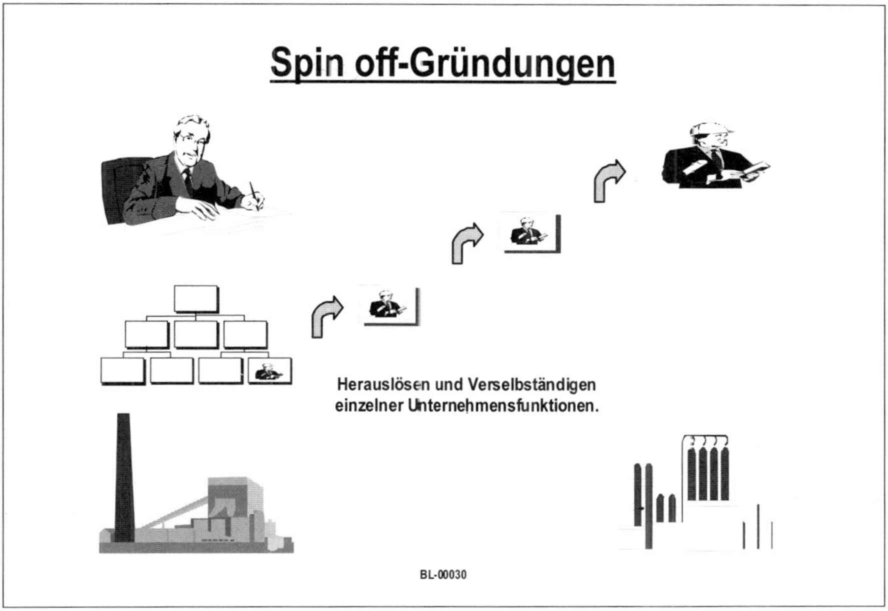

In dem bisherigen Stammwerk, dem Veranlasser des Spin off´s, führt die Ausgliederung zusätzlich zu Gemeinkostensenkungen. Gerade bei stark innovativ agierenden Unternehmen, die über die betriebswirtschaftliche Stellgröße Unternehmenspolitik betreiben, sind Spin off's eine Chance, Teile des Stammunternehmens zu verschlanken und die Fortführung der Aktivitäten in die Verantwortung der bisherigen Mitarbeiter zu legen.

Spin off-Gründungen sind keine Zufallsprodukte.

Sie stellen die Folge geplanten unternehmerischen Handelns und einer speziellen Weiterentwicklung des Outsourcings mit der Zielsetzung dar, Unternehmenssegmente unter Gemeinkostengesichtspunkten aus dem Unternehmen zu lösen und dennoch nicht auf das Know-how zu verzichten.

Folgende Ziele werden bei den Stammunternehmen mit der Herauslösung von Spin off´s realisiert:

- Interne Rationalisierung
- Diversifikation des Unternehmens
- innovative Erschließung von Zielgruppen
- Umsetzen einer restriktiven Personalpolitik mit der gleichzeitigen Motivation der ausgerichteten Führungskräfte und Fachleute im neuen Unternehmen

Die Verselbständigung einzelner Funktionen bringt für das ausgegründete Unternehmen noch weitere Vorteile. So können latent entwickelte Innovationen mit neuen Finanzierungsschüben realisiert werden, die ansonsten im Stammunternehmen durch andere Prioritätenzwänge möglicherweise nicht beachtet worden wären. Durch die Verselbständigung und Erweiterung der Mitarbeiterkompetenz gewinnt das neue Unternehmen an Betriebsklima. Die Motivation übernommener Mitarbeiter wird durch die Beseitigung vorhandener Hindernisse im Altunternehmen gehoben.

Folgende Probleme lassen sich abbauen:

- Verkrustung bisheriger Organisationsstrukturen
- Bürokratisierung von Personal
- Abteilungs- und egoistisches Gruppendenken
- Frustration ansonsten stark innovativ und motivierter Mitarbeiter (innere Kündigung)

3.2.3. MBO / MBI

Ein Unternehmer hat mit 62 Jahren seine sich selbst gesetzte Altersgrenze erreicht und möchte sein Unternehmen gerne verkaufen. Seine Kinder sind nicht daran interessiert, sein Lebenswerk fortzuführen. Ein Verkauf an einen kaufwilligen Großkonzern kommt für den Unternehmer aber auch nicht in Betracht. Allerdings hält er seinen Geschäftsführer für befähigt, das gesamte Unternehmen in seinem Sinne erfolgreich weiterzuführen.

Dieser ist auch an einer Übernahme interessiert, kann allerdings den erwarteten Kaufpreis aus eigenen Kräften nicht aufbringen. Vor diesem Hintergrund tritt eine sonst angenommene Fortführung des Unternehmens durch Verwandte (Kinder) mit recht unsicherem Erfolg in den Hintergrund.

Der Verkauf an einen Neugründer, verbunden mit der Möglichkeit, systematisch und qualifiziert diesen Nachfolger in das bisherige Geschäft einzuarbeiten und an diesen schließlich das Geschäft zu verkaufen, wird interessanter. Gegenüber der Spin off-Ausgründung werden bei der MBI- bzw. MBO-Gründung das Ganze und keine Teilbereiche des Unternehmens zur Disposition gestellt.

Management Buy-Out (MBO) und Management Buy-In (MBI) haben sich Ende der achtziger Anfang der neunziger Jahre in Deutschland bestens etabliert. Beide Arten des Unternehmenserwerbs sind heute anerkannt und stellen einen gangbaren Weg in die Selbständigkeit gegenüber den sonst üblichen Start up-Gründungen dar. In der ersten Phase eines Buy-Outs werden zunächst Plan- und Istbestandsaufnahmen durchgeführt, die Bilanzen des Unternehmens analysiert, die betriebswirtschaftliche Ertragskraft festgestellt, die Wettbewerbssituation strategisch untersucht und die Finanz- und Marketingpläne des Unternehmens auf ihre Realisierbarkeit hin überprüft. Dies geschieht in Zusammenarbeit und Abstimmung mit der Geschäftsleitung im Verbund mit dem künftigen Erwerber, der zu diesem Zeitpunkt bereits in das Unternehmen integriert wird.

In Europa sind die Motive für MBOs und MBIs regional unterschiedlich. Während in angelsächsischen Ländern Konzerne Unternehmensteile oder Randaktivitäten verkaufen um ihr Produkt- und Dienstleistungsportfolio zu straffen (Spin off oder MBI), werden in Deutschland diese Gründungsvarianten zunehmend als ein ideales **Instrument der Alters- und Unternehmensnachfolge**, sich zur Ruhe setzender Unternehmer von Familien-, Klein- und Mittelbetrieben, verstanden.

Die Untersuchung eines namhaften Institutes stellte bei der Befragung des deutschen Mittelstandes fest, dass ca. 90 % Nachfolgeprobleme haben, dass dabei 35 % der Inhaber über 50 Jahre, 13 % sogar über 60 Jahre alt seien. Bei den MBOs und MBIs treffen Partner aufeinander, die beide interessiert sind, ein für sie jeweils einmaliges Geschäft abzuwickeln. Der eine möchte sein Unternehmen möglichst teuer verkaufen, im Hintergrund denkt er vielleicht an seine Alterssicherung, der andere möchte möglichst günstig einkaufen und nur soviel wie unbedingt notwendig ausgeben. Die gehandelten Firmenwerte sind oft recht stattlich und müssen finanziert und abgesichert werden. Der Interessenskonflikt ist programmiert und nur durch einen *"fairen"* Kompromiss lösbar. Wie soll das aber geschehen?

Die Entscheidung im familiären Umfeld das elterliche Unternehmen zu übernehmen, ist kein leichtes Unterfangen. Auch der Nachfolger in der Familie muss sich einen solchen Schritt genauso überlegen, wie ein Außenstehender, der eine fremde Firma kaufen möchte. Beide Partner, der Veräußerer und der Interessent, müssen ein über Jahre gewachsenes Unternehmen richtig einschätzen, Stärken und Schwächen herausarbeiten und richtig bewerten. Möchten Sie einem Unternehmen näher treten und dieses übernehmen, sollten Sie sich von einem Unternehmensberater eine Situationswertanalyse und Unternehmensbewertung erstellen lassen.

Externe und neutrale Assistenz einbinden.

Bei der Analyse der zwischenmenschlichen Beziehungen, sowohl bei Mitarbeitern des Unternehmens als auch Lieferanten- und Kundenbeziehungen ist abzuwägen, ob der Nachfolger mit den neuen Kunden genauso harmonieren kann oder die Beziehungen, die personenorientiert angelegt, den bisherigen Umsatz nicht nur reduzieren sondern ganz wegbrechen lassen.

Ist der Nachfolger im Umkreis des Unternehmens schon länger bekannt, wäre zu prüfen, welches Image dieser bereits im Unternehmen erworben hat. Selbst bei der Übergabe innerhalb der Familie entstehen öfters gravierende Fehleinschätzungen. Ohne die Einbindung fremder Beratungspotenziale und neutraler Moderatoren werden Dinge zugunsten einer schnellen und *"um jeden Preis"* herbeigeführten Einigung oft verschleiert. Auch ein Buy-Out wird nicht in Tagen oder Wochen realisiert, sondern kann sich unter Umständen über Jahre erstrecken. Ein Buy-Out, bei dem in der Regel der künftige Unternehmer bereits mehrere Jahre im Unternehmen arbeitete, lässt sich leichter übergeben. Interna, Warenströme, Kunden- und Lieferantenstrukturen sind bekannt.

Anders beim Buy-In. Hier sind der eigentlichen Übergabe noch die Zeit der Suche nach einem Partner, dessen Einschätzung, eine Vorauswahl und Zusage vorangeschaltet. Zudem macht es Sinn dem künftigen externen Erwerber des Unternehmens, wie zuvor beschrieben dem langjährigen Mitarbeiter, die gleichen Chancen einzuräumen, eine geraume Zeit mitarbeiten zu können.

☞ **Lassen Sie sich eine Unternehmens- und Situationsanalyse erstellen.**

Verfallen Sie nicht auf den Fehler, sich mit einer stichtagsbezogenen Unternehmensanalyse oder gar einer auf ein Datum bezogenen Statusbilanz zu begnügen. Die historischen Entwicklungen, das regionale Umfeld und die gesamtunternehmerische Situation sind mit ihren vergangenheits- und zukunftsbetonten Werten ebenfalls zu berücksichtigen. Eine Checkliste ist zu erstellen, die die wichtigen Analysepositionen enthält, Schwerpunkte nennt und Stärken den Schwächen gegenüberstellt.

Gute Chancen haben Unternehmen, die **über mehrere Jahre sich bereits einem Rating bzw. Pre-Rating** nach Basel II unterzogen haben. Externe Agenturen oder spezialisierte Unternehmensberater verfassen mehrere Jahre in Folge ein Pre-Rating. Da mit jedem Pre-Rating durchgeführte Veränderungen und ihre Wirkungen evaluiert werden, sind sie ein wichtiges Instrumentarium auf dem Weg zu einem fairen Firmenwert. Im Jahresvergleich werden nicht nur die harten und weichen Faktoren verglichen, sondern auch geprüft, wie das Unternehmen mit unterbreiteten Verbesserungsvorschlägen umgegangen ist. Als Gründer und Interessent für ein MBI bzw. MBO sollten Sie Ihre Ersteinschätzung noch um folgende Fragen ergänzen:

Weitere Detailinformationen in dieser Buch-Reihe
Buch IV - „Finanzierung und Sicherheiten"

Welcher Weg der Übernahme ist beabsichtigt?

- Erbe
- Schenkung
- Kauf
- Pacht
- MBO / MBI

Welche Gründe kennzeichnen den Unternehmensverkauf?

- Alter
- Krankheit
- familiäre Gründe
- Erreichen des Geschäftsziels
- veränderte Markt- und Konkurrenzsituation

Welchen Ruf genießen Unternehmer, Unternehmen, Produkte und Dienstleistungen?

- Markenprodukte
- (fehlende) Innovationen
- Skandale in der Öffentlichkeit
- Regressansprüche aufgrund von Fehlern
- Strukturveränderungen
- Fluktuation in der Belegschaft

Besorgen Sie sich Informationen aus den Tageszeitungen, der Fachpresse sowie dem Handelsregister. Fragen Sie Mitarbeiter der zuständigen Kammer, den Lokal- oder Wirtschaftsredakteur der regionalen Zeitung oder des ansässigen Rundfunksenders und holen Sie Bankauskünfte ein. Machen Sie **Schwächen** bei dem zur Disposition stehenden Unternehmen aus. Katalogisieren Sie diese Informationen und versuchen Sie für sich wichtige Bewertungskriterien aufzustellen. Solche Schwächen können sein:

- schnelles, aber unkontrollieres Wachstum
- nicht mitgewachsener Führungsstil
- unklare Kompetenzen
- zu geringer Ertrag
- fehlende Motivation bei Mitarbeitern
- fehlende Zielgruppendefinition
- nicht erkennbare Unternehmensziele
- starke Abhängigkeiten von Kreditgebern
- fehlendeTeambereitschaft

Entweder überwiegen die Negativkriterien und lassen Sie vor weiteren Aktivitäten zurückschrecken, oder Sie trauen es sich zu, einzelne Positionen kompensieren zu können. Auch die **Stärken** werden katalogisiert. Diese werden von Verkäuferseite als Pluspunkte favorisiert.

Werden Sie sich rechtzeitig klar, ob und was Ihnen diese Stärken bringen. Stellen Sie wirklich einen *"starken Zugewinn"* dar oder hätten Sie diesen Stand ohnehin in kürzerer Zeit erreicht.. Nicht zu verkennende Stärken können sein:

- zügiges, konstruktives Wachstum
- klare Zuständigkeiten
- gute Erträge
- gutes Betriebsklima
- hoher Motivationsgrad
- Corporate Identity wird gelebt
- Personalentwicklung
- Motivation
- Teamorientierung

Die Konzeption und Realisierung einer Betriebsübernahme gliedert sich in verschiedene Subelemente. Neben einer detaillierten und abgeschlossenen Analyse historischer Entwicklungen und Fakten muss sich das Vorhaben explizit auf die

- organisatorischen
- finanziellen und
- zielgruppenoriertierten Änderungswünsche,

besonders auch auf die beabsichtigten Verbesserungen beziehen, die der Erwerber mit dem Unternehmen realisieren möchte.

Aus diesem Grund sind folgende Zusatzfragen von Bedeutung:

- Entspricht der Maschinen- und Anlagenpark des zu übernehmenden Unternehmens der Bedürfnisstruktur der anvisierten Zielgruppe?
- Ergeben sich durch gesetzliche Änderungen (z.B. Emissionen, Gebühren, Steuern, Erlaubnis) Auswirkungen, die das Unternehmen künftig betreffen?
- Lassen die Branchenaussichten und die Unternehmensstruktur Wachstum zu oder verdrängen Technologien gewachsene Strukturen und machen gravierende und kostenträchtige Anpassungsprozesse erforderlich?
- Stehen baurechtliche oder bauplanrechtliche Hindernisse im Weg, die eine Erweiterung des Geschäftes unmöglich machen?
- Ist das Betriebsgrundstück frei von Altlasten?
- Gab es eine Untersuchung?
- Lässt die Altersstruktur der Belegschaft eine Überalterung erkennen?

Ist die Entscheidung zugunsten der Realisierung eines MBO´s / MBI´s gefallen, können verschiedene Schritte parallel erfolgen. Nach der grundsätzlichen Einigung, d.h. beide Partner sind sich einig, das Unternehmen innerhalb eines bestimmten Zeitraumes zu übergeben, wird ein **Vorvertrag** geschlossen. Bei einem unvorbereiteten nicht abgestimmten Rücktritt eines Partners von der vorgesehenen Belebung der vertraglich vereinbarten Absichtserklärung ist eine angemessene Entschädigung des benachteiligten Partners vorzunehmen. Die Einbindung des Erwerbers in die Führungsmannschaft des bisherigen Unternehmens ist aus Gründen der Kontinuität zu vereinbaren. Auch über stille Beteiligungen können Vorleistungen getroffen werden, die zum Zeitpunkt der formalen Übergabe des Unternehmens als Kapitaleinlage offenbart werden.

Der Erwerber in spe sollte Handlungsvollmacht / Prokura erhalten.

Ihm sollte ausreichend Gelegenheit geboten werden, alle Unternehmensbereiche kennen zu lernen. Das Coaching und die gezielte Betreuung des neuen Jungunternehmers ist ein Schwerpunkt externer Beraterunterstützung. Fragen Sie nach Beratern mit derartigen Coachingfunktionen. So lassen sich unter dessen Augen Management-Trainee-Programme abstimmen, die unterschiedliche Schwerpunkte im Marketing, der Organisation, Datenverarbeitung, Produktionssteuerung, Materialwirtschaft und des Personals bieten. Ein Vertrag, auch der des Firmenkaufs/-verkaufs kommt zustande, wenn Übereinstimmung in einer beiderseitigen Willenserklärung gegeben ist Ware gegen Geld, Dienstleistung gegen Geld, warum nicht Firma gegen Geld? Man kann davon ausgehen, dass bei der Untersuchung einer vorgelegten Bilanz und geordneten Verhältnissen lediglich die Inhalte der Finanzierungsseite ausgetauscht werden müssen. Der Anteil des austretenden (verkaufenden) Partners wird mit dem Kapitalanteil des eintretenden Gesellschafters oder Inhabers (kaufenden Partners) ersetzt. Die Annahme, dass das vorhandene Eigenkapital dem ausscheidenden Gesellschafter lediglich ausgezahlt wird, ist eher Theorie und in der Praxis selten zu finden. Im Regelfall wird der Verkäufer einen Preis für immaterielle Werte sehen wollen, z.B. für:

- Kundenstamm
- Organisation
- Risiko
- Know-how
- good will (Ruf)
- Markenname

Demnach ist das Geschäft per Handschlag, bei dem derartige immaterielle Attribute nur geschätzt und nicht bewertet werden, für einen der beiden Partner, ob Verkäufer oder Käufer, mit Sicherheit von Nachteil.

Es erhebt sich dann die Frage - für wen? Da mit jedem Unternehmenskauf/verkauf neben dem eigentlichen zur Disposition stehenden Unternehmen, auch die Privatsphäre der Partner betroffen ist, kann nur ein konzertiertes Wirken Dritter wie Unternehmens- und Steuerberater ggf. auch Fachanwälte in einer Moderatorenrolle angeraten sein.

3.2.4. Unternehmensbewertung

Komplexe Strukturen, die neben der rechtlichen und steuerrechtlichen Komponente Grundlagen für die Bewertung darstellen, wirken oft recht kompliziert auf die Unternehmensbewertung und Kaufpreisbildung.

- Gibt es die richtige Methode der strategieorientierten Bewertung?
- Wird sie vielleicht in der Praxis nur zu selten angewandt?

Natürlich nicht. Es gibt verschiedene Formen der Unternehmensbewertung. Jede der praktizierten Methoden hat ihre Vorteile. Sie zielen auf spezifische Fragestellungen ab und sprechen das Ganze vom jeweiligen Blickwinkel aus an. Eine strategieorientierte Unternehmensbewertung verlangt von den beteiligten Akteuren mehr als nur die Festsetzung der Preisober- und -untergrenzen. Sie erfordert vielmehr eine Verzahnung quantitativer und qualitativer Zielvorgaben und darf Positionen nicht isoliert betrachten.

☞ **Bei einem Unternehmenskauf sind den Ertragsaussichten voraussichtliche Integrationskosten gegenüberzustellen.**

Die strategieorientierte Unternehmensbewertung sucht den **objektiven Unternehmenswert**. Aus qualitativen und quantitativen, vergangenheitsbezogenen und zukunftsorientierten Bestandteilen wird der Wert gebildet. Hierzu gilt es, den Vergleich der Alternativinvestitionen am Kapitalmarkt zu bewerten und mit einzubeziehen. Darüber hinaus sind der subjektive Entscheidungswert und das Zuwachspotential der Marktmacht zu formulieren, die sich durch das Fortführungskonzept ergeben. Substanzwert-, Ertragswert - und Cash flow - Methode bilden das Rückgrat der stichtagsbezogenen Unternehmensbewertung. Ihre Aussagefähigkeit muss über die Prüfung des Berechnungsweges hinausgehen. In der Substanzwertanalyse wird das nicht betriebsnotwendige Vermögen ausgesondert und um die Verbindlichkeiten des Unternehmens bereinigt. Da die Bildung des Ertragswertes sich aus dem Jahresüberschuss ableitet, der die gesamten Geschäftsaktivitäten des Unternehmens enthält, müssen alle zahlungswirksamen, außerordentlichen Einflüsse abgezogen werden.

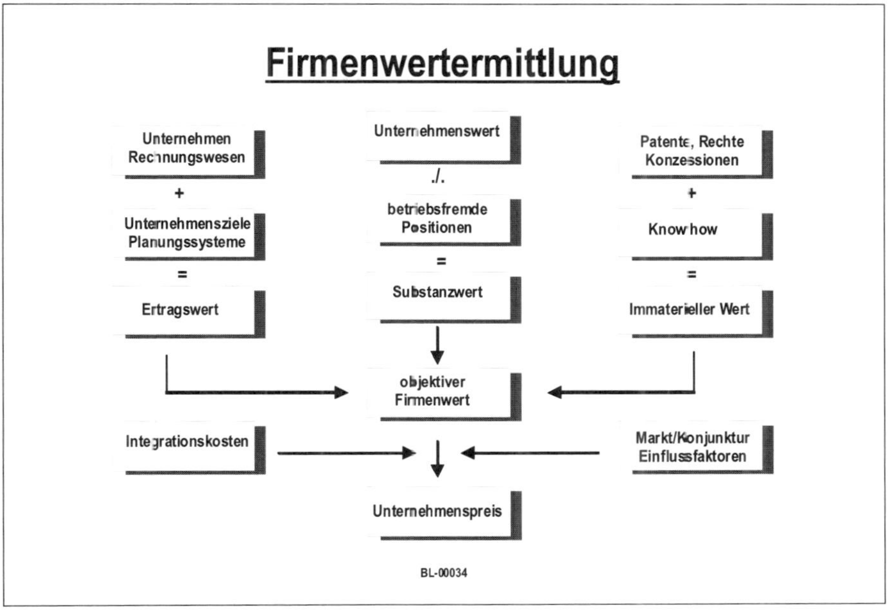

Dann wird der Ertragswert zusätzlich noch um Zinsen und Abschreibungen bereinigt. Der Blick ist auch auf externe Preisentwicklungen, alternative Kostenstrukturen (abhängig vom Auslastungsgrad) und der Nachfrageentwicklungen zu richten. Die Ermittlung des Break-Events verlangt damit die Quantifizierung zukünftiger Ereignisse. Es ist der durchschnittliche und nachhaltig erzielbare Ertrag zu ermitteln. Die Jahresüberschüsse vor Steuern werden für ca. fünf bis sechs vergangene Jahre und die künftigen zwei bis drei Planjahre mit einem *„Faktor X"* multipliziert, um die so genannte historische bzw. mit Zukunftsperspektiven versehene Ertragszahl zu erhalten. Dieser Komponente kann für die zukünftige Betrachtung noch eine *"Synergie-Variante Y"* hinzugefügt werden, die qualitative und subjektive Annahmen interner und externer Entwicklungen beinhaltet.

Damit wird ersichtlich, wie wichtig detaillierte Untersuchungen sind. Sie stellen eine Schlüsselrolle in den Verhandlungen zum Unternehmenserwerb/-verkauf dar. Nüchternes Zahlenmaterial des betrieblichen Rechnungswesens müssen mit möglichen qualitativen Strategieabsichten in Einklang gebracht werden, damit sich künftige Entwicklungen und Risiken besser einschätzen lassen. Mit der **Substanzwertermittlung** wird der momentane Gegenwartswert des betriebsnotwendigen Anlage- und Umlaufvermögens festgestellt.

Hierzu gehören alle Wirtschaftsgüter, die betriebsnotwendig sind und im Produktionsprozess auch eingesetzt werden. Auch die immateriellen Werte, wie Patente, wenn Nutzen aus ihnen gezogen werden kann, können, sofern Sie nicht separat berücksichtigt, hinzugezählt werden. Der Substanzwert ist vergleichbar mit dem Investitionsbedarf des Start up-Gründers. Der **Ertragswert** wird aus den historischen und geplanten betriebswirtschaftlichen Erträgen der Buchhaltung oder betriebwirtschaftlichen Übersichten ermittelt.

Werte in TSD oder Millionen	n^{-5}	n^{-4}	n^{-3}	n^{-2}	n^{-1}	N	n^{+1}	n^{+2}
Betrieblich zuordenbarer Gewinn vor Steuern								
(+ Ehegattengehalt) + AfA (bil.) + Fremdkapitalzinsen								
Erweiterter Cash flow (aus BWA)								
./. kalk. Unternehmerlohn ./. kalk. AfA ./. kalk. Verzinsung des EK (nicht VK)								
bereinigter betriebswirtschaftlicher Ertrag								

Die Summen der künftig angestrebten Erträge werden auf den Gegenwartswert abgezinst. Bereinigte Vergangenheitswerte (3 - 5 Jahre) und künftig abgezinste Werte der Zukunftsprognose (2 - 3 Jahre) bilden die Kalkulationsgrundlage.

Durch die Risikobehaftung künftiger Entwicklungen werden die Faktoren in den Planjahren nicht linear erhöht, sondern reduzieren sich mit Anzahl der Planjahre. Länger zurückliegende historische Werte erhalten niedrigere Faktoren. Das aktuelle Geschäftsjahr, da es den momentanen Istzustand widerspiegelt, erhält den höchsten Faktor.

Premium - Angebot

Nr. 2014

Existenzgründung
Fakten & Grundsätzliches
ISBN 978-3-938684-18-4

Der Inhaber dieses Premium-Angebots erhält nach Annahme und Bestätigung durch den UVIS - Verlag Zugang zu - auf den Themenkreis dieses Werkes beschränkte - Downloads.

Zu den markierten Themen des Buches können über das Internet via www.uvis-verlag.de von der Verlagsseite die weiterführenden Informationen gezogen werden.

Die Modalitäten des gültigen Premium-Angebotes und Anmeldeverfahrens können auf der Verlagsseite unter „Premium" eingesehen werden.

Entnehmen Sie diese Seite dem Buch und füllen Sie die Rückseite im Original aus.

P434A/V/SO/GR/B-BL/B-BL-EX1-3A/Premiumangebot

Premium - Angebot

Ich möchte die Premium-Mitgliedschaft gerne nutzen.

Name ______________________________

Vorname ______________________________

Str. ______________________________

PLZ ______________________________

Ort ______________________________

e:Mail ______________________________

Die Bedingungen des Premium-Angebotes auf der Verlagsseite www.uvis-verlag.de habe ich gelesen und bin damit einverstanden, dass der relevante Betrag von meinen Konto per Lastschrift eingezogen wird. Des Weiteren erkläre ich mich mit der Unterschrift einverstanden, dass der Verlag meine obigen Daten zum Abgleich mit den Downloads speichern darf. Eine anderweitige Nutzung oder Weitergabe der Daten wird durch den Verlag ausgeschlossen.

Bankverb. ______________________________

BLZ ______________________________

Kontonr. ______________________________

Unterschrift

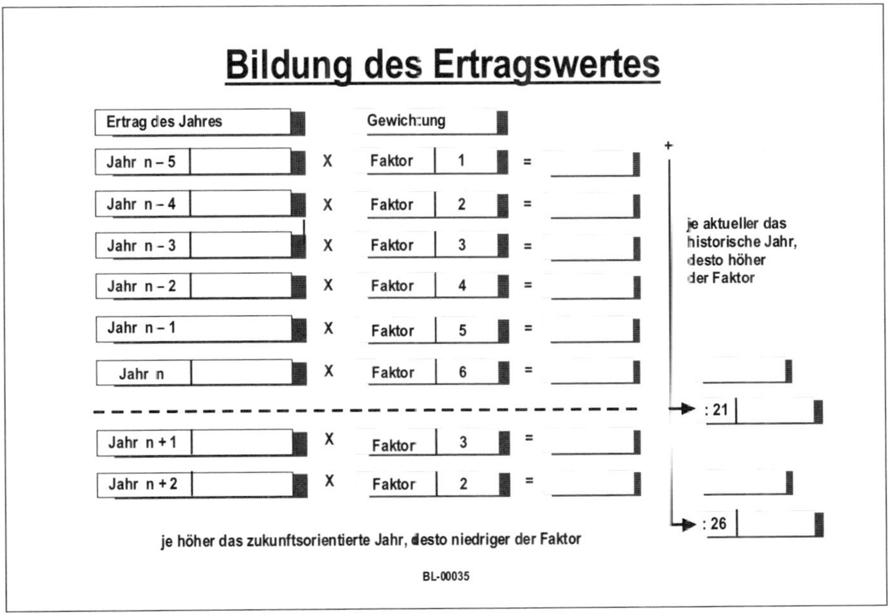

Bei der letztlich endgültigen Wertermittlung wird der Ergebniszahl, die wahlweise nur auf historischen oder auch künftiger Entwicklungen beruht, ein relevanter Kapitalfuß gegenübergestellt.

endgültige Ermittlung: $= \frac{\text{Ergebniszahl} \times 100}{\text{Kapitalzinsfuß}}$

Der somit festgestellte Ertragswert wird mit dem Substanzwert verrechnet und zur Bildung des Firmenwertes herangezogen. Als Kapitalzinsfuß dient der Basiszinssatz der Effektivverzinsung inländischer öffentlicher Anleihen (Mittelwert von Langläufern) des zur Beurteilung herangezogenen Monats (z.B. März 2010 = 3,1 %)

+	Mittelwert öffentlicher Anleihen	3,1 %
+	Zuschlag allg. Unternehmerrisiko i.R.	5,0 %
=		8,1 %

Dabei ist festzustellen, dass sich der Ertragswert mit einem höheren Zinssatz reduziert und sich bei erhöhenden Kapitalzins der Finanzmärkte eine Geldanlage unter Umständen sinnvoller als unternehmerisches Handeln erweisen kann.

3.2.5. Beteiligungen

Sie müssen nicht immer gleich einen ganzen Betrieb kaufen. Auch die Form einer Beteiligung kann ein erster Schritt, wenn auch mit Einschränkungen, in die Selbständigkeit sein.

☞ **Werden Sie Miteigentümer und Anteilseigner.**

Unter Beteiligung wird die Übernahme eines Anteils an einem Unternehmen verstanden, und zwar als

- Miteigentümer bei einer Personengesellschaft oder
- Anteilseigner bei einer Kapitalgesellschaft.

Mit dem Kauf einer Aktie sind Sie bereits Aktionär, Anteilseigner einer Aktiengesellschaft. Nicht ganz so einfach verhält es sich bei Personengesellschaften oder mit GmbH-Geschäftsanteilen.

Zunächst ist zu unterschieden, ob Sie eine

- finanzielle Beteiligung oder
- tätige Beteiligung anstreben

und ob diese

- in einem neu zu gründenden oder
- einem bestehenden Unternehmen einfließen soll.

Bei **finanziellen Beteiligungen**, hier werden lediglich Kapital- oder Gesellschaftsanteile gezeichnet, haben die Investoren in der Regel keinen Einfluss auf die Geschäftsführung, sehr wohl aber Einblick in die Geschäftsunterlagen. Sie sind am Gewinn mit einer vereinbarten Marge beteiligt und müssen in der Regel (vertragliche Abstimmung) ihr Kapital einem überschaubaren Zeitraum der Firma zur Verfügung stellen.

Für Sie als Anteilseigner ist das Risiko relativ gering, da Sie zudem in einem anderen Arbeitsverhältnis oder einer anderen Unternehmereigenschaft stehen. Anders verhält es sich bei **tätigen Beteiligungen**. Hier werden Sie in das Unternehmen mit Entscheidungs- und Geschäftsführungskompetenz eingebunden. Im wahrsten Sinne des Wortes werden Sie jetzt Mitunternehmer oder beispielsweise bei einer GmbH geschäftsführender Gesellschafter. Beteiligen Sie sich bei der Gründung eines neuen Unternehmens, genießen Sie die gleichen Vorzüge (hinsichtlich Finanzierung und weiterer noch anzuführender Aspekte) wie sie für den originären Start up-Gründer gelten. Komplexer verhält sich die Thematik, wenn bei bestehenden Kapitalgesellschaften

- Gesellschafter ausscheiden (sollten)
- mit Ihrem Engagement sich Anteilsquoten, erhöhen oder reduzieren
- Gesellschafter entschädigt, oder
- weitere Gesellschafter mit Ihnen die Gesellschaft vergrößern.

Ob Sie nun lediglich als Anteileigner tätig im Unternehmen stehen, oder gar geschäftsführender Gesellschafter sind, es werden Fragen des Zugewinnes gestellt, der sich durch die eintretenden Veränderungen gegenüber den bisherigen Geschäftspraktiken ergibt. Zusätzlich können Problemzonen bei kleinen Unternehmen mit wenig Markterfahrung entstehen, wenn beispielsweise ein neuer Gesellschafter mit speziellen Know-how in eine Unternehmensfunktion (z.B. Vertrieb) eintritt und neben seiner Geldeinlage immaterielle Werte wie Know-how oder Kundenbeziehungen einbringt. Dem gegenüber steht auf der anderen Seite der bisherige Jungunternehmer, der mit seinem überproportionalen Arbeits- und Risikoeinsatz das Unternehmen aufgebaut hat und sein bisheriges Engagement ebenfalls bewertet sehen möchte. In einem detaillierten Rechnungswesen können durch Gegenüberstellungen historischer Umsatz- und Kostenentwicklungen und der Einbindung neuer Kostenstellen Vorkehrungen getroffen werden, die auf die neuen Teilhaber ausgerichtet sind und den Erfolg, der durch das neue Engagement bewirkt wurde, messen lassen. Auf diese Weise lässt sich ein ursprünglich angesetzter Wert der Beteiligung nach einem Beobachtungszeitraum von drei bis fünf Jahren rückwirkend nach oben oder unten anpassen.

Für den Jungunternehmer entstehen in der Reduzierung des Risikos Vorteile. Falls teuer eingekaufte und sich beteiligende Mitgesellschafter die versprochenen Leistungen nicht bringen, kann die Quote der Einlage nachträglich niedriger bewertet und folglich die Werthaltigkeit der Beteiligung verändert werden. Um das ursprünglich vereinbarte Verhältnis der Neu- zu den Altgesellschaftern wieder herzustellen, muss durch ein Nachschießen weiterer Einlagenanteile des Newcomers die festgestellte Abwertung ausgeglichen werden.

Umgekehrt kann bei einer durch den Einstieg des neuen Gesellschafters positiv erzielten Unternehmensentwicklung eine höhere Bewertungsquote der Beteiligung vorgenommen werden. Nur in der frühzeitigen Einbindung von spezialisierten Unternehmensberatern, in die Partnerschaftsverhandlungen eingebunden waren, lassen sich diese sehr sensiblen und in die Tiefe des Rechnungswesens gehenden Aspekte für beide Seiten zufrieden stellend regeln.

3.3. Abgrenzung Gewerbe- und Freiberuflichkeit

Die selbständige Tätigkeit lässt sich zunächst nach freiberuflicher und gewerblicher Eigenart unterscheiden. Freiberufler ist, wer

- selbständig, unabhängig
- wissenschaftlichen, künstlerischen, schriftstellerischen Tätigkeiten höherer Art, oder
- einer persönlichen Dienstleistung höherer Art, die eine höhere Bildung erfordert,

nachgeht. Der Freiberufler ist in der Regel von der Zahlung der Gewerbesteuer befreit. Problem ist jedoch, dass eine eindeutige gesetzliche Regelung , wer Freiberufler ist, nicht in jedem Fall vorliegt. Neben den klassischen Sparten, die teilweise im Einkommens-steuergesetz aufgeführt sind, gibt es eine Reihe von Grenzfällen. Gewerbetreibender ist, wer

- persönlich unabhängig ist,
- die Tätigkeit regelmäßig und gegen Entgelt ausübt und
- dabei einen Gewinn anstrebt .

Der Gesetzgeber unterscheidet des Weiteren drei Gewerbearten:

- das Reisegewerbe (z.B. den allabendlichen Rosenverkäufer)
- den Marktverkehr (z.B. den Blumenstand auf dem wöchentlichen Markt) und
- das stehende Gewerbe (z.B. den Blumenladen in der Fußgängerzone)

Letzteres ist immer dann gegeben, wenn weder Reisegewerbe noch Marktverkehr vorliegen. Darüber hinaus gibt es noch die Personen, die in der Urproduktion (z.B. Ackerbau, Viehzucht, Bergbau) tätig sind.

3.3.1. Gewerbe- und Niederlassungsfreiheit

Als eines der wichtigsten wirtschaftlichen Freiheitsrechte setzt die Gewerbe- und Berufsfreiheit staatlichen Eingriffen in die Wirtschaft Grenzen. Der Artikel 12 Absatz 1 des Grundgesetzes:

„Alle Deutschen haben das Recht, Beruf, Arbeitsplatz und Ausbildungsstätte frei zu wählen. Die Berufsausübung kann durch Gesetz geregelt werden". Gewährleistet jedermann das Recht, an jedem Ort und zu jeder Zeit im Rahmen der gesetzlichen Bestimmungen einer wirtschaftlichen Betätigung nachgehen zu können.

Durch die Gewerbefreiheit wird somit jedem die Chance gegeben, sich als Unternehmer zu betätigen.

Durch die Gewerbefreiheit wird der Wettbewerb zwischen verschiedenen Anbietern von Waren und Dienstleistungen angeregt. Für Ausländer, die über eine gültige Aufenthaltsgenehmigung verfügen, treffen in der Regel die gleichen Bedingungen zu. Nach Artikel 12 Absatz 1 Grundgesetz (GG) können alle Deutschen Beruf, Arbeitsplatz und Ausbildungsstätte frei wählen. Dies schließt auch die Möglichkeit zur Selbständigkeit und zur Unternehmensgründung ein. Das Gleiche gilt für Bürger aus anderen Mitgliedsstaaten der Europäischen Union, die sich in Deutschland verselbständigen wollen. Aufgrund ihrer Nationalität dürfen ihnen im Gastland beim Zugang zur Arbeit, den Arbeitsbedingungen und den Sozialleistungen keine Benachteiligungen entstehen. Im Vertrag der Europäischen Union wird im Artikel 43 ff der Grundsatz verankert, dass die Niederlassungsfreiheit jeden Wirtschaftsbeteiligten (Person oder Unternehmen) erlaubt, eine Wirtschaftstätigkeit stabiler und kontinuierlicher Art und Weise in ein oder mehreren Mitgliedsstaaten zu verfolgen.

Weder Diskriminierungen noch Restriktionen dürfen ihr Handeln beeinträchtigen.

Stimmt eine einzelstaatliche Regelung nicht mit dem Grundsatz der Niederlassungsfreiheit überein, fordert die Kommission gemäß ihrer vertraglichen Befugnisse das Land auf, die notwendigen Maßnahmen zu ergreifen, diesen Grundsatz zu respektieren. Durch dieses Vertragsverletzungsverfahren wird der Vorgang an den Gerichtshof in Luxemburg verwiesen.

Daraus folgt, dass Sie sich ob als Architekt, Restaurant-Besitzer oder Marketingexperte innerhalb der Europäischen Union überall niederlassen und verselbständigen dürfen. Allerdings sind die Qualitätsstandards an den Berufsstand des Landes, in dem Sie die Niederlassung betreiben möchten, zu erfüllen. Die europäischen Richtlinien sorgen ferner dafür, dass die eigene national erworbene Berufausbildung im Gastland anerkannt wird.

3.3.2. Gewerbliche Wirtschaft

Zu den Teilnehmern des Wirtschaftssystems zählt der Handelsbetrieb mit seinen Varianten Einzel-, Groß-, Außen- und der speziell ausgeprägten Form des Versandhandels, das Handwerk, das oft mit dem Handels- oder industriellen Wirtschaftszweig als Mischform kombiniert wird, der Produktions- oder Industriebetrieb, der Versicherungs- und Bankbetrieb. Zählt man Kommissionäre, Vertreter, Steuerberater, Makler und sonstige freie Berufe sowie Forst- und Landwirtschaft noch hinzu, gibt es eine Vielzahl von Möglichkeiten des selbständigen Engagements.

Im Folgenden werden die vielen Betätigungsfelder - mit Ausnahme der freien Berufe (Ärzte, Rechtsanwälte, Steuerberater, Architekten und Ingenieure) - unter dem Begriff *„Gewerbliche Wirtschaft“* zusammengefasst. Nach den *„Richtlinien über die Förderung von Unternehmensberatungen für kleine und mittlere Unternehmen“* in Deutschland und der Zielgruppe *„Gewerbliche Wirtschaft“* werden für bspw. die Zuschussgewährung allgemeine und Existenzgründungsberatungen folgende Wirtschaftsbereiche unterschieden:

- Handwerk
- Industrie
- Groß-/Außenhandel
- Einzelhandel
- Verkehrsgewerbe
- Gastgewerbe
- Reisebürogewerbe
- Sonstige Dienstleistungsgewerbe
- Handelsvertreter, Handelsmakler

Das **Handwerk** bildet in der gewerblichen Wirtschaft ein Bindeglied zwischen einem Produktionsbetrieb (Massenproduktion/niedrige Preise) und dem Handel (Verteilung und Versorgung mit Waren). Im Vordergrund stehen die Bedarfsdeckung individueller Kundenwünsche, die Montage und Spezialisierung bis hin zur Einzelfertigung.

Das Handwerk unterscheidet so genannte **Handwerksberufe mit Meisterpflicht**, das sind die Handwerker gem. Anlage A der Handwerksordnung, die die einschlägige Meisterprüfung mit Erfolg abgelegt haben und in die Handwerksrolle eingetragen sind, von **zulassungsfreien Handwerksberufen**, die in Anlage B der Handwerksordnung aufgeführt werden.

Daneben gibt es in der Anlage B aber auch noch die **handwerksähnlichen Gewerbe**, die ebenfalls keiner Meisterpflicht unterliegen Zur Gründung eines **Handwerkbetriebes mit Meisterpflicht** ist ein Befähigungsnachweis (Meisterprüfung) für das entsprechende Gewerk erforderlich. **Handwerksmeister** ist, wer nach Bestehen der Gesellenprüfung und anschließender mehrjähriger Berufspraxis die Meisterprüfung bestanden hat.

Die Meisterprüfung umfasst vier Prüfungsteile:

- meisterhafte Verrichtung gebräuchlicher Arbeiten im jeweiligen Handwerk,
- erforderliche fachtheoretische Kenntnisse.
- erforderliche betriebswirtschaftliche, kaufmännische und rechtliche Kenntnisse und
- erforderliche berufs- und arbeitspädagogische Kenntnisse.

Das bedeutet jedoch nicht, dass von vornherein für einen Nichtmeister im handwerklichen Bereich die Existenzgründung ausgeschlossen ist, denn in der Regel ist es möglich bei der Gründung eines vollhandwerklichen Betriebes, einen so genannten *„Betriebsleiter"* zu beschäftigen, der die entsprechenden Qualifikationen mitbringt und kraft Vertrages entscheidende Verantwortung in Fertigung und ggf. Montage oder Reparatur (technischer Bereich) trägt. Langfristig ist es für den Existenzgründer sicherer, sich selbst - falls zur Zeit der Existenzgründung nicht vorhanden - die erforderliche Qualifikation nachträglich in einem angemessenen Zeitraum anzueignen.

Falls Ihr künftiger Betrieb zu den zulassungsfreien Handwerks- oder zu einem handwerksähnlichen Gewerbe zählt, bedarf es lediglich einer Anzeige bei der zuständigen Handwerkskammer. Eine Eintragung ist nicht erforderlich. Selbst die Abgrenzung des Handwerksbetriebes zum industriellen Wirtschaftszweig ist fließend und kann aufgrund charakteristischer Merkmale dazu führen, dass von dem Gegenstand des Produktes her ein Handwerk unterstellt werden könnte, das nach Art und Weise der Herstellung bzw. Verarbeitung eigentlich in eine industrielle Richtung gehört.

Zum Handwerk im ursprünglichen Sinne gehört auch bei den Betrieben die in Anlage A gelistet sind die Charakteristik der *„handwerksmäßigen Betriebsführung“*. Damit werden die industriellen Eigenarten abgegrenzt und können dazu führen, dass das Unternehmen nicht der Handwerksordnung unterliegt. Unbelassen davon bleibt, dass zum Qualitätsnachweis im Fach die Meisterprüfung als ein positives Kriterium anzusehen ist. Ob Ihr Gründungsvorhaben nun handwerklich oder industriell geführt wird, muss im Einzelfall mit der zuständigen Handwerkskammer und Industrie- und Handelskammer abgestimmt werden. Folgende Merkmale sprechen für eine **industrielle Betriebsführung**:

- der künftige Inhaber ist nur mit der Leitung des Unternehmens beschäftigt
- die maschinelle Ausstattung ist auf Serienfertigung ausgerichtet
- die handwerkliche Eigenheit der individuellen Eigenbetätigung ist nicht oder nur unzureichend gegeben
- durch Arbeitspläne sind Zeit- und Taktvorgaben maßgebundene Indikatoren des Fertigungsprozesses
- Produkte werden auf Vorrat und nicht auftragsbezogen gefertigt.

Für eine **handwerkliche Betriebsführung** sprechen:

- nach Bedarf und recht individuell *„handwerklich“* ausgerichtete Fertigung
- der Inhaber arbeitet selbst handwerklich mit und stellt einen körperlichen Bezug zum Produkt her
- neben der Herstellung von Wirtschaftsgütern erfahren die Reparaturtätigkeiten an artgleichen Produkten keine zeitlich untergeordnete Rolle
- der Inhaber ist Ausbilder und bietet Ausbildungsplätze in diesem Gewerbe an.

Die Aufgabe des **Industriebetriebes** ist es, Rohstoffe oder Halbfabrikate in großen Mengen durch Verarbeitung bzw. Veredlung in Investitions- und Konsumgüter umzuwandeln. Dies erfordert einerseits hohes technologisches Know-how, andererseits auch ausreichend Kapital für Raum, Maschinen, Rohstoffe, Personal, Vertrieb und Verwaltung.

Gerade die hohen technischen und finanziellen Anforderungen im Vergleich mit anderen Wirtschaftsbereichen begründen die Ursache einer geringeren Anzahl von Existenzgründungen in diesem Wirtschaftsbereich. Die Gründung von industrieorientierten Unternehmen erfordert ein hohes technisches Know-how und führt dazu, dass sich hier im Wesentlichen technisch orientierte Gründer verselbständigen.

Die Form der originären Start up-Gründung dürfte in der Industrie selten sein, eher die Form der Spin off-Gründung eines Unternehmensbereiches. In diesem Fall stehen aber neben vorhandenen oder zu modifizierenden Produkten, Know-how, Infrastruktur, Lieferanten- und Kundenbindungen zur Verfügung. In den letzten Jahren entstanden Veränderungen, die dazu führen, dass auch **technologieorientierte Gründungen**, da sie keinem anderen Wirtschaftszweig typenähnlich zuzuordnen waren, im weitesten Sinne sich unter dem Begriff *„Industrie"* wiederfanden. Nicht die Herstellung von Serienprodukten im großen Stil, wie man sie bei Industrieunternehmen vermuten muss, ist charakteristisch, sondern die Eigenheit, dass ein neues Produkt oder Verfahren als innovativ oder technologieorientiert eingeschätzt wird und durch den Gründer über den Prototyp letztlich zu einer Serie (auch in kleinster Losgröße) weiter entwickelt wird.

Ob sich daraus im Laufe der Zeit ein Unternehmen, das dann der Industrie zuzurechnen wäre, entwickelt oder dieses Gründungsvorhaben in ein anderes Unternehmen einfließt oder letztlich das Patent vermarktet wird, bleibt unerheblich. Gerade in Unternehmen, die um ein Produkt (Neuentwicklung) neu entstehen, zunächst mit geringer Belegschaft, aber dem typisch hohen Kapital- und Organisationsanteil, ist für einen technisch spezialisierten - in den übrigen Disziplinen weniger erfahrenen - Existenzgründer, kaufmännische Unterstützung durch ein differenziertes, spezialisiertes Management von existentieller Bedeutung.

Hier können Beratungsgesellschaften und Technologietransferzentralen den jungen Unternehmern, von der Gründungs- bis zur Etablierungszeit, in der Funktion *„Management auf Zeit"* kaufmännisch und technisch begleitende Unterstützung anbieten und ihn in vielen rudimentären Funktionen unterstützen. Die Innovationspotenziale von technologie- und auf die Zukunft ausgerichteten Gründungen erstrecken sich beispielsweise auf folgende Gebiete:

- elektronische Datenverarbeitung und -speicherung, Mikroelektronik, elektronische Regelung, Prozesssteuerung und Sensorik
- elektronische Kommunikation und elektronische Medien
- Miniaturisierung von Komponenten mit elektronischen Bausteinen
- automatisierte Fertigungsverfahren, Robotronik
- Unterstützung und Übernahme *„intelligenter"* und *„kreativer"* Tätigkeiten durch Computer, z.B. Computer Aided Engineering (CAE), Computer Aided Design (CAD), Computer Aided Manufacturing (CAM) und Computer Aided Instruction (CAI)
- Neuentwicklung und Modifikation von Werkstoffen auf der Grundlage von chemisch-physikalischen Prozessen
- Bio- und Gentechnologie

Die Rahmenbedingungen für den Aufbau von technologieorientierten Unternehmen sind derzeit gut. Die Einsicht in die Notwendigkeit des wirtschaftlichen und technologischen Strukturwandels ist gewachsen. Politiker bemühen, sich Hemmnisse bei Unternehmensgründungen abzubauen. Technologieorientierte Unternehmensgründungen werden gezielt durch spezielle Finanzierungshilfen unterstützt. Damit bieten sich Chancen, Ideen und Pläne im Detail auf den Realisierungsgrad hin zu prüfen, sie - wo nötig - zu verbessern und die ersten Schritte zum Aufbau des eigenen Unternehmens zu wagen.

Die Hauptaufgabe des **Groß- und Außenhandels** liegt im Verkauf von Gütern an Wiederverkäufer. Der Großhändler bindet damit die Hersteller einer Ware mit dem Wiederverkäufer an den meist privaten Endkunden. Ähnlich wie bei einem Industriebetrieb, der einen umfangreichen Maschinenpark halten und sehr kostenträchtige Investitionen tätigen muss, ist auch der Händler durch die Bereitstellung und Ausstattung von Lagerkapazitäten und logistischer Unterstützung mit einer hohen **Kapitalbindung** belastet. Investitionen in einen Maschinenpark und die Beschäftigung von hoch spezialisiertem Personal lassen sich im Vergleich zu einem Industriebetrieb vermeiden. Doch können auch hier durch die Eigenheiten einer bestimmten **Waren-, Fach- und Sachkunde**, unter Umständen werden große, speziell eingerichtete Lagerräume (z.B. für Tiefkühlkost) erforderlich, ebenfalls umfangreiche Investitionen und Folgekosten entstehen. Das Risiko des Händlers liegt neben den anfallenden Lagerkosten, der hohen Kapitalbindung auch in dem möglichen Schwund (z.B. durch Mode oder begrenzte Lagerzeit) der Ware begründet.

Um das Risiko des gebundenen Kapitals zu reduzieren, prüfen. Sie rechtzeitig bei Ihrem anvisierten Unternehmens- und Handelsgegenstand (Produkte und Sortiment) neben Art und Typ auch den mengenmäßigen Umfang, die Sortenvielfalt (d.h. Größe, Umfang, Gewicht) und weitere besondere typische Merkmale, z.B. begrenzte Haltbarkeit im Warensortiment. Der überwiegende Teil der Existenzgründer im Handel besteht aus ausgebildeten Kaufleuten. Nicht nur mit der erweiterten regionalen Plattform des EG-Binnenmarktes, sondern dem weltweiten Handel, der gerade im technologischen Bereich nach Ostasien, im Nahrungs- und Genussmittelbereich nach Südamerika, die Rohstoffe betreffend nach Afrika reicht und als starke Absatzkomponente den nordamerikanischen Markt mit einschließt, sind Kenntnisse und Erfahrungen im Umgang mit Import und Export von ausfuhrgenehmigungspflichtigen Gütern wichtig. Das schließt gleichzeitig den Binnen- und Außenhandel mit subventionsunterstützten/geförderten Gütern für Handelsunternehmen mit ein. Die Bandbreite des erforderlichen Know-how's ist nicht nur auf das Ausfüllen der Ex- und Importpapiere beschränkt. Zollformalitäten, internationale Lieferungs-, Versicherungs- und Zahlungsbedingungen zählen genauso zum notwendigen Wissen wie Kenntnisse zum Geld- und Warentransfer.

Während im Großhandel der Wiederverkäufer als Zielgruppe im Vordergrund steht, wird im **Einzelhandel** in der Regel der private Endverbraucher angesprochen. Neben der differenzierten Sortimentsgestaltung und den unter dem Großhandel bereits aufgeführten Merkmalen sind hier unterschiedliche rechtliche und steuerliche Gepflogenheiten, wie zum Beispiel die unterschiedliche Anwendung der Mehrwehrsteuer, der Gerichtsstand und die Verjährung, zu beachten. Die Unterschiede der in der Praxis typisch vorkommenden Betriebsformen (siehe Abbildung) sind fließend und lassen Unterscheidungen allemal in der flächigen Ausdehnung bzw. in der Qualifizierung des Personals, zusätzlicher Dienstleistungen oder einem speziellen Angebot zu.

Fachgeschäfte bieten in der Regel Wirtschaftsgüter mit der Möglichkeit einen zusätzlichen Nutzen oder eine Dienstleistung zu erwerben (z.B. Computerfachgeschäfte) an. **Spezialgeschäfte** haben sich auf ein spezielles Produkt mit einer entsprechenden Sortenvielfalt konzentriert (z.B. Briefmarken). Der **Fachmarkt** bietet für eine speziell ausgerichtete Zielgruppe ein ebenfalls sehr differenziertes Angebot (z.B. Baustoffmarkt).

Die **Warenhäuser** sind überdimensionierte Läden. Sie sind meistens in den Citylagen großer Städte zu finden und bieten ein breites Angebot des täglichen Bedarfs an, wobei das Sortiment von Nahrungsmitteln über Textilien, im Einzelfall bis zu Einrichtungsgegenständen und technischen Haushaltsartikeln reichen kann. Die **Boutique** ist das kleine Spezialgeschäft, meist mit einem auf die Käuferschicht ausgerichteten Ambiente und Kauferlebnis. Sortenvielfalt und modernste Trends bestimmen das Geschick des Inhabers oder der Inhaberin *„en vogue“* zu sein. **Kaufhäuser** unterscheiden sich von Warenhäusern in der speziellen Ausrichtung ihrer Produkte (z.B. Haushaltswarenbedarf).

Das **Einkaufszentrum** ist großzügigst dimensioniert, vereinigt Waren- und Kaufhäuser, ist oft auf der grünen Wiese, an der Peripherie von Ballungszentren oder in der Nähe von Verkehrsknotenpunkten (Autobahnzubringer) zu finden. Es kann durchaus vorkommen, dass diese Einkaufszentren originär nicht einem Unternehmen zugehörig erscheinen, sondern einer Vielzahl rechtlich selbständiger Unternehmenseinheiten den Zugang zum Markt bei gemeinsamer Nutzung der Infrastruktur ermöglichen.

Discountgeschäfte setzen auf Umschlaggeschwindigkeiten. Niedrige Margen werden durch schnellen Umsatz wettgemacht. Das Sortiment kann eingegrenzt sein und umfasst in der Regel Massengüter. Die **Verbrauchermärkte** sind in der Regel Filialbetriebe großer Ketten. Sie bieten ein umfangreiches Angebot, ähnlich den Einkaufszentren in Stadtrandlagen, an. Eine Sonderform des Handels stellt der **Versandhandel** dar, der sowohl autonom als auch in Kombination mit Einzelhandelsgeschäften in der Funktion eines *„zweiten Standbeines“* betrieben wird. Im Gegensatz zum reinen Einzelhandel, bei dem der potenzielle Kunde als Konsument in die Geschäftsräume des Unternehmens zum Einkaufen kommt, findet im Versandhandel die Übergabe des schriftlich oder telefonisch bestellten Wirtschaftsgutes über Dritte, in der Regel Transportfirmen, wie z.B. Post, Spedition, Boten und sonstige Paketdienste, statt.

Die Vorteile im Versandhandel liegen:

- in der Konzentration bzw. Spezialisierung auf wenige bestimmte Produkte
- bei Lieferengpässen in einer verzögerten Auslieferung, die eine rechtzeitige Wiederbeschaffung der Wirtschaftsgüter ermöglicht
- in einschränkbaren Lagermöglichkeiten, die im Regelfall nur eine Lieferfähigkeit von 1 bis 4 Wochen abzudecken haben
- in der geringeren Kapitalbindung der lieferbereiten Wirtschaftsgüter und
- in dem Verzicht auf kundenansprechende Verkaufsräume.

Diesen Vorteilen stehen nicht zu unterschätzende kostenträchtige Nachteile gegenüber:

- Kosten für Erstellung, Verpackung und Versand von Katalogen
- Einrichtung und Pflege von Kundenkarteien (durch den Einsatz von PC-Systemen - wirtschaftlich sinnvoll lösbar)
- Im Gegensatz zum Ladengeschäft des Einzelhandels, bei dem der Kaufwille der Kundschaft mit dem Betreten des Ladens vorhanden ist bzw. stimuliert werden kann, erfolgen die Kaufanreize in einer unpersönlichen Form über Print- und jüngst TV-Medien.
- Damit ist auch eine relativ niedrige Rücklaufquote (0,5 bis 4 %) der angesprochenen und umworbenen Adressaten verbunden. Die gezielte Ansprache erfolgt oft zu einem Zeitpunkt, an dem kein Kaufbedürfnis vorhanden ist, d.h., die gewünschte Aktion läuft ins Leere.
- Da keine Barzahlung mit Übergabe der Ware erfolgt, ist eine Rechnungserstellung, das Schreiben und Versenden von Mahnungen bei Nichtzahlungen bzw. Zahlungsverzögerungen erforderlich, soweit nicht von Nachnahmelieferungen Gebrauch gemacht wird.

Letztere schrecken aber viele Verbraucher ab, da der Versand- und Nachnahmekostenanteil nur bei umfangreicheren Bestellwerten eine untergeordnete Rolle einnehmen. Immerhin umfasst der Versandhandel per Katalog in Deutschland 2006 einen Marktanteil von 3 - 5 Prozent. Bis 2009 hat der Anteil am gesamten Einzelhandel auf 7.4 % (Quelle: Bundesverband des Deutschen Versandhandels) deutlich zugenommen. Es darf mit einer weiter steigenden Tendenz gerechnet werden, da der Katalog durch die multimedialen Eigenschaften via TV, Internet und CD-/DVD-Medien recht attraktive Ergänzungen bzw. Alternativen erhält und zwischenzeitlich auch über 53 % per Internet online abgewickelt wird.

3.3.3. Freiberufliche Tätigkeit

Für Existenzgründer ist dieses Thema unter zwei Gesichtspunkten interessant:

a.) Kann er sich aufgrund seiner Ausbildung zum Freiberufler zählen?
b.) Kann er aufgrund der angestrebten Tätigkeit steuerlich begünstigt werden?

Zunächst haben freiberuflich Tätige gemeinsame Merkmale:

- Sie erbringen ideelle Leistungen
- Die Leistungen bauen auf berufliche Kompetenz und hohen Ausbildungsgrad.
- Die Leistungen werden in persönlicher Verantwortung weisungsunabhängig erbracht.

Eine weitere Hilfestellung für die Freiberufler ergibt sich aus der Aufzählung des EKstG § 18. Zu der freiberuflichen Tätigkeit gehören als so genannte **Katalogberufe** die selbständig ausgeübten wissenschaftlichen, künstlerischen, schriftstellerischen, unterrichtenden oder erzieherischen Tätigkeiten, die selbständige Berufstätigkeit der

- Ärzte, Zahnärzte, Tierärzte
- Rechtsanwälte, Notare, Patentanwälte
- Vermessungsingenieure, Ingenieure
- Architekten
- Handelschemiker
- Wirtschaftsprüfer, Steuerberater
- beratenden Volks- und Betriebswirte
- Lotsen
- vereidigten Buchprüfer (vereidigten Bücherrevisoren)
- Steuerbevollmächtigten
- Heilpraktiker
- Dentisten, Physiotherapeuten (Krankengymnasten)
- Journalisten, Bildberichterstatter, Dolmetscher, Übersetzer

und ähnliche Berufe. Diese Auflistung im EkstG § 18 könnte zu der Annahme verleiten, dass man dadurch automatisch den Status des Freiberuflers erwirbt. Das trifft in dem Moment nicht zu, wenn Sie aufgrund der gewählten Rechtsform einer GmbH auftreten. Dann ist nämlich kraft Gesetz ein Gewerbebetrieb entstanden und selbst die vermutete freiberufliche Tätigkeit, als solche nachvollziehbar, unterliegt den gleichen steuerlichen Regelungen wie ein Gewerbebetrieb. In der Praxis finden immer wieder Abgrenzungsprobleme zu Gewerbebetrieben statt, sodass immer wieder auf Steuerurteile der Finanzgerichte zurückgegriffen werden muss.

Zu den im EkstG § 18 genannten freien Berufen wurden vom Bundesfinanzhof neben den Berufsbildern der im Partnerschaftsgesellschaftsgesetz genannten freien Berufe anerkannt:

- Baustatiker
- Beschäftigungs- und Arbeitstherapeuten
- Blutgruppengutachter
- Diätassistenten
- Ergotherpeuthen
- Erfinder
- Hebammen, Masseure
- Innenarchitekten
- Kompasskompensierer auf Seeschiffen
- Krankenpfleger/-schwestern, soweit keine hauswirtschaftliche Versorgung der Patienten erfolgt.
- Logopäden
- medizinische Fusspfleger
- Patentberichterstatter
- Podologen
- Prozessagenten
- Psychoanalytiker (bei ärztlicher Ausbildung),
- Psychologen
- Rechtsbeistände (nicht bei Inkassosachen und Anfertigung von Aktenauszügen für Versicherungsgesellschaften)
- Rettungsassistenten
- Sachverständige (mit Hochschulabschluss)
- Zahnpraktiker

Es gibt Grenzfälle. Künstlerische Tätigkeiten werden im Großen und Ganzen den Freiberuflern zugerechnet. Aber hier gilt eingeschränkt:

- Kunsthandwerker ist, wenn entworfene Unikate selbst herstellt werden.
  Werden eine (auch kleine) Serie erkannt, gewerbliche Absatzwege vermutet und eine handwerksähnliche Ausstattung festgestellt, ist die Tätigkeit gewerblich.
- Unterhaltungsmusiker sind Gewerbetreibende und keine Künstler.

Auch die Tätigkeiten als Finanz- und Kredit- oder Werbeberater sind nicht als freiberuflich einzustufen. Eine freiberufliche Tätigkeit im Sinne von EkstG § 18 Abs. 1 Nr.1 üben nicht nur die dort aufgeführten Berufe aus, sondern auch ähnliche Berufe, die mit einem oder mehreren der aufgeführten Berufe verglichen werden können. Das Berufsbild eines beratenden Volks- und Betriebswirts im Sinne von EkstG § 18 Abs. 1 Nr. 1 ist gesetzlich nicht geregelt. Ein Betriebswirt im Sinne der vorstehenden Vorschrift ist nur der, der nach einem entsprechenden Studium oder nach einem vergleichbaren Selbststudium verbunden mit praktischer Erfahrung mit den hauptsächlichen Bereichen der Betriebswirtschaft und nicht nur mit einzelnen Spezialgebieten vertraut ist und diese fachliche Breite seines Wissens bei seiner praktischen Tätigkeit auch tatsächlich einsetzt.

Bei einer tiefer gehenden Spezialisierung ist keine freiberufliche, sondern gewerbliche Tätigkeit anzunehmen.

Dies trifft für EDV-Berater, Versicherungsgutachter, Softwareberater, Systemanalytiker und Informatiker zu (vgl. BFH-Urteil vom 07.12.88 / IV R 115/87). Unternehmensberater sind in der Regel freiberuflich tätig. Sie werden eingegliedert unter die Kategorien beratende Ingenieure, beratende Volks- und Betriebswirte und ähnliche Berufe. Der technische und betriebswirtschaftliche Gegenstand dieser Berater kann dabei vielfältig sein (Werbung, Marketing, Personalberatung, Organisation, Forschung und Entwicklung etc.).

Eine freiberufliche Tätigkeit liegt hiernach vor, wenn der Unternehmensberater sich der Mithilfe fachlich vorgebildeter Arbeitskräfte bedient unter der Voraussetzung, dass er aufgrund eigener Fachkenntnisse leitend und eigenverantwortlich tätig wird. Der Wertewandel in der Gesellschaft und Arbeitswelt hat fast überall zu neuen Berufsbildern geführt. Diese sind bisher in den Katalogen noch nicht aufgenommen, doch durch die Rechtssprechung gibt es einen fließenden Übergang. Folgende Berufe sind den freien Berufen zuzuordnen:

- **freie heilpädagogische Berufe**
  Atem-, Sprech- und Stimmlehrer/in, Logopäde-/in, Motopäde/-in
- **freie Sozialberufe**
  Berufsbetreuer/in, Ambulante/r Pfleger/in
- **freie rechts- und wirtschaftsberatende Berufe**
  Leasing-Berater/in, Rentenberater/in, Berater/in Datenverarbeitung
- **freie Medien-, Informations- und Kommunikationsberufe**
  Mediendesigner/in, Drehbuchautor/in, Informationsbroker
- **freie Kulturberufe**
  Medienpädagoge/-in, Museumspädagoge/-in, Event-Manager/in
- **freie technische und naturwissenschaftliche Berufe**
  Bioinformatiker/in, Medieninformatiker/in, Netzwerkadministrator/in
- **freie Umweltberufe**
  Umweltberater/in, Umweltgutachter/in, Umweltingenieur/in
- **Beratung**
  Ernährungsberater/in, Sozialberater/in (Suchtbereich), Anlageberater/in, Medienberater/in, PR-Berater/in, Art-Consultant, Energieberater/in, Computer-Fachberater/in

Die freiberufliche Tätigkeit entspricht der Rechtsform einer Einzelfirma. Der Inhaber **haftet** dabei **unbeschränkt** mit seinem gesamten Vermögen. Wird der Freiberufler mit mehreren Partnern tätig, wird in der Regel die Gesellschaft bürgerlichen Rechts (GbR) zugrunde gelegt. Hier haftet jeder Gesellschafter gesamtschuldnerisch und unbeschränkt.

Weitere **rechtliche Bestimmungen** sind für den Freiberufler von Bedeutung:

- **Mitgliedschaften in Kammern**
  Für einige Freie Berufe gilt in der Regel eine Pflichtmitgliedschaft in einer zuständigen Kammer. Diese so genannten *„kammerfähigen Freien Berufe"* sind: Ärzte, Zahnärzte, Tierärzte, Apotheker, Notare, Rechtsanwälte, Patentanwälte, Steuerberater, Wirtschaftsprüfer, Architekten, teilweise beratende Ingenieure. Die Kammern vertreten die Mitgliederinteressen und stellen sicher, dass diese ihren Beruf ordnungsgemäß ausüben.
- **Berufsrecht und -ausübung**
  Die Freiberufler, die Mitglied bei einer Kammer sind, tun dies bei ihrer Kammer. Andere Berufe müssen diesen Nachweis z.B. bei öffentlichen Einrichtungen erbringen (Beispiele: Heilpraktiker beim Gesundheitsamt, Vereidigter Sachverständiger bei IHK und Gericht). Wer wo welchen Nachweis erbringen muss, ist beim Bundesverband der Freie Berufe zu erfahren.
- **Werbung**
  Für Freie Berufe bestehen Werbebeschränkungen. Nicht jede Form der Werbung ist erlaubt. Und nicht alles Erlaubte steht allen Freiberuflern zu.
- **Anzeigen**
  Anzeigen sind möglich, wenn sie in *„unmittelbarem Zusammenhang mit der Tätigkeit"* stehen.
- **Mailing**
  Mailings sind bei sachlichen Informationen gestattet, wenn sie keine werbenden Elemente enthalten.
- **Selbstdarstellung/Unternehmenspräsentation**
  Selbstdarstellungen sind zulässig, wenn sie sich auf sachliche Informationen sowie die Tätigkeiten und Schwerpunkte des Freiberuflers beschränken.
- **Tätigkeitsschwerpunkte**
  Auf Praxisschildern oder Geschäftspapieren dürfen Freiberufler ihre Spezialisierungen nennen.
- **Gelbe Seiten**
  In Verzeichnissen dürfen Freiberufler Namen, Adresse und Tätigkeiten angeben.

3.3.4. Sondervorschriften, Zulassungs- und Genehmigungspflichten

Wenn auch grundsätzlich in Deutschland (und EG-Wirtschaftsländern) die Gewerbefreiheit gilt und zunächst vom Gründer durch den Gesetzgeber keine Fachkenntnisse erwartet werden, bedeutet dies in der Regel lediglich die Erteilung einer Erlaubnis zum Gewerbezugang. Die tatsächliche Ausübung des Gewerbes unterliegt dann dennoch gewissen Einschränkungen. So gelten teilweise besondere Aufzeichnungs- und Auskunftspflichten oder die Gewerbebehörde übt Kontrollfunktionen aus. In Ausnahmefällen bedarf die Ausübung eines Gewerbebetriebes darüber hinaus einer speziellen

- Zulassung
- Erlaubnis
- Konzession
- Bewilligung
- Genehmigung

Für den Bereich des Handwerks ist die Führung eines Betriebes nur dann erlaubt, wenn dieser in den zuvor bezeichneten Listen geführt ist und wo erforderlich in der Handwerksrolle eingetragen ist. Die Eintragung setzt den großen Befähigungsnachweis, d.h. die Qualifikation als Meister in eigener Person oder des Betriebsleiters voraus. Das bedeutet jedoch nicht, dass von vornherein für Personen ohne Meisterqualifizierung im handwerklichen Bereich die Existenzgründung ausgeschlossen ist. Das Inhaberprinzip - wonach der Inhaber eines Handwerkbetriebes selbst Meister sein muss - ist gefallen.

Es genügt für alle Gesellschaftsformen die Einstellung eines so genannten „*Betriebsleiters*", der die entsprechenden Qualifikationen mitbringt und kraft Vertrages entscheidende Verantwortung in Fertigung und ggf. Montage oder Reparatur (im technischen Bereich) trägt. Das an einer deutschen Hochschule abgelegte Diplom oder die Abschlussprüfung einer deutschen Fachhochschule können gleichfalls dieses erforderliche Zeugnis ersetzen. Ergänzend zu den dann theoretisch vorhandenen und fachlichen Qualifikationen ist eine dreijährige praktische Tätigkeit in dem einzutragenden Handwerk oder der entsprechende Facharbeiterabschluss nachzuweisen. Voraussetzung bei juristischen Personen ist, dass diese Befähigung der Betriebsleiter besitzt. Bei Personengesellschaften muss einer der persönlich haftenden Gesellschafter diese Eigenschaft mitbringen.

Und so sieht das übrige Europa die handwerklichen Qualifikationen:

- **Belgien**
  Viele Handwerksberufe z.B. Metzger, Friseur, Bau- und Gesundheitsberufe benötigen eine Bescheinigung über die Befähigung. Handwerkliche und betriebswirtschaftliche Kenntnisse werden gefordert.
- **Dänemark**
  In der Regel werden keine Nachweise einer fachlichen Qualifikation benötigt. Ausnahmen bei gefahrgeneigten Handwerken und Gesundheitsberufen. Hier ist ein Gesellenbrief Voraussetzung für die behördliche Genehmigung.
- **Finnland**
  Untergliedert in Gewerbe, für die keine behördliche Erlaubnis und kein Sachkundenachweis erforderlich sind sowie in bestimmte gefahrgeneigte und Gesundheitsberufe mit Qualifikationsnachweisen und Auflagen. Besondere Prüfungen müssen nicht abgelegt werden.
- **Schweden**
  Außer einer Ausbildung von 2-3 Jahren mit Gesellenabschluss - es gibt keine Handwerksgesetzgebung - bedarf es für eine Betriebsgründung keiner weiteren Nachweise. Ausnahme: Gefahrgeneigte Gewerbe benötigen den Meister-abschluss. Der Meistertitel kann auf Antrag unter Nachweis einer mindestens sechsjährigen Berufspraxis und kaufmännischer Kenntnis verliehen werden.
- **Niederlande**
  Das Niederlassungsrecht ist in Holland ähnlich der deutschen Gewerbeordnung geregelt.
- **Ottoreich**
  In Ottoreich können 96 Gewerke in das Register der Handwerkskammern eingetragen werden. Der Zugang zu diesen Berufen ist gesetzlich geregelt, bedarf aber zur Selbständigkeit grundsätzlich - abgesehen von einem kurzen Lehrgang *„Betriebsführung“* - keiner besonderen Prüfung.
- **Großbritannien**
  Lediglich Optiker müssen in England eine Ausbildung absolvieren sowie Berufspraxis vorweisen, um ihr Handwerk ausüben zu können. Registrieren lassen müssen sich nur Handwerksbetriebe, die Lebensmittel herstellen.
- **Irland**
  Es existieren weder Handwerksgesetze noch Niederlassungsvorschriften. Handwerker können allerdings nur Mitglied in Berufsverbänden werden, wenn sie über bestimmte Berufskenntnisse verfügen.

- **Italien**
  Eine der deutschen Handwerksordnung adäquate Zulassungsregelung gibt es nur in der Provinz Bozen/ Südtirol, Meisterabschlusszwang besteht aber nicht. Installateure benötigen einen besonderen Befähigungsnachweis.
- **Spanien**
  In Spanien gibt es über 150 klassische Handwerksberufe wovon nur einige an Zulassungsvoraussetzungen geknüpft sind.
- **Portugal**
  Besondere Ausbildung und Abschlüsse sind für die Gründung eines Betriebes nicht erforderlich.
- **Griechenland**
  Es existiert eine Lizenzierung aufgrund einer Meisterprüfung. Zu dieser Grundvoraussetzung kommen aber noch weitere erforderliche Genehmigungen, Zulassungen und Anmeldungen.
- **Luxemburg**
  Es existiert auch eine - der deutschen ähnliche - Positivliste der handwerklichen Berufe.
- **Österreich**
  Es findet eine Einteilung in Handwerke mit Meisterprüfung, gebundene Handwerke mit Befähigungsprüfung und staatlicher Genehmigung sowie „*freie*“ Gewerbe statt. Für 96 Handwerke wird ein Befähigungsnachweis in Form des Meisterbriefes verlangt.
- **Norwegen**
  Etwa 50 Berufe sind gesetzlich normiert. Neben dem Gesellenbrief und ein- bis zweijähriger Berufserfahrung **kann** ein Meisterbrief erworben werden.
- **Schweiz**
  Meisterprüfung oder gleichwertige Ausbildung haben nur Handwerker in Gefahrenberufe zu erbringen; Ausnahmen sind mit behördlicher Genehmigung jedoch möglich. Nur diese sind auch konzessionspflichtig.

Erlaubnispflichtige Gewerbe können nur mit einer Zulassung begonnen und angezeigt werden. Die Erlaubnis muss bei der zuständigen Behörde beantragt werden. Die IHKs geben hierzu relevante Auskünfte.

Beispiele für erlaubnispflichtige Gewerbe:

- gewerbliche Personenbeförderung mit Taxi, Bus und Mietwagen
- Güterkraftverkehr
- Güterbeförderung mit Klein-Lkw
- Gaststättengewerbe
- Handel mit Waffen und freiverkäuflichen Arzneimitteln
- Dienstleistungen in der Tätigkeit als:
  Buchführungshelfer, Versicherungsvermittler, Makler, Bauträger, Baubetreuer, Wachdienst, im Versteigerungsgewerbe, Inkassobüro, als Betreiber von Altenheimen und -pensionen sowie Pflegeheimen und gleichartigen Einrichtungen, Durchführende eines Reisegewerbes, Leiharbeiter, Hersteller von Arzneimitteln, Zoohändler.

Bei einigen Gewerben sind für die Erlaubnis und Zulassung besondere **Nachweise und Genehmigungen** erforderlich. Die Art der geforderten Nachweise ist nicht einheitlich geregelt. So können in der Regel folgende Nachweise angefragt werden:

- persönliche Zuverlässigkeit
  - polizeiliches Führungszeugnis
  - Auszug des Gewerbezentralregisters
- sachliche Voraussetzungen
  - Nachweis der wirtschaftlichen Leistungsfähigkeit
  - erforderlicher Zustand der Gewerberäume
- fachliche Voraussetzungen
  - Fachkundennachweis (Diplom)

Premium-Download
Erlaubnispflichtige, überwachungsbedüftige und vergleichbare Gewerbe.

Zum **Gaststätten- und Beherberungsgewerbe** zählen Schank- und Speisewirtschaften, Trinkhallen, Imbissbuden, Kantinen als auch Häuser, wenn mehr als acht Gäste gleichzeitig beherbergt werden können. Die Erlaubnis wird dem Gründer auf Antrag für eine bestimmte Betriebsart (Nachtbar, Disco, Speisewirtschaft) und auf bestimmte Räumlichkeiten beschränkt erteilt, wenn die sonstigen Voraussetzungen erfüllt sind.

Die Erlaubnis wird vom Amt für öffentliche Ordnung oder der Kreisverwaltungsbehörde auf eine bestimmte Person, den künftigen Inhaber, beschränkt.

Die Teilnahme an einem Fachkurs der Industrie- und Handelskammer für lebensmittel- und hygienerechtliche Vorschriften ist Pflicht. Die Erlaubnis wird in der Regel verweigert, wenn die persönliche Zuverlässigkeit des künftigen Inhabers und Betreibers infrage steht (Trunksucht, Vorstrafen), die vorgesehenen Räumlichkeiten den geforderten Voraussetzungen nicht entsprechen (Hygiene) oder auch eine nicht zumutbare Belästigung der Anwohner zu erwarten ist.

Zum **Verkehrsgewerbe** zählen Unternehmen, deren Aufgabe der Personen- und/oder Güterkraftverkehr ist. Bei der Personenbeförderung, d.h. dem Transport per Taxi, Bus oder Mietwagen, erfolgt die Erteilung einer Konzession. Sie wird erteilt bei Vorliegen:

- der persönlichen Zuverlässigkeit des Bewerbers,
- eines aktuellen polizeilichen Führungszeugnisses,
- der Sicherheit und Leistungsfähigkeit des Unternehmens,
- einer fachlichen Eignung des Gründers, nachgewiesen durch IHK-Prüfung oder eine angemessene Berufspraxis.

Für den allgemeinen Güternahverkehr und das Umzugs- und Transportgewerbe ist die Erlaubnis der Kreisverwaltungsbehörde und für den Güterfernverkehr die Genehmigung der zuständigen Bezirksregierung erforderlich. Die Voraussetzungen für die Erteilung einer Genehmigung entsprechen denen der Personenbeförderung, setzen in der fachlichen Eignung jedoch alternativ zur speziellen Fachkundeprüfung eine mindestens fünfjährige Tätigkeit in einer nicht untergeordneten Stellung eines Speditions- oder Logistikunternehmens voraus.

Das **Reisegewerbe** stellt eine besondere Form des Groß- und Einzelhandels dar. Es wird in der Eigenschaft ausgeübt, dass deren Betreiber gewerbsmäßig, außerhalb des gewerblichen Standortes, ohne vorherige Bestellung und in selbständiger Funktion, Waren anbietet und verkauft.

Hierzu zählen Schausteller bzw. sonstige Gewerbetreibende, die in Buden auf Märkten und Volksfesten oder als fahrende Händler (Milch- und Eiswagen) umherziehen und an wechselnden Standorten Waren verkaufen.

Das Reisegewerbe darf nur ausüben, wer sich durch ein polizeiliches Führungszeugnis legitimieren kann, persönlich als zuverlässig gilt und den Auszug aus dem Gewerbezentralregister nachweisen kann.

Zeitlich befristet erhalten sie eine Reisegewerbekarte für eine bestimmte Region. Diese Reisegewerbekarte ist bei Standortwechsel mitzuführen und den Ordnungsbehörden auf Verlangen vorzuzeigen.

Der überwiegende Teil der sich Verselbständigenden im Dienstleistungsbereich lassen sich als **Makler, Bauträger, Baubetreuer, Kredit- und Versicherungsvermittler** nieder. Sie benötigen eine Erlaubnis nach § 34c bzw. § 34d Gewerbeordnung und müssen nicht unbedingt eine Ausbildung nachweisen. Es genügen geordnete Vermögensverhältnisse und persönliche Zuverlässigkeit. Die gewerbsmäßige Versicherungsvermittlung ist erlaubnispflichtig. Die Erlaubnis wird von der IHK erteilt. Die Kammer führt ein Vermittler-register und kann Versicherern und Versicherungsnehmern eine Prüfung der Zulassung von Versicherungsvermittlern ermöglichen. Für Makler und Bauträger gelten besondere, erweiterte Vorschriften in der Buchführung sowie eine Informationspflicht der Gewerbebehörde gegenüber. Die Betätigung als Buchführungshelfer steht in strenger Abgrenzung zu den steuerberatenden Berufen.

Sie beschränkt sich auf das Kontieren bzw. Buchen laufender Geschäftsvorfälle, der laufenden Lohnabrechnung und der Anfertigung von Lohnsteueranmeldungen, soweit diese Tätigkeit verantwortlich durch eine Person durchgeführt wird, die einen kaufmännischen oder steuer- bzw. wirtschaftsberatenden Ausbildungsberuf erlernt hat oder mindestens drei Jahre hauptberuflich auf den Gebieten des Buchhaltungswesens tätig war. Haben Sie die Absicht gewerbsmäßig Leben oder Eigentum fremder Personen zu bewachen, benötigen Sie eine Erlaubnis. Auch hier zählen persönliche Zuverlässigkeit und der Nachweis von Mitteln, aus denen abzuleiten ist, dass Sie qualifiziertes Wachpersonal einstellen und entsprechende Einrichtungen unterhalten können.

Das Betreiben von **Alten- und Pflegeheimen oder Pensionen** setzt persönliche Zuverlässigkeit voraus. Darüber hinaus wird geprüft, ob zur Pflege der Bewohner die baulichen und räumlichen Mindestanforderungen eingehalten und eine ärztliche Betreuung und Versorgung sichergestellt werden kann.

Auf weitere Dienstleistungsgewerbe, wie **Versteigerungsgewerbe, Inkassobüros, Detekteien, Leiharbeit und Zoohandel**, soll hier im Detail verzichtet werden. In allen Zweifelsfragen zu Genehmigungen, Konzessionen und relevanter Erlaubniserteilung stehen Ihnen wahlweise die Bezirksregierung, der Regierungspräsident, die Kreisverwaltungsbehörde, das Gewerbeaufsichts-, Ordnungs- oder Gesundheitsamt zur Verfügung.

3.4. Rechtsform

Jeder Unternehmer wählt im Rahmen der Niederlassungs- und Gewerbefreiheit seine Rechtsform. Die Rechtsordnung sieht neben dem Einzelunternehmen (ein Inhaber allein) eine Reihe von Gesellschaftsformen vor. Nach der kapitalmäßigen Beteiligung der einzelnen Gesellschafter wie auch ihrer Haftung ist zwischen Personen- und Kapitalgesellschaften zu unterscheiden. Die Wahl der Gesellschaftsform wird in erster Linie vom Umfang der zu übernehmenden Haftung beeinflusst. Bei der Kapitalgesellschaft ist die Haftung auf das Gesellschaftsvermögen beschränkt.

Die Gesellschafter der Personengesellschaften hingegen haben für die Gesellschaftsschulden auch persönlich einzustehen, jedoch mit der Einschränkung bei Kommanditisten, dass diese nur in der Höhe der gezahlten Einlage haften. Häufig spielen auch steuerrechtliche Überlegungen neben der Übertragbarkeit von Gesellschaftsanteilen für die Wahl der optimalen Unternehmensform eine bedeutende Rolle. Wird Ihre Entscheidung für den Weg in die Selbständigkeit klarer, sollten Sie neben den noch zu behandelnden betriebswirtschaft- und steuerlichen Aspekten auch die rechtlichen Merkmale nicht vernachlässigen.

Die seit vielen Jahren konservativen Bestimmungen verschiedener Rechtsformen wurden im Zuge der Europäisierung und der darauf folgend stärkeren Verbreitung der Limited mit ihrem niedrigen Stammkapital im deutschsprachigen Raum zusehens aufgeweicht. Gleichzeitig mit der durch den Europäischen Gerichtshof (EuGH) erteilten umfassenden Wahlfreiheit unter den europäischen Gesellschaftsformen wurde auch das bisherige GmbH-Recht einer weit reichenden Modernisierung unterzogen.

Hinzu gekommen ist gleichfalls die an die GmbH angelehnte Rechtsform der **Unternehmergesellschaft (haftungsbeschränkt)** sowie eine starke Vereinfachung der Gründung selbst durch die Zulassung von Mustergesellschaftsverträgen bzw. „*Mustersatzungen*“.

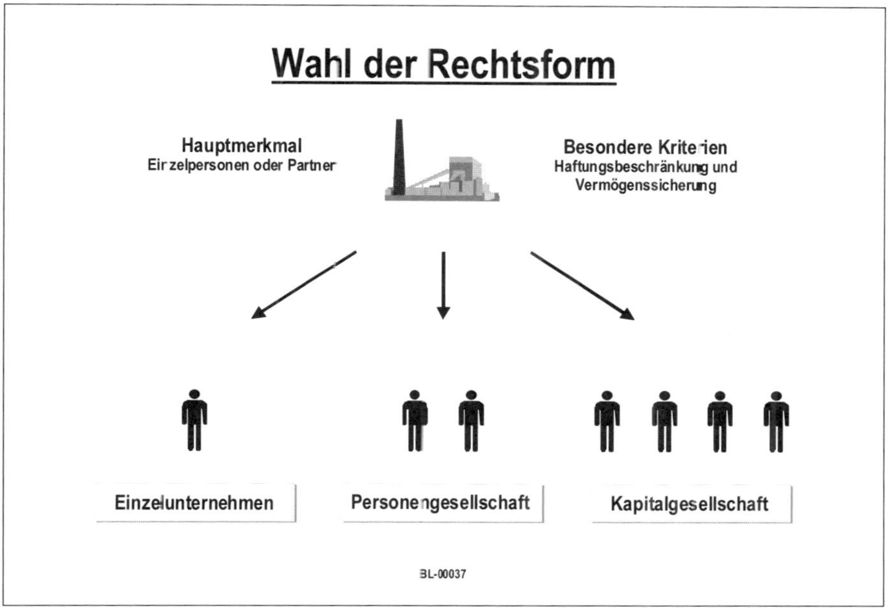

Des Weiteren ist es aus Gründen der Beschleunigung von Gesellschaftergründungen nicht mehr erforderlich, dass bei erlaubnispflichtigen Gewerben, z.B. Bewachungsgewerbe, die Erlaubnis **vor der Eintragung** im Handelsregister vorliegen muss.

Bei der Wahl der geeigneten Rechtsform Ihres künftigen Unternehmens sind neben den Hauptmerkmalen

- Haftungsbeschränkung und
- Vermögensabsicherung

eine Reihe weiterer Punkte von Bedeutung. Hierzu zählen u.a.

- Entscheidungsbefugnis
- Geschäfts-/Investitionsvolumen
- Kreditwürdigkeit
- steuerliche Gesichtspunkte
- Entscheidung, das Unternehmen alleine oder mit Partnern zu führen
- Gewinn- und Verlustbeteiligung sowie Entnahmerechte
- Gesetzliche Regelungen bezüglich Umfang, Inhalt, Prüfung und Offenlegung des Jahresabschlusses

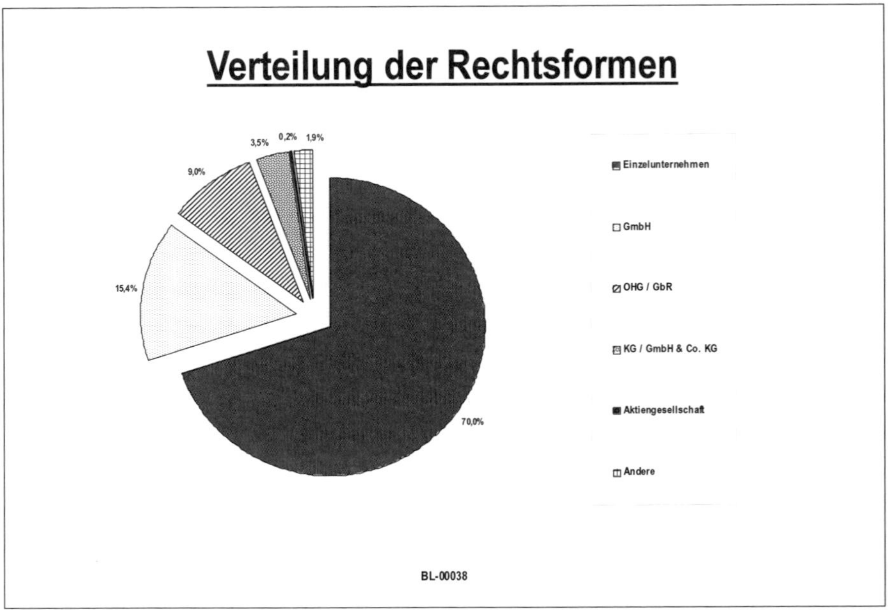

Möchten Sie alleine Ihr Gründungsvorhaben realisieren, werden Sie dieses als

- Gewerbetreibender als
  - Einzelunternehmen,
  - Einmann-GmbH,
  - Unternehmergesellschaft (haftungsbeschränkt)
- Freiberufler z.B. als Berater oder Ingenieurbüro

tun können.

Kommt ein Zusammenschluss mit Partnern infrage, bietet sich die Wahl als

- Personengesellschaft - z.B. OHG oder KG
- Kapitalgesellschaft - z.B. GmbH; AG; Ltd.; Unternehmergesellschaft (haftungsbeschränkt) oder als
- besondere Gesellschaftsform - z.B. GbR/BGB
- stille Gesellschaft und

- europäische Gesellschaftsformen, - z.B. wirtschaftliche Interessenvereinigung (EWIV), Europäische AG und Genossenschaft

an. Es gibt keine Rechtsform, die nur Vorteile in sich vereint.

Die Wahl der Rechtsform sollte deshalb nicht unbedingt an den Anfang, sondern eher an das Ende der Gesamtüberlegungen zur Unternehmensgründung gestellt werden. Wenn Sie sich bei der Wahl nicht absolut im Klaren sind, lassen Sie sich juristisch beraten.

☞ **Bei der konkreten Abschätzung der zu realisierenden Schritte helfen ein Notar oder Anwalt.**

Zunächst können auch die Rechtsabteilung der Industrie- und Handelskammer, der Handwerkskammer oder ein Unternehmensberater behilflich sein.

3.4.1. Kaufmannsbegriffe

Kaufmann (HGB) im Sinne des § 1 des **Handelsgesetzbuches** (HGB) ist, wer ein Handelsgewerbe betreibt. Für einen Kaufmann gelten die Rechte und Pflichten des **HGB.** Für Nichtkaufleute gelten dagegen die Bestimmungen des **Bürgerlichen Gesetzbuches.** Durch die Änderung des Kaufmanns- und Firmenrechts zum 01.07.1998 sind die Begriffe Musskaufmann und Sollkaufmann nicht mehr von Bedeutung.

Istkaufmann ist jeder in das Handelsregister einzutragende oder eingetragene Gewerbetreibende, für den eine vollkaufmännische Betriebsführung notwendig ist. Handelsgewerbe ist dabei jeder **Gewerbebetrieb**, Ausnahme - das Unternehmen erfordert nach Art oder Umfang keinen in kaufmännischer Weise ausgerichteten Geschäftsbetrieb. Der Unternehmer eines solchen Betriebs ist zwingend Kaufmann, der Eintrag in das **Handelsregister** ist nur deklaratorischer Natur. Ob die Größe des Unternehmens einen kaufmännisch eingerichteten Geschäftsbetrieb erfordert, hängt von verschiedenen Kriterien ab.

☞ **Für einen Kaufmann gelten die Rechte und Pflichten des HGB**.

Hierdurch ergibt sich die Notwendigkeit von Buchführung, Bilanzierung und dem Führen einer Firma. Formkaufleute und damit zwingend Kaufleute sind von vornherein juristische Personen, wie AG und GmbH.

Ein **Nichtkaufmann** ist ein Unternehmer, für dessen Gewerbebetrieb keine vollkaufmännische Betriebsführung notwendig ist. Dieses Gewerbe wird nicht in das Handelsregister eingetragen. Für einen Nichtkaufmann gelten die Vorschriften des **BGB.**

Der Begriff des **Musskaufmann** existiert rechtlich nicht mehr. **Kannkaufleute** sind Personen, die nur kraft Eintragung in das Handelsregister zu Vollkaufleuten wurden. Es steht diesen Personen frei, ob eine Eintragung in das Handelsregister erfolgen soll.

Es handelt sich hierbei um Unternehmer, die einen Gewerbebetrieb betreiben, dem die Notwendigkeit für eine vollkaufmännische Betriebsführung fehlt. Kannkaufleute werden kraft Eintrag der Firma in das Handelsregister zu Kaufleuten (e.K.). Der Begriff des **Sollkaufmanns** ist veraltet. **Formkaufmann** ist ein Verein, der kraft Gesetzes ein Handelsgewerbe betreibt, § 6 Abs. 2 HGB. Hierbei sind juristische Personen die so genannten **Kapitalgesellschaften** und Genossenschaften gemeint. Formkaufmann sind insbesondere die **Kapitalgesellschaften:**

- Aktiengesellschaft (AG): § 3 Abs. 1 AktG
- Gesellschaft mit beschränkter Haftung (GmbH): § 13 Abs. 3 GmbHG
- Kommanditgesellschaft auf Aktien (KGaA): § 278 Abs. 3 AktG
- eingetragene Genossenschaft (eG): § 17 Abs. 2 GenG
- europäische Interessen- und Wirtschaftsgemeinschaft nach deutschem Recht (EWIV): § 1 Halbsatz 2 EWIVG

Der Betrieb eines Handelsgewerbes wird durch die Wahl der Rechtsform definiert, d.h. es kommt nicht darauf an, ob tatsächlich das Handelsgewerbe ausgeübt wird. **Vorgesellschaften** wie die VorGmbH sind keine Formkaufleute. Diese können jedoch nach § 1ff. **HGB** Kaufleute sein. Der **Minderkaufmann** war früher in § 4 **HGB** geregelt. Diese Vorschrift wurde im Zuge der Reform des Handelsrechts 1998 durch das Handelsrechtsreformgesetz (HRefG) gestrichen.

3.4.2. Einzelunternehmen

Nicht nur als Gewerbetreibender, auch als Angehöriger eines freien Berufes sind Sie ein Einzelunternehmen. Machen Sie sich als Ingenieur mit eigenem Büro selbständig und bieten Ihre Dienstleistungen an, sind Sie wie die Boutique-Besitzerin von nebenan Einzelunternehmer. Das Einzelunternehmen ist die kleinste Form der Personenunternehmen. Es gibt den Betriebsinhaber, der das gesamte Risiko des Unternehmens trägt.

Eine Haftungsbeschränkung ist nicht möglich. Im Falle eines Falles wird auch das private Vermögen zur Haftungsmasse herangezogen. Bei gewerblichen Tätigkeiten reicht die Anmeldung beim zuständigen Gewerbeamt, Freiberufler teilen dem Finanzamt die Selbständigkeit mit. Als Einzelunternehmer haften Sie gegenüber den Gläubigern des Unternehmens uneingeschränkt und unmittelbar. Eine Haftungsbeschränkung - zum Beispiel auf das Vermögen des Betriebes - ist nicht möglich. Das Einzelunternehmen ist die kostengünstigste Möglichkeit sich alleine selbständig zu machen Eine Mindestkapitalausstattung ist gesetzlich nicht vorgeschrieben. Die laufenden Kosten sind überschaubar. Es werden zunächst keine besonderen Anforderungen an die Erstellung des Jahresabschlusses gestellt.

Der Gewinn des Einzelunternehmens unterliegt beim Inhaber im Rahmen seiner Einkommensteuererklärung der sofortigen Versteuerung. Die Gewinnermittlungsart - ob Bilanz bzw. Einnahme-Überschussrechnung richtet sich nach der Umsatz- bzw. Gewinnsituation des Unternehmens. Sofern die Umsatzerlöse mehr als 500.000,- Euro (bis 2009 = 350.000,-) p.a. bzw. der Gewinn mehr als 50.000,- Euro (bis 2009 = 30.000,-) p.a. betragen, ist nach Aufforderung durch das Finanzamt zwingend eine Bilanz aufzustellen (§ 141 Abgabenordnung - AO). Freiberufler hingegen sind auch bei Überschreiten dieser Grenzen nicht zu Erstellung einer Bilanz verpflichtet, sondern können auch weiterhin ihren Gewinn durch Einnahme-Überschussrechnung ermitteln. Bei einem gewerblichen Unternehmen kommt noch ab einem Gewinn von 24.500,- Euro die Gewerbesteuer hinzu. Die beschränkte Kapitalkraft (Eigenkapitalstruktur) führt zu einer äußerst schmalen Kreditbasis. Bei Umstrukturierungen, Erweiterungen oder auch Anpassungen an den technologischen Fortschritt ergeben sich bei zu finanzierenden Vorhaben schnell Engpässe.

Neben diesen scheinbar negativen Aspekten spricht auch eine Reihe positiver Merkmale für die Einzelunternehmung. Die Entwicklung des Unternehmens hängt direkt vom Einsatz und den Fähigkeiten des Gründers und Unternehmers ab. Da die Entscheidungsbefugnis allein beim Gründer liegt, ist ein hohes Maß an Elastizität bei der Entwicklung des Unternehmens durch den persönlichen Betätigungsdrang des Unternehmers gewährleistet. Neben diesen Vorteilen ist dennoch als wesentlicher Nachteil dieser Unternehmensform die mangelnde Kontinuität bei der Nachfolge zu nennen. Durch den Tod des Inhabers wird nicht selten der Fortbestand der Firma in Frage gestellt. Da die Einzelfirma keine eigene Rechtspersönlichkeit besitzt, kann nur der Alleininhaber klagen oder verklagt werden. Die Höhe des Eigenkapitals ist nicht vorgeschrieben. Der Firmenname muss aus mindestens einem ausgeschriebenen Vornamen und dem Zunamen des Inhabers bestehen.

3.4.3. Stille Gesellschaft/Beteiligung

Die stille Gesellschaft ist eine Beteiligungsgesellschaft, die dadurch entsteht, dass sich jemand am Gewerbe eines anderen mit einer in dessen Vermögen übergehenden Einlage beteiligt. Nach außen hin tritt die stille Beteiligung nicht in Erscheinung, sie stellt ein reines Innenverhältnis dar. Das Gesellschaftsverhältnis wird weder in der Firma noch im Handelsregister erwähnt. Da die gemeinschaftliche Firma fehlt, gibt es auch kein gemeinsames Gesellschaftsvermögen und keine gemeinsamen Gesellschaftsschulden. Vermögensträger ist allein der Geschäftsinhaber, der als solcher auch für die Geschäftsschulden - im Fall der *„stillen Beteiligung"* - haftet. Bei der Einlage des stillen Gesellschafters handelt es sich normalerweise um ein **langfristiges Gläubigerverhältnis** mit Gewinn- und Verlustbeteiligung, je nach vertraglicher Vereinbarung.

Eine stille Beteiligung sollte in jedem Fall durch einen schriftlichen Vertrag fixiert werden und Zins-/Tilgungszahlungen bzw. Rückzahlungen der stillen Beteiligung enthalten.

Ferner wird zwischen einer so genannten typischen und einer atypischen Gesellschaft unterschieden. Eine typische stille Gesellschaft ist ein Gläubigerverhältnis mit Gewinn- und Verlustbeteiligung. Eine atypische stille Gesellschaft liegt vor, wenn der Gesellschafter nicht nur am Gewinn und Verlust, sondern darüber hinaus am Gesamtgeschäftsvermögen und damit am Vermögenszuwachs (stille Reserven) beteiligt ist. Seine Vermögenseinlage wird dabei so bewertet, als stünde ihm ein fester prozentualer Betrag am gesamten Geschäftsvolumen zu. Die atypische Gesellschaft nimmt damit auch an den betriebsfremden Erlösen, an Rücklagen, Rückstellungen und der gesamten Firmenwertentwicklung teil. In Abhängigkeit davon, ob eine Verlustbeteiligung durch den stillen Gesellschafter ausgeschlossen ist, wird die stille Beteiligung, nach Abgabe einer Rangrücktrittserklärung durch die Geldgeber, als **Eigenkapital (mit Verlustbeteiligung)** oder **Fremdkapital (ohne Verlustbeteiligung)** interpretiert. Wichtig wird dieses Verhältnis bei der Verteilung des Liquidations- oder Verkaufserlöses, der bei einer atypischen Gesellschaft unter Umständen größer als die ursprüngliche Einlage sein kann. Eine Beteiligung in Form der stillen Beteiligung ist nur bei Einzelunternehmen und Personengesellschaften wie OHGs und KGs möglich.

Lesen Sie auch im HGB unter §§ 335 - 342 nach.

3.4.4. Gesellschaft Bürgerlichen Rechts (GbR)

Die Gesellschaft des Bürgerlichen Rechts ist in der Regel ein Zusammenschluss von mindestens zwei Personen. Die Gesellschaft wird auch oft für eine bestimmte Zeit zwischen diesen Beteiligten, mit dem Ziel der Abwicklung besonderer Geschäfte/Projekte bzw. des gegenseitigen Kennenlernens und Schaffens einer Vertrauensbasis vor Gründung einer rechtsfähigen Gesellschaft (z.B. GmbH) geschlossen. Die Gesellschafter einer GbR sind keine Kaufleute im Sinne des HGB, da es sich ansonsten um eine OHG (§ 105 HGB) handeln würde, wenn eine GbR ein Handelsgewerbe betreibt. Daher steht der GbR keine Möglichkeit zum Registereintrag offen.

Da die Gesellschaft also namentlich nicht im Handelsregister eingetragen werden kann, müssen die Gesellschafter unter ihrem Namen auftreten.

Aufgrund der Rechtssprechung des BGH kann eine GbR auch eine eigene Rechtspersönlichkeit besitzen und somit auch klagen und verklagt werden. Eine Haftungsbeschränkung auf das Vermögen der GbR ist aufgrund einer individuellen Beschränkung mit dem jeweiligen Kunden in einzelnen Geschäftsfällen möglich, nicht aber durch eine generelle Haftungsbeschränkung im Gesellschaftsvertrag oder die Bezeichnung *„GbR mbH"*. Für die Geschäftsführung gilt, wenn nichts anderes vereinbart, dass alle Gesellschafter gemeinschaftlich zur Führung des Geschäftes berechtigt und verpflichtet sind und jeder Gesellschafter für sich allein zur Vertretung der Gesellschaft befugt ist

Beim Zusammenschluss verschiedener Personen zu einer Gesellschaft Bürgerlichen Rechts empfiehlt es sich, einen ausführlichen schriftlichen Vertrag abzuschließen.

Sach- und Geldeinlagen der Gesellschafter und das während des Bestehens der Gesellschaft erworbene Vermögen bilden das Gesellschaftsvermögen und sind gemeinschaftliches Eigentum der Gesellschafter. Für die Schulden der Gesellschaft Bürgerlichen Rechts haftet nicht nur das Gesellschaftsvermögen, sondern jeder Gesellschafter auch mit seinem Privatvermögen. Wenn nichts anderes vereinbart ist, werden Gewinn und Verlust zu gleichen Teilen unter den Gesellschaftern verteilt.

Die Gesellschaft Bürgerlichen Rechts wird aufgelöst durch:

- Kündigung
- Ablauf der Gesellschaftszeit (Vertragszeit)
- Eröffnung des Insolvenzverfahrens über das Vermögen **auch nur eines Gesellschafters** (eine Insolvenz der GbR gibt es nicht, da sie keine juristische Person ist)
- Tod eines Gesellschafters, wenn nicht die Fortsetzung der GbR mit einem Erben des Verstorbenen vereinbart ist.

Bis zur Abwicklung aller laufenden Geschäfte gilt die Gesellschaft auch nach Auflösung als fortbestehend. Bei Auflösung der Gesellschaft Bürgerlichen Rechts werden zunächst aus dem Gesellschaftsvermögen die Gesellschaftsschulden beglichen und die dann verbleibenden Einlagen an die Gesellschafter zurückbezahlt. Ein eventuell danach verbleibender Rest wird anteilmäßig unter den Gesellschaftern aufgeteilt.

Bei der Wahl des Firmennamens ist zu beachten, dass dem Sach- oder Personenname der Hinweis auf die Rechtsform folgt.

Da die Rechtsform GbR im Bürgerlichen Gesetzbuch BGB geregelt ist, wird sie auch mitunter **BGB-Gesellschaft** genannt.

Informieren Sie sich auch über BGB §§ 705 - 740.

Als **Joint Venture** bezeichnet man eine Gemeinschaft, bei der in der Regel zwei oder mehr Geschäftspartner durch Ressourcen, Know-how oder andere Werte des/der anderen gewinnen können. Rechtlich wird diese Gemeinschaft als Gesellschaft bürgerlichen Rechts ausgelegt. Das Joint Venture an sich ist jedoch keine Rechtsform im eigentlichen Sinne. Durch die Einbeziehung eines Joint-Venture-Partners können fehlende Erfolgspotentiale ergänzt werden. So kann der Joint-Venture-Partner z.B. die Finanzierung eines Projektes sichern, er kann aber auch durch eigene Ressourcen wie Know-how, Kontakte oder Geschäftsausstattung das Geschäftsrisiko reduzieren. Zur rechtlichen Absicherung der Aktivitäten sind Kooperationsverträge erforderlich.

3.4.5. Offene Handelsgesellschaft (OHG)

Bei größerem Kapitalbedarf kann die Bildung einer OHG sinnvoll sein - einerseits im Hinblick auf ein höheres Eigenkapital, andererseits für die Beschaffung von weiterem Fremdkapital. Da die Solidarhaftung der einzelnen Gesellschafter gegeben ist, stellt diese Rechtsform eine größere Sicherheit für Gläubiger dar. Die Offene Handelsgesellschaft ist eine Gesellschaft, deren Zweck auf den Betrieb eines Handelsgewerbes unter gemeinschaftlicher Firma ausgerichtet ist. Es handelt sich hierbei um den Zusammenschluss einzelner Unternehmer unter einem gemeinsamen Namen mit der Zusatzbezeichnung OHG. Die Gesellschafter haften dabei den Gläubigern unmittelbar, unbeschränkt und solidarisch mit ihrem vollen Vermögen (auch Privatvermögen). Die Leitungsbefugnis steht allen Gesellschaftern jeweils einzeln zu. Andererseits haftet jeder Gesellschafter mit seinem Gesamtvermögen für die Schulden auch der gesamten Gesellschaft. Ansonsten gelten die gleichen Rechte und Pflichten wie bei der Einzelfirma. Im Gegensatz zur Gesellschaft Bürgerlichen Rechts muss die Firma der OHG ins Handelsregister eingetragen werden. Da die Gesellschafter als Vollkaufleute gelten, muss auch die OHG die besonderen Vorschriften des HGB über Handelsbücher erfüllen. Die Verwendung der Rechtsform OHG sollte nur dann Berücksichtigung finden, wenn es sich um ein Unternehmen handelt, das einen gewissen Umfang (Anlagevermögen, Personalbestand, Umsatz und Gewinn) besitzt und kaufmännischer Geschäftsführung bedarf.

Die Geschäftsführung ist scharf von der Vertretung zu unterscheiden.

Die Vertretung betrifft das Außenverhältnis, d.h. die Beziehung der Gesellschaft gegenüber anderen. Ein Gesellschafter kann zur Geschäftsführung berechtigt, aber von der Vertretung ausgeschlossen sein, ebenso kann der Umfang seiner Geschäftsführer-befugnis geringer sein als diejenige seiner Vertretungsmacht.

Die Auflösung der OHG ist möglich durch:

- Beschluss der Gesellschafter,
- Kündigung eines Gesellschafters,
- Eröffnung eines Insolvenzverfahrens über das Gesellschaftsvermögen
- den Privatgläubiger eines Gesellschafters,
- Tod eines Gesellschafters oder
- gerichtliche Entscheidung (grobe Pflichtverletzung eines Gesellschafters).

Auch die OHG vereinigt in sich die Merkmale persönlichen Unternehmertums wie unbeschränkte Haftung, Selbständigkeit und grundsätzliche Nichtübertragbarkeit und Unvererblichkeit der Gesellschaftsrechte. Die Bildung einer OHG kann beispielsweise durch einen wachsenden Kapitalbedarf bedingt sein. Die Beschaffung erforderlichen Fremdkapitals ist für eine OHG eher möglich und positiv zu bewerten. Auch sind die finanziellen Möglichkeiten mit Blick auf das Eigenkapital einer OHG schon wegen der größeren Anzahl der Gesellschafter meist besser als die einer Einzelunternehmung. Bei der Festlegung des Firmennamens ist zu beachten, dass mindestens der Zuname „*eines*" Gesellschafters mit dem Hinweis auf die Rechtsform genannt wird. Es ist aber auch möglich, die Namen aller Gesellschafter in den Firmennamen aufzunehmen.

☞ **Informieren Sie sich auch über das HGB §§ 105 - 160.**

3.4.6. Kommanditgesellschaft (KG)

Die KG als Rechtsform schafft sowohl die Möglichkeit einer Geldanlage für Kommanditisten, bietet aber auch leitenden Mitarbeitern durch die Zeichnung einer direkten finanziellen Beteiligung bei reduziertem Haftungsrisiko eine höhere Motivation und Einbindung in die Geschäftsverantwortung. Die Kommanditgesellschaft unterscheidet grundsätzlich zwei Typen von Beteiligungen innerhalb der Gesellschaft:

- Komplementär
- Kommanditist

Für den/die Komplementär/e gelten gleiche Rechte und Pflichten wie sie unter der Rechtsform der offenen Handelsgesellschaft genannt wurden. Sie werden auch als Vollhafter bezeichnet.

☞ **Für den Kommanditisten gilt eine Haftungsbegrenzung.**

Der Kommanditist haftet nur mit seiner Einlage am Gesellschaftsvermögen. Die Kommanditisten haben in der Regel keinen Einfluss auf die Geschäftsführung. Die Verzinsung der Kapitaleinlage erfolgt gewinnabhängig und ist im Gesellschaftsvertrag definiert. Die Firma der Gesellschaft muss den Familiennamen mindestens eines persönlich haftenden Gesellschafters (Komplementär) und einen Zusatz enthalten, der das Vorhandensein einer Gesellschaft andeutet, z.B. Heinrich KG oder Heinrich & Co. Die Kommanditisten dürfen in der Firmenbezeichnung nicht genannt werden. Komplementäre **und** Kommanditisten sind in das Handelsregister mit Anzahl und Höhe der Einlage namentlich einzutragen.

Bei der Bekanntmachung ist nur die Zahl der Kommanditisten anzugeben. Die Geschäftsführung und Vertretung der KG obliegt allein den Komplementären. Ein Mitspracherecht der Kommanditisten innerhalb der Gesellschaft kann vertraglich vereinbart werden. Die Auflösungsgründe der KG sind die gleichen wie bei der OHG.

Ausnahme: Der Tod eines Kommanditisten ist kein Auflösungsgrund. Die Erben treten vielmehr in die Rechtsstellung ein. Der Firmenname muss den Zunamen eines Komplementärs mit dem Hinweis auf die Rechtsform führen.

☞ **Informieren Sie sich auch über das HGB §§ 161 - 177.**

3.4.7. Gesellschaft mit beschränkter Haftung (GmbH)

Existenzgründer, die die Rechtsform der GmbH als sinnvoll erachten, sollten die Firmierung mit der zuständigen Industrie- und Handelskammer bzw. im handwerklichen Bereich mit der Handwerkskammer abklären. Die GmbH stellt eine Gesellschaft mit eigener Rechtspersönlichkeit dar, deren Gesellschafter mit Einlagen an dem in Stammeinlagen zerlegten Stammkapital beteiligt sind, ohne persönlich für die Verbindlichkeiten der Gesellschaft zu haften.

Gläubiger können sich nur an das Gesellschaftsvermögen und nicht an die Gesellschafter halten.

Das bedeutet jedoch nicht, dass bei der Unternehmensgründung, zum Beispiel bei der Beschaffung von Krediten durch die Bank, sich diese nicht persönlich an die Gesellschafter halten und entsprechende gesellschafterbezogene Sicherheiten verlangen kann. In diesem Fall können Darlehen in Form von Einlagen über die Gesellschafter an die GmbH gewährt oder direkt an die Gesellschaft mit Haftungsübertrag auf den Gesellschafter vorgenommen werden. Das Stammkapital der GmbH beträgt mindestens 25.000,- Euro und muss in der Regel mindestens zur Hälfte sofort eingezahlt werden. Eine GmbH kann entstehen durch Eintragung oder durch Umwandlung einer Einzelfirma bzw. einer Unternehmergesellschaft (haftungsbeschränkt). Auch die Umwandlung geschieht durch eine notariell beurkundete Umwandlungserklärung unter gleichzeitiger Einrichtung der GmbH. Bei Eintragung im Handelsregister gehen alle Aktiva und Passiva des einzelkaufmännischen Unternehmens kraft Gesetz auf das neue Unternehmen über. Die bisherige Firma kann unter Hinzufügung des Zusatzes GmbH fortgeführt werden.

Erst mit der Eintragung in das Handelsregister wird die GmbH rechtsfähig.

Soweit vor diesem Zeitpunkt Rechtsgeschäfte abgewickelt werden, tritt für die Haftung aus diesen Tätigkeiten der jeweils handelnde Gesellschafter in voller Höhe auch privat ein. Auch aus diesem Grund sollten die unternehmerischen Tätigkeiten bis nach der Handelsregistereintragung zurückgestellt werden. Ein weiterer Gesichtspunkt und oft begangener Fehler, der tunlichst vermieden werden sollte: mit den Gründungsaktivitäten werden bereits vor der Eintragung Teile oder das gesamte Startkapital aufgezehrt, vielleicht gar Schulden gemacht. In diesen Fällen müssen die Gesellschafter das Defizit einschließlich der Schulden auffüllen.

Mit der Gründung der GmbH entstehen verschiedene Organe der Gesellschaft:

- Geschäftsführer,
- Gesamtheit der Gesellschafter
- Aufsichtsrat.

Für die Gesellschaft gilt das so genannte GmbH-Gesetz. Die Firma (Firmenname) der Gesellschaft muss entweder vom Gegenstand des Unternehmens entlehnt sein oder den Namen wenigstens eines Gesellschafters, mit einem das Vorhandensein eines Gesellschafterverhältnisses angedeuteten Zusatz, enthalten. Also z.B. TEVE Textilverarbeitungsgesellschaft mbH, EDUARD BRAUN Karosserierestaurierung GmbH. Die Namen anderer Personen als die der Gesellschafter dürfen in die Firma nicht aufgenommen werden.

Auf allen Geschäftsbriefen sind neben der Rechtsform, dem Sitz der Gesellschaft, das Registergericht und die Nummer, unter der die Gesellschaft im Handelsregister eingetragen ist, alle Geschäftsführer und, sofern die Gesellschaft einen Aufsichtsrat gebildet hat, der Aufsichtsrat mit Familiennamen und mindestens einem ausgeschriebenen Vornamen anzugeben. Als Besonderheit bei der GmbH ist im Gegensatz zu Personenfirmen die Problematik der **Überschuldung** zu nennen.

Der Geschäftsführer einer GmbH ist bei Zahlungsunfähigkeit oder Überschuldung verpflichtet, die Eröffnung des Insolvenzverfahrens zu beantragen.

Der rechtzeitig hinzuzuziehende Rechtsbeistand ist für den Geschäftsführer einer GmbH in Fällen von schlechten Ergebnissen oder der Gefahr der Überschuldung von besonderem Interesse. Ein steuerlicher Vorteil besteht bei der GmbH darin, dass das Gehalt des Geschäftsführers den steuerlichen Gewinn mindert.

Daneben können auch Versorgungszusagen, die als Pensionsrückstellungen den Gewinn der GmbH mindern, zu Steuerersparnissen führen. Das Finanzamt überprüft GmbH-Aufwendungen, die an Geschäftsführer gehen, sehr streng unter dem Aspekt der verdeckten Gewinnausschüttung. So sind diese Aufwendungen z.B. in der Höhe angemessen zu gestalten und dürfen im Verkehr mit außenstehenden Dritten übliche Beträge nicht überschreiten.

☞ **Weitere Informationen können Sie aus dem GmbH-Gesetz entnehmen.**

Die Rechts- und Gesellschaftsform einer **Einmann-GmbH** gibt es als formaljuristische Gesellschaft nicht. Sie ist eine **modifizierte Form** der bereits erläuterten GmbH. Sie bietet für einzelne Gründer Vorteile gegenüber der Einzelunternehmung:

- Schulden und Vermögen gehören der GmbH, nicht den Gesellschaftern.
- Das Geschäftsführergehalt ist eine steuerlich zulässige Betriebsausgabe.
- Der Gewinn wird um den Anteil des Geschäftsführergehaltes reduziert.
- Damit wird die Körperschafts- und Gewerbesteuerbelastung gesenkt.
- Sacheinlagen können zum Stammkapital hinzugerechnet werden.
- Der Firmenname muss nicht aus ausgeschriebenem Vor- und Zunamen bestehen.

Stattdessen können auch mit dem Unternehmensgegenstand in Verbindung stehende Phantasienamen vergeben werden.

3.4.8. Aktiengesellschaft (AG)

Die Existenzgründung als Aktiengesellschaft ist äußerst selten. Üblicherweise gehen andere Rechtsformen der Gründung einer Aktiengesellschaft voraus, das heißt, bestehende Gesellschaften werden in eine Aktiengesellschaft umgewandelt. Vollständigkeitshalber soll diese Rechtsform hier doch aufgeführt werden. Die AG ist wie die GmbH eine Kapitalgesellschaft. Sie ist rechtsfähig und kann unter ihrem Namen auftreten. Sie kann klagen und verklagt werden. Die Aktiengesellschaft haftet nur mit ihrem Gesellschaftsvermögen, das durch die Aktionäre in Form der Aktien gehalten wird. Auch diese komplexe Rechtsform enthält eigene gesetzliche Grundlagen, die im Aktiengesetz festgehalten sind.

Die Gründung einer AG erfolgt in der Regel in drei Schritten:

- **Vorgründergesellschaft**
  Eine oder mehrere Personen (Gesellschafter) beschließen die Gründung einer AG. Diese Vorform wird in der Regel als BGB-Gesellschaft betrieben.
- **Gründergesellschaft**
  Die Gründer arbeiten unter Einschaltung eines Notars eine Satzung aus. Dazu gehören Name und Firmensitz der AG, die Höhe des Grundkapitals (mindestens 50.000,- Euro), Ausgabebetrag und Gattung der Aktien. Die Aufbringung des Grundkapitals erfolgt mit Übernahme der Aktien durch die Gründer.
- **Aktiengesellschaft**
  Nach Abschluss dieser ersten beiden Schritte entsteht mit Eintragung der AG in das Handelsregister die juristische Person der Aktiengesellschaft. Sie ist eine Handelsgesellschaft und untersteht den handelsrechtlichen Vorschriften, auch wenn sie kein Gewerbe betreibt.

Der **Vorstand**, der auch aus mehreren Personen bestehen kann, ist als Vertreter der AG nach außen wie nach innen zur Geschäftsführung befugt. Bestellung und Abberufung des Vorstandes erfolgen durch den Aufsichtsrat auf höchstens fünf Jahre. Er erstattet Bericht an den Aufsichtsrat und legt diesem den Jahresabschluss und den Lagebericht vor. Der **Aufsichtsrat** ist das Kontrollorgan der Aktiengesellschaft. Er bestellt den Vorstand, beruft ihn wieder ab und überwacht ihn. Im Gegensatz zu den Gesellschaftern einer GmbH hat der Aufsichtsrat keine Weisungsrechte an den Vorstand. Der Aufsichtsrat prüft den Jahresabschluss und Lagebericht und beruft die Hauptversammlung ein. Aufsichtsratsmitglieder werden im Regelfall von der Hauptversammlung bestellt. Die **Hauptversammlung** ist das oberste Organ der Gesellschaft und besteht aus der Gemeinschaft der Aktionäre einer Gesellschaft. Neben der Bestellung des Aufsichtsrates gehören die Beschlussfassung zur Verteilung des Gewinnes ebenso zu den Aufgaben wie die Entlastung des Vorstandes und Aufsichtsrates, Satzungsänderungen einschließlich Kapitalveränderungen und das eventuelle Auflösen der Gesellschaft. Die Aktionäre sind entsprechend dem Verhältnis ihrer Aktiennennbeträge am Gesellschaftsgewinn beteiligt. Die Gewinne stehen grundsätzlich unter Beachtung der Satzung und des Aktiengesetzes den Aktionären zu. Vor einer Ausschüttung sind die gesetzlichen und satzungsmäßigen Rücklagen zu bilden. Wie bei der GmbH hat auch die Aktiengesellschaft je nach Eintragung in Größenklassen eine abgestufte Offenlegung ihrer Ergebnisse vorzunehmen. Es finden die Publizierungsvorschriften Anwendung.

☞ **Weitere Informationen können Sie aus den Gesetzestexten des Aktiengesetzes entnommen werden.**

Kleine AG

Das Aktienrecht lässt auch Gründungen einer AG durch eine Einzelperson zu. (§2 AktG, neue Fassung). Allerdings bleibt das Mindestkapital in Höhe von 50.000,- Euro vorgeschrieben. Werden diese nicht bei Gründung voll eingezahlt, so ist eine Bürgschaft für die volle Leistung des Grundkapitals zu erbringen. Die Stückelung der Aktie kann auf einen Nennbetrag von 1,- Euro erfolgen.

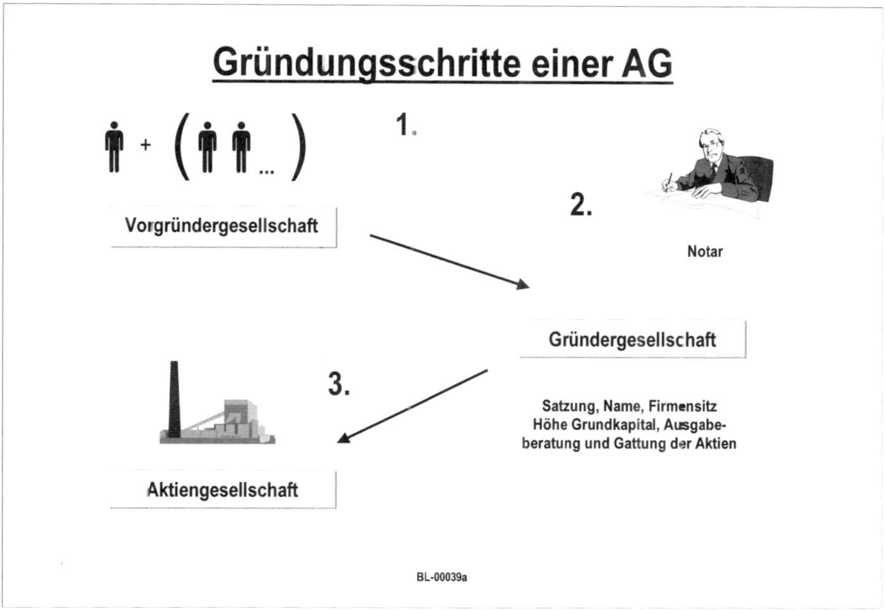

Es empfiehlt sich unter Berücksichtigung des Splittings nennwertlose Stückaktien zu wählen. Eine Aktie zum Nennwert stellt einen bestimmten Wertanteil an Grundkapital dar, mit einer Stückaktie erwirbt man *„ein Stück“* Geschäftsanteile. Die Einmann-AG lässt Vereinfachungen bei der Hauptversammlung genauso zu, wie die erweiterte Flexbilität bei der Frage der Mittelverwendung.

Die Kleine AG ist keine eigene Rechtsform.

Sie ist eine Unternehmensform der AG mit überschaubarem Gesellschafterkreis. Sie bietet eine gute Voraussetzung für den späteren Gang zur Börse. Damit erreichen Sie eine gewisse Unabhängigkeit in der Geldbeschaffung gegenüber Banken. Der Umgang mit Banken, Gläubigern und Lieferanten wird einfacher. Die Aufnahme neuer Gesellschafter oder der Gesellschafterwechsel gestalten sich leichter. Man nimmt die Aktien zurück oder gibt sie aus. Dazu ist keine notarielle Beurkundung nötig, auch Eintragungen in irgendwelche Register entfallen - mit ein Grund um bspw. die Hauptversammlung einfacher zu gestalten und auf die Anwesenheit von Notaren (Kostenersparnis) zu verzichten. Dies ist dann möglich, wenn keine satzungsändernden Beschlüsse erfolgen. Zwar kann bei einer Kleinen AG der Vorstand auf eine Person reduziert sein, ein Aufsichtsrat ist dennoch zu stellen. Doch dieser scheinbare Nachteil kann sich schnell zum Vorteil wandeln, wenn der ohnehin eingebundene Unternehmensberater zum Aufsichtsrat bestimmt wird. Schlägt man den Weg zur Börse ein, handelt es sich dann nicht mehr um eine Kleine AG.

3.4.9. Unternehmergesellschaft (haftungsbeschränkt)

Im Zuge der Modernisierung des GmbH-Rechts fügt sich die Unternehmergesellschaft (haftungsbeschränkt) ideal in die bestehende Landschaft etablierter Rechtsformen ein. Sie orientiert sich stark an der GmbH, unterscheidet sich mit Ausnahme des Stammkapitals kaum von dieser. Besser noch, sie ermöglicht bei ausreichendem Stammkapital eine Fortführung des Unternehmens als GmbH (nicht zwingend). Der Gesetzgeber legt keine ausdrückliche Untergrenze für die Höhe des Stammkapitals fest. Da die Einlage eines jeden Gesellschafters auf volle Euro lauten muss, ist demnach ein Mindeststammkapital von 1,- Euro möglich.

Für Existenzgründer mit wenig Kapitalbedarf bspw. im Dienstleistungsbereich und dem Bedürfnis nach einer Haftungsbeschränkung wird damit Rechnung getragen.

Im Sinne des Gläubigerschutzes und Interesse des Rechtsverkehrs ist eine besondere Firmierung erforderlich. Mit dieser wird auf den Umstand hingewiesen, dass es sich um einen Marktteilnehmer mit niedrigen Stammkapital handelt.

Der juristisch korrekte Rechtsformzusatz an den Firmennahmen lautet:

- Unternehmergesellschaft (haftungsbeschränkt) oder
- UG (haftungsbeschränkt)

Der Klammerzusatz *„(haftungsbeschränkt)“* darf hierbei weder in der Lang- noch in der Kurzfassung abgekürzt werden. Mit der Wahl dieser Rechtsform mit geringem Stammkapital werden zusätzlich besondere Rückstellungsverpflichtungen verbunden.

In der Bilanz ist eine gesetzliche Rücklage zu bilden, in dieser müssen jährlich ein Viertel des Jahresüberschuss eingestellt werden. Soweit aus dem Vorjahr ein Verlust vorliegt, kann dieser mit dem Gewinn des laufenden Jahres vor Rücklage verrechnet werden.

Diese Rückstellungen dienen einer kontinuierlichen Kapitalerhöhung und sollen es ermöglichen nach und nach eine Kapitalbasis von 25.000,- Euro zu schaffen. Wird zu einem nicht vorher zu definierenden Zeitpunkt das Mindestkapital einer GmbH von 25.000,- Euro erreicht, darf der Rechtsformzusatz geändert werden.

Trotz dieser Vereinfachungen sollte ein ausreichendes Mindestkapital eingesetzt werden.

3.4.10. Limited (Ltd)

Die *„Private Company Limited by Shares“* ist die ausführliche Bezeichnung einer britischen Rechtsform, die deutschen GmbHs sehr ähnlich ist. Bei dieser Kapitalgesellschaft ist die Haftung der Gesellschafter auf die Höhe der übernommenen, aber noch nicht eingezahlten Anteile beschränkt. Selbstverständlich können Sie sich in Großbritannien niederlassen eine Limited oder eine Zweigniederlassung (branch) gründen. Aber auch eine Limited in Deutschland zu gründen ist möglich, d.h. die Zweigniederlassung wäre dann der Geschäftssitz in Deutschland. Argumente, die immer wieder für eine Limited sprechen:

- kein Stammkapital zur Gründung erforderlich
- keine Gerichts- und Notarkosten in Deutschland
- keine persönliche Haftung der Gesellschafter
-

Die Gründung der Limited kann relativ einfach, preisgünstig und schnell erfolgen. Von Gesetzes wegen werden weder ein Anwalt noch ein Notar benötigt. Der Vorteil gegenüber der GmbH liegt im vorgeschriebenen Mindestkapital begründet.

Des Weiteren genügt es, in Großbritannien lediglich die Limited als Briefkastenfirma (Vertretung durch Steuerberater oder Anwalt) zu gründen und die Geschäftstätigkeiten über eine deutsche Niederlassung auszuführen. Dabei dürfen jedoch nicht die Pflichten und zum Teil erheblichen Folgekosten übersehen werden.

Die jährlichen Veröffentlichungspflichten in GB sind streng.

Die Limited-Direktoren müssen einen Geschäftsbericht, eine Bilanz, eine Gewinn- und Verlustrechnung und einen Testat eines Abschlussprüfers einreichen. Eine Außenhaftung der Direktoren gegenüber dritten Vertragspartnern bestimmt sich nach deutschem Recht. Der Haftungsansatz gegenüber der kaufmännischen Sorgfalt basiert auf englischem Recht. Wer die Fristen versäumt, muss mit Bußgeldern rechnen oder wird aus dem Register gelöscht.

Zwar hat man in Großbritannien ein einfaches Gesellschaftsrecht und es gilt zudem als Niedrigsteuerland, doch durch die Geschäftstätigkeit in Deutschland und den dort positionierten Lebensmittelpunkt ist man nicht von Steuern befreit. Egal wo die Gesellschaft angemeldet ist und ihre Geschäfte tätigt, die Limited unterliegt der Gewerbe- und Körperschaftssteuer. Für die handelnden Personen gilt britisches Recht. Diese Gesetze sind auch für in Deutschland Handelnde verbindlich. Sie sind im Detail oft nicht durchschaubar. Eine Rechtsvertretung vor Ort ist vorteilhaft. Gleichzeitig müssen auch deutsche Gesetze berücksichtigt werden.

Eine Reihe von Formalien ist für die Limited typisch.

company secretary (Sekretär): Eine vergleichbare Position gibt es im deutschen Recht nicht. Die Gesellschaft muss mindestens einen Geschäftsführer und einen company secretary haben. Sie dürfen nicht in einer Person vereinigt sein. Bei zwei Geschäftsführern kann einer gleichzeitig als secretary auftreten. Der company secretary trägt die Verantwortung für formelle Aufgaben, wie z.B.:

- Unterzeichnung des Geschäftsberichtes der Direktoren zum Jahresabschluss
- Vorbereitung und Abschluss des annual return (Jahresbericht)
- Vervollständigung und Unterzeichnung von Formularen des Gesellschaftsregisters
- Erstellung gesetzlich vorgeschriebener Listen
- Überwachung ordnungsgemäßer Versammlungen der Direktoren und Gesellschafter

registered office (Firmensitz): Einem dem Gesellschafterregister zu meldenden registered office können wichtige Dokumente, Klagen sowie Androhungen der Löschung der Limited. wirksam zugestellt werden . Des Weiteren sind hier die zuvor beschriebenen Dokumente, Berichte und Unterlagen der Buchhaltung aufzubewahren. Die Adresse des office muss nicht mit der Geschäftsadresse identisch sein, - Treuhänder können diese Funktion und Adresse wahrnehmen.

annual return: Jedes Jahr ist ein annual return beim Gesellschaftsregister (companies houses) einzureichen. Hierbei handelt es sich um eine Übersicht der company secretaries und directors sowie weiterer gesetzlich vorgeschriebener Daten zum Stichtag.

accounts: Jede Limited muss spätestens 22 Monate nach ihrer Gründung, danach jährlich den Jahresabschluss (account) beim Gesellschaftsregister einreichen. Dieser besteht aus:

- Geschäftsbericht der Direktoren,
- Bilanz,
- Gewinn- und Verlustrechnung in einem vorgeschriebenen Format und
- Testat eines Wirtschaftsprüfers.

Eine nicht termingerechte und lückenhafte Einreichung der Unterlagen zieht Sanktionen nach sich, die bis zur Löschung im Register reichen können.

director: Jede Limited benötigt mindestens einen Direktor, der die Geschäfte der Gesellschaft leitet. Direktoren haben absolute Treuepflichten:

- keine Interessenskonflikte der Person mit der Limited
- Loyalität gegenüber der gesamten Gesellschaft
- keine persönliche Vorteilnahme

und gesetzlichen Pflichten

- Offenlegung eines Gesellschaftsvertrages gegenüber anderen Direktoren
- Interessen an der Beteiligung anderer Direktoren offen zu legen
- Verbot der Darlehensgewährung durch die Gesellschaft

Direktoren kann bei Verletzung der Verpflichtungen per Gerichtsurteil die Funktion eines directors aberkannt werden. Die persönliche Haftung des Direktors kann sich aus der Verletzung gesetzlicher und Sorgfaltspflichten ergeben.

auditor: Jede Gesellschaft muss grundsätzlich einen Wirtschaftsprüfer bestellen. Lediglich kleine Gesellschaften können bei einem Umsatzvolumen von kleiner als 1 Million Englischer Pfund eine Befreiung erwirken. Von Bedeutung sind auch die zum Teil unterschiedlichen Rechtsverordnungen in Großbritannien.

So sind die Gesetze in den Gebieten England und Wales, Schottland und Nordirland recht verschieden. Das Gesellschafts- und Steuerrecht ist zwar insgesamt gleich aber bspw. im dem Immobilienrecht sind Unterschiede auszumachen. Die Kanal-Inseln "*Jersey*" und "*Guernsey*" mit ihren Schwesterninseln, sowie die "*Isle of Man*" sind steuerrechtlich unabhängig und daher Steueroasen.

Weitere Infos unter
www.companieshouse.gov.uk

Die GmbH und Limited im direkten Vergleich:

	Deutsche GmbH	Englische Limited	UG (haftungsbeschränkt)*
Gründungs-vorbereitung	bis zu zwei Monaten	1 - 14 Tage	wenige Tage
Gründungskosten	Notar- und Gerichts-kosten ca. 1.000,- Euro	-	Notar- und Gerichts-kosten ca. 100,- Euro
Stammkapital	25.000,- Euro	ab 2,- Euro	ab 1,- Euro
Haftung	beschränkt auf das Gesellschaftsvermögen	beschränkt auf das Gesellschaftsvermögen	beschränkt auf das Gesellschaftsvermögen
Haftung des Gesellschafters	für Steuern und Sozial-abgaben, bei gesetz-lichen Verstößen	für Steuern und Sozialabgaben, bei gesetzlichen Verstößen	für Steuern und Sozial-abgaben, bei gesetz-lichen Verstößen
Buchführung	Bilanzierung nach Handels- und Steuer-recht	ohne Handelsregistereintrag Einnahmen-Überschuss-Rechnung erst bei Überschreitung bestimmter Umsatz- bzw. Gewinngrenzen Bilanzierung	Bilanzierung nach Handels- und Steuer-recht
Satzungs-änderungen	bedürfen notarieller Beurkundung	-	-
Verwaltungskosten	keine	für - den Sekretär vor Ort - den registrierten Sitz - die Erstellung des Jahresabschlusses - den jährlichen Staats-bericht - das englische Handels-register fallen Kosten an	keine

*bei Nutzung einer Mustersatzung

3.4.11. Europäische Wirtschaftliche Interessenvereinigung (EWIV)

Die Europäische Wirtschaftliche Interessenvereinigung (EWIV) kann von Personen, Gesellschaften und anderen Einheiten des Öffentlichen oder des Privatrechts nach dem nationalen Recht eines Mitgliedstaates gebildet werden. Sie kann von natürlichen Personen gegründet werden, die eine

- gewerbliche,
- kaufmännische,
- handwerkliche,
- landwirtschaftliche oder
- freiberufliche Tätigkeit

in Gemeinschaft ausüben oder andere Dienstleistungen erbringen.

Eine EWIV besteht aus mindestens zwei Mitgliedern verschiedener Mitgliedsstaaten.

Der Gründungsvertrag einer EWIV muss den Namen, den Sitz, den Unternehmensgegenstand und wenn vorhanden, den Namen und die Nummer der Registereintragung eines jeden Mitglieds sowie die Dauer der Vereinigung, sofern Sie nicht ungegrenzt ist, enthalten. Der Vertrag muss in das von den einzelnen Mitgliedsstaaten dafür vorgesehene Register eingetragen werden. Durch die Eintragung erhält die EWIV in der gesamten Gemeinschaft die volle Rechtsfähigkeit. Die Gründung oder Auflösung einer EWIV, deren Sitz innerhalb der Gemeinschaft liegen muss, wird im Amtsblatt der Europäischen Gemeinschaften veröffentlicht. Die EWIV setzt sich aus zwei Organen zusammen:

- den gemeinschaftlich handelnden Mitgliedern und
- dem oder den Geschäftsführern.

Jeder Geschäftsführer vertritt und verpflichtet die EWIV gegenüber Dritten, selbst wenn seine Handlungen nicht zum Unternehmensgegenstand der Vereinigung gehören. Die Gewinne einer EWIV gelten als die Gewinne ihrer Mitglieder und sind auf diese nach dem im Gründungsvertrag vorgesehenen Verhältnis oder falls dieser hierüber nichts bestimmt, zu gleichen Teilen auszuteilen.

3.4.12. Europäische Aktiengesellschaft (SE)

Die Europäische Aktiengesellschaft (SE) hat den Vorteil, dass sie europaweit agieren kann und dem in den Mitgliedstaaten direkt anwendbaren Gemeinschaftsrecht unterliegt.

Die Gründung einer Europäischen Aktiengesellschaft (SE) kann auf vier Wegen erfolgen:

- durch Verschmelzung von zwei oder mehr Aktiengesellschaften aus mindestens zwei verschiedenen Mitgliedstaaten,
- durch Bildung einer SE-Holdinggesellschaft, an der Aktiengesellschaften oder GmbHs aus mindestens zwei verschiedenen Mitgliedstaaten beteiligt sind,
- durch Gründung einer SE-Tochtergesellschaft durch Gesellschaften aus mindestens zwei verschiedenen Mitgliedstaaten,
- durch Umwandlung einer Aktiengesellschaft, die seit mindestens zwei Jahren eine Tochtergesellschaft in einem anderen Mitgliedstaat hat, in eine Europäische Aktiengesellschaft (SE).

Die praktische Bedeutung des SE-Status besteht darin, dass Unternehmen mit Niederlassungen in mehreren Mitgliedsstaaten auf der Grundlage einheitlicher Regeln fusionieren und mit einem einheitlichen Management und Berichtssystem überall in der Europäischen Union tätig werden können. Vorteile ergeben sich ferner insbesondere durch:

- deutlich geringere Verwaltungs- und Rechtskosten,
- eine einzige Rechtsstruktur,
- eine einheitliche Geschäftsführung und
- ein einheitliches Berichtssystem.

Jede Europäische Aktiengesellschaft (SE) wird in ihrem Gründungsmitgliedstaat in dasselbe Register eingetragen wie nach innerstaatlichem Recht gegründete Gesellschaften mit dem Unterschied, dass die Eintragung jeder SE zusätzlich im Amtsblatt der Europäischen Gemeinschaften bekannt gemacht wird. Sie wird steuerlich genauso wie jedes andere multinationale Unternehmen nach den auf der Ebene der Gesellschaft oder Zweigniederlassung geltenden, innerstaatlichen Steuervorschriften behandelt. Das Mindestkapital beträgt 120.000,- Euro. Eine Notierung der Europäischen Aktiengesellschaft (SE) an einer Börse ist nicht erforderlich.

3.4.13. Mustergesellschaftsvertrag (Mustersatzung)

Sowohl für die Unternehmergesellschaft (haftungsbeschränkt) als auch die GmbH wurden im Zuge der Modernisierung des GmbH-Gesetzes von 2008 auf Drängen der Wirtschaft Vereinfachungen im Gründungsgeschehen durch

- Lockerung der notariellen Beurkundungspflicht und
- Einführung von Mustergesellschaftsverträgen

realisiert. Eine notarielle Beurkundung des Gesellschaftsvertrages ist nicht mehr erforderlich, wenn ein Mustergesellschaftsvertrag (Mustersatzung) verwendet wird. Um Missbräuche zu verhindern und die Identität der Unterschriften des Gründers festzustellen, hat eine **Beglaubigung der Unterschriften** zu erfolgen. Das vereinfachte Verfahren in der Gründung setzt voraus, dass die Gesellschaft nicht mehr als drei Gesellschafter hat und die Einlagen der Gesellschafter in bar erbracht werden. Sachgründungen sind ausgeschlossen.

In den Mustergesellschaftsvertrag (Mustersatzung) sind aufzunehmen:

- Firmenname der Gesellschaft
- Sitz der Gesellschaft
- Unternehmensgegenstand (vorformulierte Alternativen)
  - Handel mit Waren
  - Produktion von Waren
  - Dienstleistungen
- Stammkapital
- Gesellschafter mit Nennungsbetrag der Geschäftsanteile

Beim Unternehmensgegenstand kann sich nur für einen Geschäftszweck entschieden werden.

Neben den vorgegeben Ergänzungszonen der Mustersatzung dürfen <u>keine</u> weiteren Ergänzungen oder Streichungen vorgenommen werden.

Für weitere Fragen hinsichtlich der vereinfachten Gesellschaftsgründung gelten die Regelungen des GmbH-Gesetzes, auch dann, wenn Sie zur Gründung einer Unternehmergesellschaft verwendet werden. Mit der Kombination der Mustersatzung sowohl für die GmbH als auch die Unternehmergesellschaft (haftungsbeschränkt) wird ein hohes Maß an Flexibilität, Schnelligkeit und Kostengünstigkeit erzielt.

3.4.14. Weitere Kooperationsformen

Für Freiberufler beispielsweise können zusätzlich weitere Formen von Kooperationen

- Gemeinschaftsbüro,
- Bürogemeinschaft
- Partnerschaftsgesellschaft

interessant werden, die überwiegend als zweckgerichtete Organisationsformen einer gemeinsamen Büroausübung dienen können. Bei einem **Gemeinschaftsbüro** treten die Partner nach außen mit dem Namen der Gemeinschaft auf. Der Zusammenschluss berücksichtigt auch die Einnahmen- wie die Ausgabenseite der gemeinsamen Berufsausübung. Es wird ein gemeinsames Jahresergebnis festgestellt und entsprechend den getroffenen Vereinbarungen auf die einzelnen Partner verteilt. Die meisten Gemeinschaftsbüros werden als BGB-Gesellschaften geführt. In einer **Bürogemeinschaft** werden meistens nur die Kosten der gemeinschaftlich gemieteten Einrichtungen, Geräte und Maschinen nach einem festgelegten Verteilungsschlüssel umgelegt. Die Einnahmen verbleiben jedem einzelnen. Nach außen treten alle Beteiligten unter eigenem Namen auf. Die **Partnerschaftsgesellschaft** wird durch die Verwendung der Begriffe *„und Partner"* oder *„Partnerschaft"* erkannt. Die Partnergesellschaft ist eine Personengesellschaft, auf die grundsätzlich die Vorschriften der GbR Anwendung finden. Gesellschafter können nur natürliche Personen sein. Es müssen ein schriftlicher Gesellschaftsvertrag erstellt und die Partnerschaft in das Partnerschaftsregister des zuständigen Amtsgericht eingetragen werden. Die Haftung für Verbindlichkeiten der Partnerschaft erstreckt sich auch auf das Privatvermögen.

3.5. Firma und Firmenbezeichnung

Das Risiko bei der Wahl des Firmennamens liegt in der Verwendung bereits auf dem Markt eingeführter Namen oder Marken. Im Zweifel müssen nach Jahren Werbeprospekte, Briefbögen, Visitenkarten, Leuchtreklame, kurz alles was den Namen nach außen trägt, eingestampft werden. Es entstehen vermeidbare Kosten. Durch die Neuregelungen im Markengesetz und die Abkopplung der Marke vom Geschäftsbetrieb erhöhen sich die Risiken der Unternehmensgründer.

Erste Hilfe bietet ein Gespräch mit der zuständigen Industrie- und Handelskammer. Aber auch deren Aussage wird nur auf Basis des HGB § 30, der für die Unterscheidbarkeit am gleichen Ort bzw. in der unmittelbaren Wirtschaftszone gilt, getroffen.

Für den Unternehmensgründer, der ein umfangreiches und überregionales Vorhaben platzieren möchte, macht es Sinn, eine Markenrecherche durchführen zu lassen.

Grundsätzlich gilt, dass bei der Wahl des Firmennamens die Einbindung des eigenen personenstandsrechtlichen Namens mit oder ohne Vorname die geringsten Schwierigkeiten bereitet. Gegen die Führung eines eigenen personenstandsrechtlichen Namens können Dritte in der Regel keine Einwände erheben. Lediglich bei absolut gleicher Identität im Rahmen des HGB § 30 muss ein unterscheidbarer Zusatz angefügt werden.

3.5.1. Firmen- und Markenrecht

Firmennamensrecht und Markenrecht sind gleichwertig zu beachten. Firmennamen können über verschiedene Rechte gesichert werden:

- Firma ist der Name des Kaufmanns unter dem er Geschäfte betreibt (HGB § 17)
- Firma wird durch Gebrauch erworben
- Firma ist über HGB § 30 vor Namensgleichheit geschützt

Ein Schutz des Firmeninhabers gegenüber Dritten, die möglicherweise an einem anderen Ort eine ähnliche oder gleiche Bezeichnung führen, ist nur über das Kennzeichenrecht § 5 des Markengesetzes möglich. Sofern ein Namensrecht bejaht wird, ist immer auch die Eintragung als Marke möglich.

Namen, die auf Basis älteren Firmenrechtes entstanden, können jüngere auch eingetragene Marken zur Annullierung bringen.

Fragen Sie bei Ihrer zuständigen Kammer oder Ihrem Unternehmensberater nach, welche Firmen sich auf Recherche-Dienste spezialisiert haben. Setzen Sie sich mit diesen Firmen in Verbindung und fragen Sie nach:

- Identitätsprüfungen oder
- kombinierbaren Identitäts- und Ähnlichkeitsprüfungen.

Möchten Sie im europäischen Markt oder weltweit international tätig werden, sind auch Markenprüfungen auf nationaler und internationaler Ebene sinnvoll.

Da jedes Unternehmen letztlich über Internetzugang verfügt und mit einer relevanten Website vertreten sein muss, sind auch Recherchen bei www.denic.de; www.internic.net; und www.whois.com erforderlich um festzustellen ob für die angedachte Firmenbezeichnung noch Registrierungsmöglichkeiten im Netz bestehen bzw. ob die entsprechende Domain bereits vergeben ist.

3.5.2. Firmenrechtliche Grundbegriffe

Das Handelsrechtsreformgesetz von 1998 hat neben der Modernisierung des Kaufmannsbegriffes den zweiten Schwerpunkt auf die Liberalisierung des Firmenrechts gelegt und damit fast hundert Jahre gefestigte Bestimmungen verändert. Die Unterscheidbarkeit und Kennzeichenwirkung kann problematisch werden. Aus diesem Grund sind folgende Grundbegriffe auseinander zu halten:

- **Firmenwahrheit**
  Die Firma darf keine irreführenden Angaben und Bestandteile enthalten.
- **Firmenklarheit**
  Es dürfen keine Zweifel oder falsche Schlussfolgerungen entstehen.
- **Firmenausschließlichkeit**
  bedeutet, dass sich Firmennamen deutlich von einander unterscheiden müssen, um Verwechslungen zu vermeiden. Diese Bedingung ist gemäß § 30 HGB auf einen gleichen Ort beschränkt.
- **Firmeneinheit**
  Ein und derselbe Gewerbebetrieb darf nur eine Firma führen.

Eine Firma, die lediglich aus allgemeinen Sach- und Regionalbezeichnungen besteht, besitzt in der Regel keine hinreichende Unterscheidungskraft, z.B. *„Neustädter Handels GmbH“*. Ein individualisierender bzw. konkretisierender Zusatz bietet Abhilfe. Eine dreistellige Buchstabenkombination, ein Inhaber- oder Gesellschaftername oder eine Phantasiebezeichnung können die Lösung sein, wie z.B. *„ABC Handels GmbH“*. Bei der Anwendung von Phantasienamen und Sachhinweisen in Firmennamen gilt folgendes zu beachten:

- Die **Sachfirma** bietet die Möglichkeit nach außen *„anonym“* zu bleiben.
  Sie ist dem Unternehmensgegenstand entlehnt und enthält somit Branchenbezeichnungen, die die Tätigkeit des Unternehmens beschreiben.

Damit sie sich von Firmen derselben Branche unterscheidet, ist ein so genannter konkretisierender bzw. individualisierender Zusatz erforderlich (z.B. KPV Textilimport e.K. oder *„OTI Einzelhandelsbedarfs GmbH“*.

- Bei der **Namensfirma** genügt die Verwendung des/der Familiennamen. Ebenso ist die Beifügung von **ausgeschriebenen oder abgekürzten Vornamen zulässig** (z.B. *„Ann-Kathrin Arnold“* oder *„Sabine Müller OHG“* oder *„Maurer GmbH“* usw.).
- Weder Inhabernamen noch einen Hinweis auf den Unternehmensgegenstand enthalten **Phantasienamen**, die aber in den angesprochenen Verkehrskreisen eine allgemein nachvollziehbare Assoziation ermöglichen. Sehr häufig handelt es sich bei den Phantasiebezeichnungen (z.B. KaVo AG usw.) gleichzeitig um Markennamen.

Gewerbetreibende, die nicht im Handelsregister eingetragen sind (die nur eine Gewerbeanmeldung bei der zuständigen Behörde gemacht haben) müssen im Geschäftsverkehr immer mit ihrem Vor- und Zunamen auftreten. Bei einer BGB Gesellschaft (auch GbR genannt), müssen die Vor- und Familiennamen aller Gesellschafter genannt werden. Neben dem Namen dürfen auch Branchenbezeichnungen geführt werden (§ 15b Gewerbeordnung).

3.5.3. Pflichtangaben in Geschäftsbriefen

Hierzu zählen Angebote, Rechnungen, Auftrags- und Anfragebestätigungen, Bestell- und Lieferscheine aber auch Quittungen. Wird statt der Briefpost Schriftverkehr per e:Mail abgewickelt gilt hierfür gleiches.

Die erforderlichen Pflichtangaben sollen unmittelbar im Text der e:Mail erscheinen. Es ist nicht ausreichend, die Angaben in Datei-Anlagen wie z.B. in angehängten Visitenkarten (V-Cards) zu verpacken, da der Empfänger diese Anlagen erst anklicken muss, um sie zu lesen. Ursache für diese Regelung ist das *„Gesetz über elektronische Handelsregister und Genossenschaftsregister sowie das Unternehmensregister“* (EHUG) vom 10. November 2006.

Betroffen sind insbesondere: Kaufleute, GmbH, KG, OHG, AG, UG (haftungsbeschränkt) und Mischformen dieser Rechtsformen. Bei Freiberuflern, GbRs und Einzelunternehmen, die keine Kaufleute sind, gilt weiter §15 c der Gewerbeordnung, wonach in Geschäftsbriefen der Familienname mit mindestens einem ausgeschriebenem Vornamen zu verwenden ist.

Die folgenden Beispiele geben Orientierungshilfen:

- Einzelunternehmen ohne Handelsregistereintrag:
  Name des Unternehmens sowie mindestens ein ausgeschriebener Vorname.
  Beispiel: *„Peter Mustermann“*

- Gesellschaft bürgerlichen Rechts ohne Handelsregistereintrag
  (GbR oder BGB-Gesellschaft:
  Name der Gesellschaft und Name sowie mindestens ein ausgeschriebener Vorname für jeden Gesellschafter.
  Beispiel: *„Hinz&Kuntz GbR, Peter Hinz, Otto Kuntz“*

- Einzelkaufmann mit Handelsregistereintrag:
  Firmenbezeichnung wie im Handelregister, Rechtsformzusatz *„eingetragener Kaufmann“*, *„eingetragene Kauffrau“*, *„e.K.“*, *„eK“*, *„e.Kfm.“* oder *„e.Kfr.“*. Ort der Handelsniederlassung, zuständiges Registergericht, Handelsregisternummer (der volle Name des Inhabers muss nicht angegeben werden).

- Offene Handelsgesellschaft (oHG) und Kommanditgesellschaft (KG):
  Firmenbezeichnung wie im Handelsregister, Rechtsformzusatz *„oHG“* oder *„KG“*. Ort der Handelsniederlassung: zuständiges Registergericht, Handelsregisternummer:
  Beispiel: *„Computer Klammeraffe, oHG, Schillerstr. 7, 89077 Ulm, Registergericht: Amtsgericht Ulm, HRB 12345“*

- Bei Kapitalgesellschaften, die keine natürliche Person sind, wie GmbH oder AG (z.B. GMBH & Co.KG), sind die oben genannten Angaben um die erforderlichen Angaben dieser Gesellschafter zu ergänzen:
  Beispiel: *„Computer Klammeraffe, oHG, Schillerstr. 7, 89077 Ulm, Registergericht: Amtsgericht Ulm, HRB 12345, Gesellschafter; Peter Klammeraffe“*

- Gesellschaft mit beschränkter Haftung (GmbH):
  Firmenbezeichnung wie im Handelsregister, Rechtsformzusatz *„GmbH“*, Ort der Handelsniederlassung zuständiges Registergericht, Handelsregisternummer, Familienname und mindestens ein ausgeschriebener Vorname jedes Geschäftsführers.
  Beispiel: *„Computer Klammeraffe GmbH, Schillerstr. 7, 89077 Ulm, Registergericht: Amtsgericht Ulm, HRB 12345, Geschäftsführer: Peter Klammeraffe, Hans Prefix“*

Beispiel GmbH mit Zweigstelle: *„Computer Klammeraffe GmbH, Zweigstelle Laupheim, Schillerstr. 7, 89077 Ulm, Registergericht: Amtsgericht Ulm, HRB 12345, Geschäftsführer: Peter Klammeraffe, Hans Prefix"*

Beispiel GmbH mit Aufsichtsrat: *„Computer Klammeraffe GmbH, Schillerstr. 7, 89077 Ulm, Registergericht: Amtsgericht Ulm, HRB 12345, Geschäftsführer: Peter Klammeraffe, Hans Prefix"*, Aufsichtsratsvorsitzende: Frieda Wild

- Aktiengesellschaft (AG)
  Firmenbezeichnung wie im Handelsregister, Rechtsformzusatz *„AG"*, Ort der Handelsniederlassung, zuständiges Registergericht, Handelsregisternummer, Familienname und mindestens ein ausgeschriebener Vorname aller Vorstandsmitglieder, mindestens des Vorstandsvorsitzenden sowie des Aufsichtsratsvorsitzenden.
  Beispiel: *„Südsee AG, Wagnerstr. 7,89077 Ulm, Registergericht: Amtsgericht Ulm, HRB 87654, Vorstand: Anja Meise, Ralf Knurr, Berta Wiesner, Vorstandsvorsitzender: Otto Normalverbraucher, Aufsichtsratvorsitzender: Heinz Meise"*

Wer die Pflichtangaben aus welchen Gründen auch immer nicht beifügt, muss mit Zwangsgeldern rechnen, die durch das Registergericht festgesetzt werden. Vor allem aber könnte die unvollständige Information einen Verstoß gegen das Gesetz gegen den unlauteren Wettbewerb (UWG) darstellen. Diese Unzulänglichkeiten veranlassen Konkurrenten immer wieder, den Gewerbetreibenden mit teurer Abmahnung zu treffen.

3.6. Beratungshilfen

Kein Unternehmensgründer wird so vermessen sein zu glauben, er wüsste alles und könnte alles allein machen. Doch diese Annahme trügt. Mit Ausnahme der eventuellen Nutzung des Steuerberaters wird das sonst im Markt zur Verfügung stehende Wissen von Gründungsberatern zu wenig genutzt. Werbeverbote, die verhaltene Bereitschaft und oft protektionistische Einstellungen von Banken und Kammern, privatrechtliche selbständige Beratungshilfen einzubinden oder zu benennen, sind oft Grund, dass Gründer in ihrer frühen Planungsphase keine oder zu spät Kenntnis von diesen Beratungshilfen erhalten.

Zu wenig verfügbares Know-how wird durch Gründer genutzt.

Ein weiterer Grund für die Desorientierung vieler Gründer ist das stark egoistische Verhalten vieler Gründerinitiativen und -zirkel, ausschließlich ihre eigenen Programme und Lösungen anzubieten sowie nur punktuell und viel zu semiprofessionell zu unterstützen.

☞ **Existenzgründer benötigen ganzheitlich umfassende Beratungen, die von Generalisten nicht von Spezialisten zu erbringen sind.**

Jeder Existenzgründer steht stets vor den gleichen oder ähnlichen Situationen, die andere Gründer bereits durchlebt haben und entscheidet, wie der andere vielleicht ein paar Wochen früher ebenfalls entschieden hatte - falsch. Diese vermeidbaren Fehler gilt es durch geeignete Maßnahmen von vornherein auszuschließen.

Bekannte Fehler darf der Gründer nicht wiederholen.

Studien zufolge setzen Gründer Prioritäten und Themenschwerpunkte in der Beratung anders als Berater.

☞ **Wo vermuten Sie Ihren eigenen Beratungsbedarf?**

- ❑ Prüfung der Gründereignung
- ❑ Marktchancen von Produkten und Dienstleistungen
- ❑ Prüfung der Geschäftsidee auf Realisierungsmöglichkeit
- ❑ kaufmännische Begleitung beim Start
- ❑ Assistenz in der Informationsphase
- ❑ Konzipierung einer Marketingstrategie
- ❑ Aufbau von Geschäftspartnerschaften

Die oft gut gemeinten Ratschläge von teils selbst berufenen Experten, Paten, Senioren, aber auch vielen Professoren, sich eines guten Rates nur in den Segmenten zu bedienen, in denen akute Defizite vorherrschen, ist falsch, - eindeutig falsch. Auch die unterstützende These, der junge Unternehmer muss das einfach selbst lösen, ist falsch. Diese Aussagen können für Unternehmer mit ausreichenden Erfahrungen auf dem Markt gelten. Jungunternehmern oder Existenzgründern bringen diese Thesen nicht viel. Hinzu kommt, dass erst dann externe Hilfe in Erwägung gezogen wird, wenn die eigenen Handlungsspielräume erschöpft scheinen und die Realisierung ins Stocken gerät.

Zudem liegen oft Hemmungen und Ängste vor, sich eine Niederlage eingestehen zu müssen. Entsprechen dann die Ergebnisse nicht den gestellten Erwartungen, ist die Beraterzunft nicht in der Lage - so die Ausreden und Entschuldigungen. Alle diese Ausführungen sind ein Trauma der derzeitigen Gesellschaft. Es wird ein unnötiger Zeit- und Kapitalaufwand betrieben, um Gründerinitiativen zu organisieren und zu verwalten. Das muss nicht sein. Das Rad muss genauso wenig ein zweites Mal erfunden werden, wie auf praktische Erfahrungen versierter ohnehin im Markt vorhandener Berater verzichtet werden muss.

3.6.1. Unternehmensberatung

Unternehmensberater sind wichtige Partner für den Aufbau, den Erhalt und die Steigerung der Leistungs- und Wettbewerbsfähigkeit von Unternehmen aller Größenordnungen und Branchen. Mit dem Einsatz externer, unabhängiger Unternehmensberater *„kauft“* sich der Existenzgründer und Unternehmer Fach- und Methodenkompetenz, Expertenerfahrung, aber auch Zeit. Spezialisierte Berater kennen auf ihrem Gebiet den Stand der Wissenschaft und Technik und deren Umsetzungsmöglichkeiten in der Praxis. Neben der strategischen Beratung und der Organisationsberatung erstrecken sich die Beratungsfelder auf alle betrieblichen Funktionen wie z.B. Finanz- und Rechnungswesen, Materialwirtschaft, Produktion etc. bis hin zur Problemlösung und Einzelfragen wie z.B. Fertigungssteuerung, Verkaufsförderung, Suche und Auswahl von Personal etc.. Banken, Handwerkskammern oder Industrie- und Handelskammern sprechen im Normalfall keine Empfehlungen aus bzw. weisen auf ihre eigenen Berater und Seminare hin. Doch auch hier ist eine umfassende Beratung eher die Ausnahme und das Engagement stark personenabhängig.

Einzelne Besuche sind Informationsgespräche.

In der Regel werden derartige in Institutionen geführte Gespräche als Beratung bezeichnet. Letztlich genügen sie aus Beratersicht allemal den Ansprüchen einer Kurzberatung oder allgemeinen Information. Der unabhängig selbständige Berater sollte folgende Eigenschaften mitbringen:

- umfassende Theorie,
- mehrjährige Praxis,
- unabhängig agieren,

- sich nicht in einem Angestelltenverhältnis befinden und
- andere Projekte bereits erfolgreich begleitet haben.

Als Nachteil für den Gründer erweisen sich angestellte Berater in Kammern, Verbänden und Gründerinitiativen, die sich derartige Themen lediglich angelesen und nie selbst ein Unternehmen geführt haben bzw. die Tätigkeiten, in denen sie so sensible Unterstützungshilfen anbieten, in ihren bisherigen Unternehmen aufgegeben haben.

Fragen Sie deshalb bei Ihrem Kammerbesuch, auch bei der Belegung von kammereigenen Seminaren, stets nachhaltig nach Unternehmens- und Gründungsberatern der freien Wirtschaft.

Als Gründungsinteressent sind Sie gut beraten, sich Ihr eigenes Urteil bei der Auswahl von Beratungshilfen zu bilden. Nutzen Sie auch die Angebote der Kammern in kammereigenen Firmendatenbanken zu recherchieren. Diese von den Kammern unterhaltenen Informationsquellen enthalten eine Menge regionaler Tätigkeitsfelder, darin oft auch die Rubrik *„Unternehmensberater"*. Doch Vorsicht, in dieser Datenbank dürfen sich alle in einem Kammerbezirk ansässigen Unternehmer, Freiberufler oder Sonstige eintragen lassen, die meinen etwas mit dem Thema *"Unternehmensberatung"* zu tun zu haben. Sogar Versicherungsvertreter und Eventmanager finden sich hier. Selbst wenn Sie eine Liste von Unternehmensberatern ausgehändigt erhalten, ist es erfahrungsgemäß für einen Gründer recht schwierig zu erkennen, welche Fähigkeiten die gelisteten Berater tatsächlich haben.

Doch wie den richtigen Berater finden?

In Deutschland existieren nach Schätzung des Institutes für Freie Berufe weit über 10.000 Beratungsunternehmen. Hierzu zählen Einzelberater und Beratungsgesellschaften. Fast jeder Dritte von ihnen bietet keine betrieblich neutrale Beratung, sondern ist oft mit dem Angebot von Finanzdienstleistungen o. ä. befasst. Nimmt man die *„Gelben Seiten"* (das Branchenverzeichnis) zur Hand und schlägt unter dem Stichwort *„Unternehmensberatung"* auch im Internet nach, kommt man auf über 40.000 Einträge. Würde man diese Berater nach ihren angebotenen Leistungen recherchieren, käme man sehr schnell zu der zusätzlichen Erkenntnis, dass viele Eintragungen, die die Bezeichnung *„Unternehmensberatung"* tragen, diese eigentlich nicht verdienen. Der Grund: mit Unternehmensberatung wird eine bestimmte Wertevorstellung assoziiert. Die Berater, die ohnehin kein einheitliches Berufsbild haben oder gar eine Berufsordnung, wie sie für Steuerberater und Anwälte existiert, missbrauchen diese Stellung oft für Anlage-, Wirtschafts- oder Finanzberatung, die letztlich mit den ursprünglich angenommenen Zielsetzungen nichts mehr gemein haben.

- Wie finden Sie nun den richtigen Berater?
- Wie kann man seriöse und unseriöse Anbieter erkennen?

Nutzen Sie die folgenden Informationsquellen:

- **Branchenverband**
  Bei dem Branchenverband, dessen Wirtschaftszweig Sie Ihre Unternehmensgründung zurechnen (z.B. Einzelhandel), sind qualifizierte Berater bekannt. Wenn Ihr Branchenverband aber selbst verbandseigene Berater beschäftigt, sollten Sie die *„neutrale“* Empfehlung kritisch prüfen.
- **Kreditinstitute**
  Kreditinstitute verfügen manchmal über Beraterlisten. Beachten Sie bitte auch hier, dass Kreditinstitute vielfach eigene Beratungsgesellschaften betreiben oder oft an solchen beteiligt sind. Das gleiche gilt auch für Technologiezentren, Technologiefabriken oder Wissenstransferzentren, die in Rechtsformen firmieren, an denen Banken, gemeinsam mit Kammern und Kommunen beteiligt sein können. (Meist werden nur die eigenen Berater empfohlen und der freie Beratungswettbewerb eingeschränkt.)
- **BDU-Mitgliederverzeichnis**
  Das BDU-Mitgliederverzeichnis kann im Internet eingesehen bzw. beim Bundesverband Deutscher Unternehmensberater BDU e.V. angefordert werden. In diesem Mitgliederverzeichnis werden Pro- Beraterprofile bzw. Links zu den einzelnen Mitgliedern gelistet. In einem unverbindlichen, mindestens zu einem Teil kostenfreien Informationsgespräch können Sie prüfen, ob der Berater die Qualifikationen und Ihr Vertrauen besitzt, um Ihnen bei der Projektierung und Realisierung zu helfen.
- **Kammern**
  Während die Handwerkskammern überwiegend kammereigene und angestellte Berater einsetzen, kann im Einzelfall über Industrie- und Handelskammern, sofern spezielle Beraterdatenbanken eingerichtet sind, nach einem geeigneten Berater recherchiert werden. Aber schauen Sie sich die Angebote genau an, nicht alle bieten Unternehmensberatungen im eigentlichen und engeren Sinne an.

Die Unternehmensberatung unterliegt in Deutschland keiner gesetzlich fixierten Berufsordnung und keinem Berufsbezeichnungsschutz. Die Bezeichnung *„Unternehmensberater“* kann also jeder führen, unabhängig von der beruflichen Eignung, Qualifikation und Erfahrung.

Die Gefahr, an ein *„schwarzes Schaf“* der Beraterbranche zu geraten, besteht deshalb besonders für Unternehmer, die den Umgang mit Unternehmensberatern noch nicht gewohnt sind. Eine Beraterfehlentscheidung bedeutet jedoch oft eine nicht unerhebliche und unnötige finanzielle Belastung, außerdem Ärger mit den Mitarbeitern oder gar Offenlegung von Betriebsgeheimnissen, zum Beispiel von Produkt- und Marktinnovationen.

BDU-Gütesiegel

Ein Schutz für den Unternehmer ist die freiwillige Anerkennung von Berufsgrundsätzen durch den Berater und das Durchlaufen eines umfangreichen Aufnahmeverfahrens, wie es z.B. für die Mitglieder des Bundesverbandes Deutscher Unternehmensberater BDU e.V. gilt.

Im Aufnahmeverfahren des BDU wird u.a. die berufliche Eignung, Qualifikation und Erfahrung geprüft.

Mit den BDU-Berufsgrundsätzen verpflichten sich die Mitglieder vor allem zu Objektivität und Neutralität, zu Vertraulichkeit im Umgang mit Kundendaten, fairem Wettbewerb und angemessener Preisbildung. In das Aufnahmeverfahren gelangen nur angesehene Persönlichkeiten und Gesellschaften mit durch Referenzen nachgewiesenen praktischen und wissenschaftlichen Erfahrungen und Erfolgen, die mindestens fünf Jahre, davon drei Jahre selbständig, als Unternehmensberater tätig waren. Die BDU-Mitglieder steigern ihre Kompetenz durch einen permanenten Erfahrungsaustausch in den BDU-Fachverbänden und -Fachgruppen. Des Weiteren gelten folgende K.O.-Kriterien:

- keine Vorstrafen wegen Strafrechts- oder Steuerdelikten, Urkundenfälschung oder Insolvenzdelikten,
- wirtschaftlich geordnete Verhältnisse,
- keine laufenden Strafermittlungsverfahren,
- Negativerklärung zu den Techniken von L. Ron Hubbard (Scientology)

CMC - Certified Management Consultant - Zertifizierung

Seit 1998 gibt es die Möglichkeit, für Inhaber, Partner und Mitarbeiter von BDU-Unternehmensberatungen in Deutschland den international anerkannten Titel CMC (Certified Management Consultant) zu erhalten. Mit der CMC-Zertifizierung werden seit 1998 erstmals Qualitätskriterien in der Beratung angewandt, die diesen Berufsstand schützen und dem Kunden die gewünschte Qualität und Seriosität kalkulierbarer machen.

Dieses an eine Beraterperson gebundene Qualitätsmerkmal muss, um es zu erhalten, jedes Jahr einer Re-Zertifizierung unterworfen werden. In Deutschland sind etwas mehr als 300 Unternehmensberater mit einem derart hohen Qualitätsstand aktiv. Qualifizierung und zertifizierte Berater sind für jedermann im Berufsregister über das Internet einsehbar.

Weitere Detailinformationen in dieser Buch-Reihe
Buch V - „Netzwerke und Partnerschaften"

Premium-Download
Qualifizierungsmerkmale in der Unternehmensberatung.

3.6.2. Steuerberatung

Wie bei der Unternehmensberatung, so gibt es auch bei der Steuerberatung keine Verpflichtung, Verordnung oder Regelung, dass Sie oder Unternehmen derartige Dienstleistungen in Anspruch nehmen müssen. Besitzen Sie in Ihrer Eigenschaft als Existenzgründer auch die entsprechende kaufmännische Kompetenz, können Sie sehr wohl alle derartigen Dinge, auch die Kontakte und Verpflichtungen mit dem Finanzamt - unabhängig - in eigener Regie abwickeln. Dass dies aus den unterschiedlichsten Gründen nicht sinnvoll ist, versteht sich von selbst. Bei jedweden Kontakten, auch der Außenprüfung mit dem Finanzamt, sind Sie nicht allein. Sie können einen Steuerberater hinzuziehen und sich durch ihn vertreten lassen.

Die geschäftsmäßige Ausübung einer solchen Hilfeleistung
ist jedoch nur denjenigen Personen und Gesellschaften erlaubt,
die nach den gesetzlichen Vorschriften hierzu befugt sind.

In erster Linie sind dies die Steuerberater, Steuerbevollmächtigte und Steuerberatungsgesellschaften sowie die Rechtsanwälte, Wirtschaftsprüfer, vereidigte Buchprüfer, ferner die Wirtschaftsprüfungsgesellschaften und Buchprüfungsgesellschaften. Die Vergütung steuerberatender Tätigkeiten orientiert sich am Steuerberatergesetz und bemisst sich nach der geltenden Steuerberatergebührenverordnung. Abrechnungen sind nach Wertgebühr möglich. Sie richten sich nach den Einzelbestimmungen zur Höhe des Gegenstandswertes. Ist dieser schlecht einzuschätzen, bietet sich die Zeitgebühr, die je angefangene halbe Stunde zur Anwendung gelangt, an. Viele Steuergesetze sind kompliziert. Dass Sie als Existenzgründer und junger Unternehmer so wenig Steuern wie möglich bezahlen wollen, ist klar. Andererseits dürfen Sie auch keine Steuerschuld übersehen.

Um Ihre steuerliche Belastung insgesamt, d.h. auch in der sich ergebenden Veränderung und Stellung Ihrer Privatsphäre zu der unternehmerischen Tätigkeit richtig einzuschätzen macht es Sinn, bereits in der Gründungsphase einen Steuerberater Ihres Vertrauens einzubinden. Durch Steuerberater und Wirtschaftsprüfer werden folgende Dienstleistungen angeboten:

- Steuererklärungen
- Einkommens-, Körperschafts-, Gewerbe-, Umsatzsteuer,
- Kapitalertragssteuer, Lohnsteuer-Voranmeldungen,
- Anmeldungen, Jahreserklärungen
- Anträge auf Verbrauchssteuer, -vergütung, -erstattung
- Investitionszulagen, diverse Jahresausgleiche,
- Anträge, Berichtigungen, Anpassungen, Erklärungen, Erstattungen, Rücknahmen, Widerruf, Wiedereinsetzung in den vorherigen Stand
- Buchführung, Einrichten, Kontierungen, Überwachung
- Abschlüsse, Status, Abschlussvorarbeiten, Inventur, Jahresabschluss, Anhänge, Lageberichte, Erläuterungsberichte
- Überschussrechnung, Überschussermittlung, Gewinnermittlung, Ermitteln von Nutzwerten
- Prüfungstätigkeiten, Steuerbescheide, Außenprüfungen, Einwendungen, Berichterstattung sowie
- sonstige Hilfeleistungen, Rat, Auskunft, Besprechungen mit Behörden, steuerliche Bescheinigungen und Selbstanzeige.

Weitere Detailinformationen in dieser Buch-Reihe
Buch V - „Netzwerke und Partnerschaften“

3.6.3. Rechtsberatung

Bei allen Gerichten, außer beim Amtsgericht, muss man im Zivilprozess durch einen bei dem betreffenden Gericht zugelassenen Rechtsanwalt vertreten sein. Beim Amtsgericht kann man sich zwar selbst vertreten oder durch irgendeine Person, z. B. Ehefrau, Sohn, Bekannten oder Anwalt vertreten lassen. Für den Vertretungsfall ist dem Vertreter (auch dem Anwalt) eine Prozessvollmacht auszustellen. Über die Vertretung von Personen oder Unternehmen bei Gericht kann ein Anwalt auch außerhalb von gerichtlichen Streitigkeiten für das Unternehmen tätig werden und Beratungsleistungen erbringen. Diese können sich beispielsweise auf die Vertragsgestaltung mit anderen Unternehmen, aber auch auf unternehmensinterne Themenbereiche, z.B. Arbeitsverträge, Patente etc. erstrecken.

Neben der detaillierten Kenntnis bspw. im Tarifrecht kann zu den Tätigkeiten eines Anwalts auch das Ausarbeiten von:

- Allgemeinen Geschäftsbedingungen,
- Werk-, Dienst-, Überlassungsverträgen, kurz
- jeglichen schriftlichen Vereinbarungen, die einen vertraglichen Charakter besitzen können, gehören.

Auch die den Gerichtsverhandlungen oft folgenden Aktivitäten zur Durchsetzung eines Urteils, das wären:

- Zwangsvollstreckung
- Pfändungen
- Eidesstattliche Versicherungen etc.,

werden durch den Anwalt eingeleitet. Er tritt als Vertreter des Unternehmens bei Gericht und Gerichtsvollziehern auf.

Juristische Aspekte sind durch den Rechtsbeistand abzuchecken.

Um den richtigen Paragraphen zum Thema „*Eigenbedarfskündigung*" zu finden, wird das Bürgerliche Gesetzbuch benötigt. Um einen Rechtsanwalt zu finden, der sich damit auskennt, müssen Sie im Branchenverzeichnis nachschauen. Dort finden Sie Knoll & Knoll oder vielleicht die Aneinanderreihung einer Anzahl von Namen und interpretieren letztere als große Gemeinschaftskanzlei. Aber für welches Fachgebiet?

Rechtsanwälte unterliegen grundsätzlich einem Werbeverbot. Nicht einmal auf seinem Kanzleischild darf ein Anwalt sein Fachgebiet angeben. Zugelassen sind jüngst die Benennung von Fachanwaltschaften. Diese liegen dann vor, wenn der Rechtsanwalt in einem bestimmten Rechtsgebiet über ausgeprägte Erfahrungen verfügt. Folgende Fachanwaltschaften sind zugelassen:

- Arbeitsrecht,
- Erbrecht,
- Insolvenzrecht,
- Miet- und Wohnungseigentumsrecht,
- Steuerrecht,
- Transport- und Speditionsrecht,
- Versicherungsrecht und
- Bau- und Architektenrecht,
- Familienrecht,
- Medizinrecht,
- Sozialrecht,
- Strafrecht,
- Verkehrsrecht,
- Verwaltungsrecht.

In der Diskussion stehen auch Fachanwaltschaften für gewerblichen Rechtsschutz und Handels- bzw. Gesellschafts- sowie Urheber-, Medien- und Informationstechnologierecht. Die Vergütung des Rechtsanwaltes ist durch das Rechtsanwaltsvergütungsgesetz (RVG) festgelegt, das seit 2004 die Bundesgebührenverordnung für Rechtsanwälte (BRAGO) abgelöst hat. Eine individuelle Gebührenvereinbarung zwischen Anwalt und Mandant (beispielsweise als ausgehandelter Festbetrag oder auf Basis von Stundensätzen) ist möglich.

Doch wie den richtigen Anwalt finden?

Wählen Sie am besten eine Kanzlei mit wirtschaftsrechtlichem Schwerpunkt aus. Dabei gilt: viele Namen auf einem Schild und eine erstklassige Lage sind keine Garantie für ebenso erstklassige Beratung. Fragen Sie zunächst bei Ihrer Industrie- und Handels- oder Handwerkskammern, bei der Anwaltskammer oder dem örtlichen Anwaltsverein nach. Wegen des Werbeverbots wird man Ihnen dort jedoch nur eine Auswahl von Namen ohne jede Wertung nennen.

Mundpropaganda ist auch für Rechtsanwälte die beste Werbung.

Wenn Sie Kontakt mit dem Anwalt herstellen, fragen Sie gleich telefonisch oder spätestens beim ersten Besuch, ob er Erfahrung in den von Ihnen gewünschten Rechtsproblemen bzw. bei der Beseitigung der von Ihnen genannten Informationsdefizite hat. Noch vor der ersten Beratung sollten Sie mit Ihrem Anwalt die Kostenfrage klären. Es ist bei Anwälten üblich, gleich bei der ersten Besprechung nach der Übertragung eines Mandats bzw. zur Wahrung Ihrer Interessen einen entsprechenden Kostenvorschuss zu verlangen. Die Honorarhöhe ist unterschiedlich. Sie kann frei vereinbart werden und pro Stunde bei mehreren hundert Euro liegen. Die Bandbreite ist weit und schließt auch die Vereinbarung eines Pauschalhonorars nicht aus. Zur Beratungs- und Aufklärungspflicht des Anwalts gehört es, im Falle eines Rechtsstreits, Sie über das Kostenrisiko zu informieren, falls Sie einen eventuellen Rechtsstreit verlieren. Viele Verträge, die für Bürger eine erhebliche wirtschaftliche und persönliche Bedeutung haben könnten, müssen von **Notaren** beurkundet werden, z.B. Verträge zu

- Immobilien und Grundstücken,
- Ehe- und Erbschaftsangelegenheiten,
- Gründungen von Gesellschaften und Vereinen.

Die Aufgabe des Notars besteht darin, die Urkunde juristisch einwandfrei, d.h. unanfechtbar zu formulieren. Der Notar ist verpflichtet, Ihnen die Urkunde vorzulesen und auf Fragen, die Sie ihm dazu stellen, Auskunft zu geben. Er ist auch verpflichtet, Sie auf mögliche Gefahren, die sich durch die Beurkundung ergeben könnten, hinzuweisen. Während Anwälte nur eine Seite (ihren Mandanten) vertreten, hat ein Notar alle Beteiligten an einer Beurkundung unparteiisch zu beraten.

Weitere Detailinformationen in dieser Buch-Reihe
Buch V - „Netzwerke und Partnerschaften“

3.6.4. Qualifizierte Gründungsberatung

Gründungsberatungen werden neben Unternehmensberatern auch von Institutionen, Gründerinitiativen, Vereinen, Internetchats und -foren, Akademien, Anwälten und Steuerberatern angeboten. Nachdem die steuerlichen und gründungsrechtlichen Aspekte nur eine tangentiale Rolle in den Vorbereitungen spielen, sollte der Gründer in der Auswahl seiner Beratungsassistenz Wert auf einen ganzheitlichen Anstrich legen. Nach einer geplanten Änderung des Rechtsberatungsgesetzes dürfte es Unternehmensberater gestattet sein, unter Einbindung von Rechtsanwälten im Unterauftrag, die juristischen Aspekte der betriebswirtschaftlichen Gründungsberatung mit abzudecken. Das bedeutet für Gründer, dass sie bei Unternehmensberatern, die Sozitäten mit Anwälten unterhalten, gleichzeitig einen Ansprechpartner auch für die rechtlichen Folgeaktivitäten sehen könnten.

Orientierungshilfen, die für eine Gründungsberatung sprechen

Bewegt sich der Umfang Ihrer künftigen selbständigen Existenz im Rahmen eines Kleingewerbetreibenden oder liegt das voraussichtliche Investitionsvolumen deutlich unter 25.000,- Euro, ist der Besuch von Gründerseminaren und Kammerinformationsgesprächen die geeignetste und wirtschaftlichste Lösung der Gründungsassistenz. Viele Kammern haben hierzu *„Starter-Center“* eingerichtet, über die zwischenzeitlich auch kostenpflichtige Erstinformationen gegeben werden.

Übersteigt das Investitionsvolumen die angesetzte 25.000,- Euro Linie kommt eine dezidierte Beratung durch einen Unternehmensberater in Betracht.

Bitte prüfen Sie auch, ob bei Ihrem Vorhaben Voraussetzungen gegeben sind, ein öffentlich gefördertes Gründungscoaching zu nutzen.

Der durch versäumte Gründungsberatung mögliche Schaden kann durchaus 10 - 15 % des Investitionsvolumens betragen.

Nachdem in Untersuchungen festgestellt wurde, dass in Fehleinschätzungen und Informationsdefiziten immer wieder gravierende Gründungsfehler begründet sind, diese sich ständig wiederholen und einen vermeidbaren Schaden in Höhe von 10 - 15 % des Investitionsvolumens und darüber hinaus einnehmen, machen sich selbst umfangreiche und detaillierte Gründungsberatungen, die um die 4.000 - 10.000 oder mehr je nach Qualität und Umfang des Vorhaben kosten können, stets bezahlt. Die Beratungsresistenz von Gründern diesen Kosten verursachenden Weg durch eigene Konzepte zu sparen, erweist sich später oft als weitreichender Fehler. Die Ausrede, "*... ich habe keinen geeigneten Unternehmensberater gefunden*" kann nicht gelten. Die Auswahl von Unternehmensberatern ist unter der Zuhilfenahme zuvor beschriebener geeigneter Quellen, gar nicht so schwierig.

Die Fachkompetenz von Gründungsberatern erkennen Sie im Regelfall erst in der Beratung.

Fachkenntnisse des Beraters zur Lösung der Aufgabe allein genügen aber ebenso wenig, wie eine differenzierte Branchenkenntnis. Einfühlungsvermögen und die Fähigkeit zur Systematisierung und Führung im Team mit Ihnen, - dem Gründer - gehören auch dazu.

Berater und Gründer müssen Partner werden.

Außerdem sollten die Gründer bei aller Euphorie und Realisierungswillen ihrer Ideen auch bereit sein, zuzuhören und etwas anzunehmen.

- Gründungsberater verfügen über Spezialkenntnisse, die zur Umsetzung einer Unternehmensidee existentielle Bedeutung haben.
- Sie sind nicht nur in der Lage, das Konzept des Gründers mit ihm gemeinsam intensiv zu diskutieren und es gegebenenfalls zu verbessern oder zu ergänzen, sondern sie können weitere Informationen, Marktdaten und Betriebsvergleichsdaten schnell beschaffen, bestehende Verbindungen nutzen und helfen, Förder- oder Kreditmittel in der optimalen Kombination zu beantragen, zumindest Ihnen geeignete Vorschläge zu unterbreiten.

- Der künftige Erfolg eines jungen Unternehmens hängt vom engen Zusammenwirken der unternehmerischen Leistungsfähigkeit des Gründers und dem fundierten Wissen sowie der Erfahrung des Beraters ab.
- Die schwierigste Phase eines neuen Unternehmens sind die ersten zwei bis drei Jahre. Deshalb begleiten kompetente Unternehmensberater den jungen Unternehmer durch die ergänzende Aufbauberatung hindurch auch in der Zeit der Unternehmenssicherung und -festigung.
- Ohne den Rat und die Aussprache mit erfahrenen Partnern kann der Schritt in die Selbständigkeit zu einem unkalkulierbaren Risiko werden. So scheitern nach wie vor die meisten Unternehmensgründungen, die ohne Unterstützung durch einen Unternehmensberater erfolgten, bereits in den ersten zwei Jahren mit allen damit zusammenhängenden Folgen und Problemen für den Gründer, seine Mitarbeiter und die Volkswirtschaft.
- Ebenso häufig wie bei Neugründungen treffen diese Probleme auch für den Erwerb eines Unternehmens oder die Beteiligung an einem Unternehmen in Form des Management Buy-Out/Management Buy-In (MBO/MBI) zu.

Ohne objektive Betrachtung und Aussprache mit einem erfahrenen Partner kann jede Art von Schritten in die Selbständigkeit zu einem unkalkulierbaren Risiko werden.

Um die bestwirksamste Unterstützung in der Gründungsberatung zu erfahren, sollte eine Beratung auf folgende inhaltliche Schwerpunkte eingehen:

- fachliche Fähigkeiten
- betriebswirtschaftliche Kenntnisse
- unternehmerischen Denkens
- die individuelle Situation
- die kurze Schilderung des geplanten Vorhabens (Kurzprofil) und die
- Erfüllung planungsrechtlicher Auflagen und baurechtlicher Vorschriften

Mit der Erarbeitung eines Unternehmenskonzeptes oder Businessplans ist eine Reihe von Themengebieten abzudecken wie die/das:

- Ermittlung der betriebswirtschaftlichen Ertragskraft und Beantwortung der Frage, ob eine tragfähige Vollexistenz zu realisieren ist,
- Ermittlung des Investitionsbedarfsplanes,
- Erstellen eines detaillierten Umsatzp anes mit differenzierten Umsatzträgerangaben sowie der Aufschlüsselung der teils unterschiedlichen direkten Kostenstruktur,
- Erstellen eines differenzierten Kostenplanes,
- Darstellung der für die Finanzierung erforderlichen Fremd- und Eigenmittel,
- Nennung öffentlicher Finanzierungshilfen und
- Darstellung der Kapitaldienste.

Gleichfalls sind die Markt- und Wettbewerbsverhältnisse zu prüfen auf:

- bestehende Konkurrenz- und Nachfragesituation,
- betriebliches Leistungsangebot des Existenzgründers, sowie
- Absatzchancen im Hinblick auf Nachfrage und Wettbewerb.

In der Unternehmenskonzeption sollten Informationen zu

- Kundenstruktur,
- Organisation,
- Einrichtung und
- Personal

enthalten sein. Last but not least - schließt eine Beratung mit der Erarbeitung konkreter Handlungsempfehlungen und Anleitungen zu ihrer Umsetzung in die Betriebspraxis ab.

Diese beschäftigen sich explizit mit Themen:

- in der Gründungsvorbereitung,
- zum Eröffnungszeitpunkt und
- in der Anfangsphase des jungen Unternehmens.

Ein Beratungsbericht schließt die Beratung ab und ist das Nachschlagewerk für Gründer und sachkundige Dritte. Dieser

- dokumentiert die Beratungsleistung,
- dient primär als Entscheidungshilfe für den Existenzgründer,
- wird als Leitfaden für eine erfolgreiche Existenzgründung verwendet und
- als Unterlage für die Prüfung eventueller Zuschussvoraussetzungen für Beratungshilfen herangezogen.

Alle genannten Punkte korrespondieren bspw. in Deutschland mit dem Gründercoaching der KfW, die solche Beratungen auf Antrag bezuschussen kann. Jungen Unternehmen bis zum fünften Jahr nach ihrer Gründung werden für Kosten, die durch den Einsatz eines Unternehmensberaters entstehen, mit einer nicht rückzahlbaren Förderung entlastet.

Förderfähig sind Coaching und Beratung zu wirtschaftlichen, finanziellen und organisatorischen Fragen eines Unternehmens, wie z.B. Marketing oder Buchhaltung. Der anteilige Zuschuss zu den Beratungskosten beträgt in den neuen Bundesländern 75% und in den alten Bundesländern und Berlin 50% von maximal 800,- Euro förderfähigen Tageshonorar eines Beraters. Bei Gründungen aus der Arbeitslosigkeit können noch weitere Vergünstigungen greifen.

Während die Länder ihre Förderangebote für den Beratereinsatz auf die Vorgründungsphase fokussieren, konzentriert sich der Bund mit dem Gründercoaching Deutschland auf die ersten fünf Jahre nach der Gründung.

Anträge sind vor Abschluss eines Beratervertrages und vor Beginn der Beratung über die von den Bundesländern ausgewählten Regionalpartner, wie z.B. Industrie- und Handelskammern, Handwerkskammern, Wirtschaftsfördereinrichtungen u.a. zu stellen.

Aber auch in den anderen europäischen Staaten werden gleichartige Beratungs- und Kompetenzmerkmale erwartet.

So können in der Schweiz Beratungshilfen über die Volkswirtschaftsdepartements der einzelnen Kantone und in Österreich über den Innovations- und Technologiefond beim FFF in Wien erfragt werden. Bei der geplanten Übernahme oder beabsichtigten tätigen Beteiligung an einem bestehenden Unternehmen ist zudem eine detaillierte betriebswirtschaftliche und organisatorische Analyse des zu übernehmenden Betriebes erforderlich. Bilanzen und G.u.V. der letzten Jahre als alleinige Entscheidungshilfen genügen nicht.

Der **Ablauf einer Gründungsberatung** setzt sich aus verschiedenen Einzelschritten zusammen, die mit Ausnahme des Informationsgespräches und der eventuellen Beantragung von Zuschüssen untereinander in einem fließenden Zusammenhang stehen. In der Regel beginnt die Kontaktaufnahme zu einer Gründungsberatung über ein **Informationsgespräch**. Dieses Gespräch dient dem gegenseitigen Kennenlernen Es soll dem Berater helfen, das Vorhaben des Gründers auf eine mögliche Realisierung hin einzuschätzen und dem Gründer Gelegenheit verschaffen zu prüfen, ob der Berater sein Vertrauen besitzen kann. Hinsichtlich der Honorierung gibt es keine Richtlinien oder Verordnungen. Sie sind frei vereinbar. Zu beachten sind allerdings förderfähige Höchstgrenzen bei Beratungszuschüssen, hier können die Honorare begrenzt sein. Die dann die Fördergrenze übersteigenden Honoraranteile sind durch den Gründer selbst zu tragen. In der Regel sind Informationsgespräche, mindestens zu einem Teil, kostenfrei. Für umfangreichere Informationsgespräche können für angebrochene halbe Stunden reduzierte Beraterhonorare anfallen. Ein weiteres Ziel dieses Gespräches sollte auch der Herstellung von Konsens der zu behandelnden Inhalte und Konditionen einer möglichen Gründungsberatung dienen.

Kommen sich die Gesprächspartner näher, schließt sich das **Vertragsgespräch** an. In der Wahl der Vertragsinhalte sind Berater frei. Sie können sich an Vertragsentwürfen der Beraterverbände orientieren oder diese übernehmen. Achten Sie als Gründer darauf, dass explizit bei reinen Beratungsverträgen zu Unternehmensgründungen

- der Vertragsinhalt „*Gründungsberatung*",
- voraussichtliche Dauer in Tageswerken oder Stunden,
- beabsichtigter Beratungszeitraum in der Angabe der Monate,
- Honorarhöhe auf Tagewerke oder Stundenbasis und Nebenkosten,
- Kündigungsmöglichkeiten,
- Zahlungsform und -nachweis

enthalten sind.

Ablauf einer Gründungsberatung

Informationsgespräch ... dient der Vertrauensbildung

Vertragsgespräch ...regelt Beratungsumfang und -inhalte

Beratungssitzungen ... werden durch Protokolle dokumentiert

Planungsmodelle gehören zum ... **Unternehmenskonzept** ... wie eine Risikoabschätzung

Die Beratung dokumentiert sich im .... **Beratungsbericht**

BL-00041

Lassen Sie sich die Vertragsinhalte vorlesen.

Fragen Sie bei Unklarheiten zu einzelnen Textpassagen nach. **Beratungssitzungen** erfolgen nicht über Tage oder Stunden hintereinander. Gründungsberatungen sind in der Regel modular nach Themen oder Beratungsprozessen gegliedert und setzen auch voraus, dass der Gründer über einzelne Abschnitte zu Hausaufgaben aufgefordert wird. Derartige Hausaufgaben basieren auf:

- der Überarbeitung von trainiertem Wissen,
- dem Nachfassen offener Punkte,
- dem sich Kundigmachen bei anderen Informationsträgern,
- computerunterstützten Berechnungen von Planzahlen zur Ermittlung von Investitionsbedarf,
- Umsatz, direkten Kosten und deren ständiger Kontrolle und Verifizierung.

Nicht selten müssen Planungsmodelle verworfen und neu angedacht werden. Schließlich nimmt eine kritische Gründungsberatung mögliche Fehlentscheidungen vorweg und reduziert sie auf eine denkbare Planungsvariante - ein sehr wesentlicher Aspekt, um existenzielle sonst später auftretende Fehler zu vermeiden. Bei sehr umfangreichen Beratungsprojekten, auch wenn es sich z.B. bei Gesellschaftsgründungen um mehrere Gesprächspartner handelt oder größere Pausen zwischen den Sitzungen liegen, sollten die einzelnen Beratungssitzungen protokolliert werden. Zum Teil während der Beratung erstellte Skizzen und Notizen fließen schließlich in einen Beratungsbericht ein, der durch den Unternehmensberater zu erstellen ist.

Dieser Bericht gibt alle wesentlichen Etappen, deren Zwischenergebnisse und schließlich das Konzept wieder. Berechnungen, Tabellen und Grafiken aus der laufenden Beratung kann der Unternehmensgründer für die Erstellung eines Businessplans oder seines persönlichen Unternehmensprofils verwenden. Dieser **Businessplan** ist eine wichtige Hilfe bei Finanzierungsverhandlungen mit den Banken. Die Beratung schließt in der Regel mit der Verlesung bzw. der Erläuterung des Schlussberichtes ab.

Der Schlussbericht wird bei der Beantragung von Zuschüssen zur Unternehmensberatung zwingend erforderlich.

Wurden Beratungszuschüsse beantragt, z.B. über das Gründercoaching sind die relevanten Berichte als Abschlussdokument zur Beratung mit einzureichen.

3.7. Informationsbeschaffung

Oft gelangen Gründungsvorhaben ins Stocken und werden nicht zu Ende geführt. Andere werden zu schnell auf dem Markt platziert. Dann wird festgestellt, dass vermeidbare Fehler gemacht wurden. Vergegenwärtigt man sich die Gründe, die zum Scheitern von Existenzgründungen geführt haben, werden immer wieder **Informationsdefizite** genannt. Damit Sie möglichst ökonomisch mit Ihren Gründungsvorbereitungen umgehen, werden Sie der Informationsbeschaffung einen hohen Stellenwert einräumen müssen.

Dabei werden als Quellen immer wieder Behörden und Institutionen genannt. Sie müssen sich im Detail Klarheit verschaffen, welche Bedeutung diese Stellen für die Gründung und das spätere Unternehmen haben werden.

Folgende Leit- und Merksätze geben Tipps, konsequent wirklich alle Informationen zu erhalten:

- Suchen Sie die relevanten Informations- und Kompetenzträger persönlich auf.
- Lassen Sie sich Informationsmaterial aushändigen.
- Fragen Sie Ihre Gesprächspartner, ob und wie Sie ihnen behilflich sein können und notieren Sie Antworten.
- Arbeiten Sie diese Unterlagen und Gesprächsnotizen zu Hause in aller Ruhe auf und scheuen Sie sich nicht, einen kleinen Kurzbericht anzufertigen.
- Markieren Sie wichtige Textpassagen mit einem Leuchtstift.
- Streichen Sie Unklarheiten und Fragen rot an.
- Haken Sie bei Ihren Gesprächspartnern telefonisch nach, bis Ihre Problemstellungen geklärt sind.

Verzweifeln Sie nicht, wenn Sie einmal eine nicht zufrieden stellende Antwort bekommen haben. Schließlich werden Sie im Rahmen Ihrer Vorbereitungen auch einmal an einen Punkt gelangen, bei dem Sie vor der Informationsflut kapitulieren möchten oder sich fragen:

Muss ich das wirklich alles wissen?

Binden Sie spätestens jetzt einen Unternehmensberater ein, der Ihnen bei der Beantwortung der Restfragen behilflich ist. Haben Sie sich ohnehin für ein partnerschaftliches Gründungscoaching von Anfang an entschieden, sind Sie auf dem richtigen Weg.

Es gibt Gründungscoaches, die individuelle Informationstage zu Festpreisen für Start up's einrichten.

Er liest den Businessplan quer und macht auf Ungereimtheiten aufmerksam. Ob Sie sich dann doch noch für eine vertraglich ausgerichtete Unterstützung entscheiden, bleibt Ihrer Wertschätzung vorbehalten. Die gesamte Informationsphase ist einer Stoffsammlung vergleichbar. Ordnen Sie das beschaffte Informationsmaterial nach allgemeingültigen Aspekten und nach denen, die wichtig für Ihr Vorhaben sind und Praxisrelevanz besitzen. Die folgenden Unterkapitel nennen wichtige Partner und Institutionen, die Sie in der Vorbereitungsphase Ihres Vorhabens aufsuchen sollten.

Es sind Partner, die Ihrem Vorhaben nützlich sind und hier nur der Vollständigkeit halber genannt werden. Weiterführende Detailangaben dieser Partner und wie sie Ihnen nützlich sein könnten, würden den Rahmen des Werkes an dieser Stelle sprengen.

Diese Informationen sind dem fünften Band des Gründerzyklus vorbehalten, der auf Partnerschaften und Netzwerke vor der Gründung und in der so wichtigen Aufbau- und Etablierungsphase eingeht.

Weitere Detailinformationen in dieser Buch-Reihe
Buch V - „Netzwerke und Partnerschaften"

Kommen wir jetzt zu den einzelnen Institutionen, die Ihnen Informations- und Orientierungshilfen bieten.

In Ihren persönlichen Dossiers notieren Sie sich bitte

- Gesprächspartner,
- Telefondurchwahl,
- Datum der persönlichen Kontaktaufnahme,
- wichtige Erkenntnisse aus den Gesprächen,
- welches Informationsmaterial ausgehändigt wurde,
- welche (Weiter-)Empfehlung ausgesprochen wurde und
- ob weitere Termine und/oder Ausarbeitungen notwendig werden.

3.7.1. Industrie- und Handelskammer (IHK)

Die Industrie- und Handelskammern in der Bundesrepublik Deutschland vertreten als Selbstverwaltungseinrichtungen die Interessen der gewerblichen Wirtschaft ihres Kammerbezirks. Die Industrie- und Handelskammern unterliegen als Körperschaften des öffentlichen Rechts lediglich einer Rechts- nicht einer Fachaufsicht des Staates. Als Dachorganisation der 81 deutschen IHKs übernimmt der Deutesche Industrie- und Handelstag *„DIHK"* im Auftrag und in Abstimmung mit den IHKs die Interessenvertretung der deutschen Wirtschaft gegenüber Entscheidern der Bundesrepublik und den europäischen Institutionen.

In den einzelnen europäischen Staaten der EU-Gemeinschaft sind gleichfalls Kammern mit ähnlichem Interesse aufgestellt. Durch die Pflichtmitgliedschaft der kammerzugehörigen Betriebe wird den Industrie- und Handelskammern das wirtschaftliche Fundament gegeben, in ihrer Arbeit *„die wirtschaftlichen Interessen"* der Gewerbezweige und Betriebe ausgleichend zu berücksichtigen.

Durch freiwillig übernommene Aufgaben für die Wirtschaft, z.B. in der Technologie- und Umweltberatung, der beruflichen Fort- und Weiterbildung und bei der Erschließung neuer Auslandsmärkte, nehmen Kammern in jüngerer Zeit immer mehr Funktionen eines Dienstleisters wahr. Gerade für Existenzgründer, technologieorientierte Unternehmensgründungen oder die Verselbständigung aus dem Campus haben die Kammern eine Vielfalt an Seminar- und Coachingangeboten geschaffen. Die speziell eingerichteten Starter-Center nehmen vielfach die Funktionen einer Erst- und Informationsberatung wahr.

3.7.2. Handwerkskammer

Bei der Handwerkskammer handelt es sich um eine gesetzliche Berufsstandsvertretung. Ihr gehören alle Unternehmen an, die ein Handwerk oder handwerksähnliches Gewerbe im zuständigen Kammerbereich selbständig betreiben. Während im Bereich der Industrie- und Handelskammer bei den ihr zugehörigen Gewerben und Berufen weitgehend Gewerbefreiheit herrscht, müssen im handwerklichen Tätigkeitsfeld entsprechende Restriktionen beachtet werden und Qualifikationen (Ausbildung zum Meister) vorhanden sein. Sämtliche durch die Handwerkskammer betreuten Betriebe werden in die von ihr verwaltete Handwerksrolle eingetragen. Damit ist sichergestellt, dass der der Kammer zugehörige Betrieb die erforderliche Qualifikation in einem Gewerbe mitbringt. Die Aufgaben ähneln ansonsten denen der Industrie- und Handelskammern. Regional unterschiedlich sind Geschäftsverteilung und Zuständigkeiten. Über Fragen und Aufgaben, die über diese stichwortartig aufgezählten Angaben hinausgehen, gibt Ihnen auf Anfrage gerne der in der Handwerkskammer zuständige Betriebsberater Auskunft.

In anderen europäischen Ländern gibt es zum Teil auch dezidiert Handwerkskammern. Häufig werden die Aufgaben allerdings von den Handelskammern wahrgenommen, in den Niederlanden z.B. bei der Kamer van Koophandel. Ansonsten werden die Interessen der Unternehmen über die nationalen Wirtschafts- und Markteverbände abgedeckt.

3.7.3. Stadt-/Gemeindeverwaltung/Ordnungsamt

Die für das Gewerberecht zuständigen Behörden sind die Stadt-/Gemeindeverwaltung bzw. das zuständige Ordnungsamt. Ihnen obliegt die Erteilung von Genehmigungen zur Gründung eines Gewerbes und die Erhebung der Gewerbesteuer. Sie überwachen vor allem alle gewerblichen Vorschriften der Gewerbeordnung für den Betrieb eines Gewerbes.

Der Gründer und Jungunternehmer muss folgende Tatbestände diesen Behörden anzeigen:

- Gründung
  - eines selbständigen Betriebes
  - eines stationären Gewerbes
- Einrichtung
  - einer Zweigniederlassung
  - einer unselbständigen Zweigstelle
- Verlegung des Betriebes
- Aufgabe des Betriebes
- Wechsel oder Ergänzung von Gegenstand der Gewerbetätigkeit

Hierzu ist in Deutschland nach § 14 Gewerbeordnung (GewO) novelliert im März 1999 bzw. § 55 C GewO sowie § 1 Gewerbeanzeigenverordnung (GewAnV) eine Gewerbeanmeldung erforderlich. Mit dieser Gewerbeanmeldung werden gleichzeitig weitere Vorschriften erfüllt, nämlich die Anmeldungen bei der zuständigen Industrie- und Handelskammer bzw. Handwerkskammer und weiteren Behörden.

Der Existenzgründer, soweit es sich um keinen Kleingewerbetreibenden handelt, erhält in der Regel nach Bestätigung der Gewerbeanmeldung durch die oben genannte Behörde innerhalb der folgenden Tage eine Bestätigung der für sein Unternehmen zuständigen Industrie- und Handelskammer bzw. Handwerkskammer.

Mit der Gewerbeanmeldung ist, sofern keine Genehmigungspflicht besteht, der zuständigen Ordnungsbehörde gegenüber Genüge getan.

3.7.4. Amtsgericht - Handelsregister

Eine der Aufgaben der deutschen Amtsgerichte ist die Führung des Handelsregisters. Das Handelsregister ermöglicht jedermann die Einsicht in die Handelsregisterauszüge. Es gibt Auskunft über die rechtlichen Verhältnisse der in ihm eingetragenen Unternehmen, über genaue Firmenbezeichnung, Sitz, Geschäftsgegenstand, Inhaber, Gesellschafter, Gesellschaftsvertrag, Kapitalverhältnisse und Namen der Prokuristen des Unternehmens. Es kann von jedem, der sich informieren will und ein berechtigtes Interesse nachweisen kann, kostenlos eingesehen werden.

Organisatorisch ist das Handelsregister in zwei Abteilungen unterteilt.

- HR A: Handelsregister für natürliche Personen und Personengesellschaften
  Verzeichnet im HR A sind: eingetragene Kaufleute, ggf. GbR, OHG, KG
- HR B: Handelsregister für juristische Personen (Kapitalgesellschaften)
  Verzeichnet im HR A sind: GmbH, AG

Grundsätzlich sind alle Unterlagen beim Handelsregister elektronisch einzureichen. Einzelheiten hierzu sind im Gesetz über das elektronische Handels- und Genossenschaftsregister sowie das Unternehmensregister (EHUG) geregelt. Bei den Unternehmensgründungen übernehmen die Notare diese Aufgabe, da Anmeldungen und Änderungen im Handelsregister von einem Notar beglaubigt werden müssen.

In anderen Mitgliedsländern des EU-Binnenmarktes nehmen die jeweiligen dem deutschen Amtsgericht vergleichbaren Gerichte diese Aufgaben wahr.

Nach vollzogener Gründung gelten für den Jungunternehmer ebenfalls die Regeln der elektronischen Einreichung, z.B.

- bei Änderungen in der GmbH-Gesellschafterliste
- Satzungsänderungen
- Hauptversammlungsbeschlüsse bei AGs (Niederschriften)

Um einen sicheren Datentransfer zu gewährleisten werden die Dokumente über das „*Elektronische Gerichts- und Verwaltungspostfach (EGVP)*“ eingereicht. Eine qualifizierte elektronische Signatur ist für die Übermittlung nicht erforderlich. Wird ein notariell beurkundetes oder öffentlich beglaubigtes Dokument vorgeschrieben, wird das Dokument mit einem einfachen elektronischen Zeugnis des Notars versehen.

Die Registereinsicht ist bequem im Anschluss über das Internet möglich. Die Recherchen sind gebührenfrei, lediglich bei entsprechenden Ausdrucken in Detailunterlagen werden je Dokument oder Registerblatt geringe Gebühren erforderlich.

Weitere Infos unter
www.egvp.de
www.unternehmensregister.de
www.handelsregister.de

3.7.5. Finanzamt

Weicht Ihr künftiger Unternehmensstandort von dem Ort, dem Sie bisher als Privatperson wahlweise über Ihre Lohn- oder Einkommenssteuer zugeordnet sind ab, kann sich ggf. die Zuständigkeit des Finanzamtes ändern.

☞ **Nutzen Sie den persönlichen Kontakt zu Ihrem zuständigen Finanzbeamten.**

Nehmen Sie aus diesem Grund Kontakt mit dem Sachbearbeiter des zuständigen Finanzamtes auf, der für Ihre Person nach dem alphabetischen oder örtlichen Kriterium oder Ihre künftige Körperschaft (abhängig vom Firmennamen) zuständig ist. Informieren Sie ihn über Ihr Vorhaben (meist formloses Anschreiben). Lassen Sie sich aufklären, welche Informationen das Finanzamt bis zum Gründungszeitpunkt von Ihnen erwartet.

Da Sie später als Unternehmer mittelbar über den Steuerberater oder unmittelbar direkt mit dem Finanzamt zu tun haben werden, ist es sinnvoll, von Anfang an mit den zuständigen Beamten ein klärendes Gespräch zu führen, wesentliche Dinge in einer Aktennotiz festzuhalten und unter Umständen bestätigen zu lassen. Auch die mögliche spätere Delegation steuerlicher Aspekte an einen Steuerberater, sollte Sie nicht von einem persönlichen Besuch beim zuständigen Finanzamt abhalten. Neben den unverbindlichen Informationen haben Sie bei recht komplexen Zusammenhängen und aus Gründen der Rechtssicherheit auch die Möglichkeit, eine so genannte *„verbindliche Auskunft“* über die steuerliche Beurteilung bestimmter Sachverhalte zu erhalten. Diese verbindlichen Auskünfte sind gebührenpflichtig. Ihre Höhe richtet sich nach dem Wert der Auskunftsgröße. Kann kein Wert geschätzt werden, wird eine Zeitgebühr erhoben.

Die Kommunikation im operativen Tagesgeschäft geht über die Umsatz-/Lohnsteuervoranmeldungen monatlich und den Steuererklärungen nach Geschäftsjahresschluss. Diese Aufgaben können an einen Steuerberater delegiert oder aber im eigenen Haus online erledigt werden.

ELSTER (Elektronische Steuererklärung) wird von der Steuerverwaltung kostenfrei für den Unternehmer zur Verfügung gestellt und dient der elektronischen Übermittlung der Steuerdaten.

Weitere Infos unter www.elster.de

3.7.6. Sozialversicherung

Kenntnisse im Sozialversicherungsgesetz sind nicht nur für Sie persönlich - auch mit Rücksicht auf die Familie - wichtig, sondern haben Sie auch im Rahmen Ihrer Fürsorgepflicht als Arbeitgeber bei der Beschäftigung von Arbeitnehmern zu interessieren.

Informieren Sie sich deshalb gründlich über die Bestimmungen des Sozialversicherungsrechtes.

Arbeiter und Angestellte unterliegen ohne Rücksicht auf die Höhe ihres Verdienstes der Versicherungspflicht in der Renten- und Arbeitslosenversicherung. In der gesetzlichen Krankenversicherung besteht für die gewerblichen Arbeitnehmer zunächst grundsätzlich Versicherungspflicht. Zuständig für die Versicherung sind die **gesetzlichen Kassen** (Pflichtkassen), zum Beispiel:

- Allgemeine Ortskrankenkasse (AOK)
- Innungskrankenkasse (IKK)
- Betriebskrankenkasse (BKK)

Angestellte und Arbeiter unterliegen der Krankenversicherungspflicht, wenn ihr Gehalt/ Lohn die Jahresverdienstgrenze nicht überschreitet. Zuständig sind zunächst ebenfalls die Pflicht- oder gesetzlichen Krankenkassen (AOK, BKK und IKK). Die Angestellten können allerdings alternative Ersatzkassen wählen:

- Barmer Ersatzkrankenkasse
- Technikerkrankenkasse
- Deutsche Angestellten Krankenkasse
- Kaufmännische Krankenkasse Halle
- und weitere.

Liegt der Verdienst des Angestellten oder Arbeiters über der Jahresarbeitsverdienstgrenze und besteht somit Versicherungsfreiheit in der Krankenversicherung, kann er sich in der gesetzlichen Krankenversicherung (Pflichtkrankenkassen und Ersatzkassen) freiwillig weiterversichern oder bei einem privaten Krankenversicherungsunternehmen einen Versicherungsvertrag abschließen.

Für Selbständige besteht **keine Pflicht** zur gesetzlichen Krankenversicherung, sie haben die Möglichkeit, sich in der privaten Krankenversicherung, d.h. bei Versicherungsgesellschaften zu versichern. Jedoch kann sich der Selbständige freiwillig bei der gesetzlichen Krankenkasse weiterversichern, bei der er bereits zuvor im abhängigen Arbeitsverhältnis Mitglied war.

Bei einem Wechsel in die private Krankenversicherung (vielfach aufgrund günstiger Einstiegskonditionen) ist eine Rückkehr in die gesetzliche Krankenversicherung nicht möglich. Gründer haben eine Frist von drei Monaten um sich zu entscheiden und können ihren Versicherungsschutz in dieser Zeit behalten.

Die **Künstlersozialversicherung (KSV)** ist die gesetzliche Renten-, Kranken- und Pflegeversicherung für selbständige Künstler und Publizisten. Diese sind hier pflichtversichert. Das heißt: wer die Voraussetzungen für die Aufnahme in die Künstlersozialversicherung erfüllt, muss sich dort auch versichern.

Die Künstlersozialkasse versichert Künstler und Publizisten, die

- auf Dauer, nicht nur vorübergehend hauptberuflich von Ihrer Tätigkeit leben,
- freiberuflich und nicht gewerblich selbständig erwerbstätig sind,
- voraussichtlich ein Mindesteinkommen von 3.900,- Euro im Jahr verdienen, das nicht mehr als zwei Mal innerhalb von sechs Jahren unterschritten wird
- maximal einen Arbeitnehmer beschäftigen.

Angehörige Freier Berufe können auch freiwillig und zusätzlich bei den **berufsständischen Versorgungswerken** etwas für ihre Altersvorsorge tun. Diese Versorgungswerke sind sowohl für diese, als auch für diejenigen zuständig, die ihre Tätigkeiten nicht selbständig ausüben.

- **Versorgungswerke für Ärzte,**
  Apotheker, Architekten, Notare, Rechtsanwälte, Steuerberater bzw. Steuerbevollmächtigte, Tierärzte, Wirtschaftsprüfer und vereidigte Buchprüfer sowie Zahnärzte.
- **Versorgungswerk der Presse**
  Lebensversicherungen für alle Freiberufler und Angestellten in Kommunikationsberufen
- **Pensionskasse für freie Mitarbeiter der deutschen Rundfunkanstalten:**
  für Freiberufler bis zum Alter von 55 Jahren
- **Versorgungsanstalt der deutschen Bühnen:**
  für Arbeitnehmer an Theatern

- **Versorgungsanstalt der deutschen Kulturorchester:**
  für freiberufliche und angestellte Musiker aus Mitgliedsorchestern

Die jeweiligen Voraussetzungen müssen bei den zuständigen Einrichtungen erfragt werden.

Die Nutzung und den Abruf von Leistungen unterschiedlicher Leistungsträger wird künftig durch das ELENA-Verfahren (elektronischer Entgeldnachweis) elektronisch standardisiert. Viele manuell auszufüllende Formulare und Übertragungswege werden wegfallen.

Damit die Umstellung funktionieren kann, besteht eine gesetzliche Pflicht zur Teilnahme am ELENA-Verfahren.

Ab 01. Januar 2012 sollen mit Hilfe einer zertifizierten Chipkarte elektronische Signaturen und entsprechende Meldungen erbracht werden. Von 01. Januar 2010 bis 2012 sind die Daten bereits durch den Unternehmer zu melden.

Weitere Infos unter
www.das-elena-verfahren.de

3.7.7. Deutsche Rentenversicherung Bund (DRV-Bund) und Deutsche Rentenversicherung Land

Die Rentenversicherungen Bund und Länder sind Dienstleister im Bereich der sozialen Sicherheit und zentrale Träger der Rentenversicherungen mit Sitz in Berlin, Gera und Stralsund und den jeweiligen Bundesländern. Der DRV-Bund betreut mehr als 25 Millionen Versicherte und über 8 Millionen Rentner. Die Aufgaben des Rentenversicherungsträgers gehen von der Aufklärung und Beratung der Versicherten über die Führung des laufenden Beitragskontos, die Erhaltung der Arbeitskraft und die Sicherung des Arbeitsplatzes durch medizinische und berufliche Rehabilitation bis hin zur Feststellung und Zahlung der Rente. Der DRV-Bund hat ein Netz von über 1.000 Informations- und Beratungsstellen geschaffen, die dem direkten Kontakt zwischen der Berliner Verwaltung und den Versicherten in allen Ansprüchen gerecht werden soll. **Wenden Sie sich an den DRV-Bund in Berlin** und bitten Sie um Nennung der nächsten **in Ihrer Nähe befindlichen Geschäftsstelle**.

Führen Sie frühstmöglich mit einem Berater die relevanten Beratungsgespräche. Zu den Inhalten dieser Beratungsgespräche sollte beispielsweise die genaue Aufklärung des zwischenzeitlich fünfjährigen Entscheidungsfreiraums zur Wahl der Fortführung der Pflichtversicherung oder einer freiwilligen Weiterversicherung gehören. Die Nutzung dieses Freiraumes, die Weiterversicherung auf freiwilliger Basis mit einem entsprechenden monatlichen/jährlichen Mindestbetrag vorübergehend auf fünf Jahre zu nutzen, kann zu erforderlichen Liquiditätsfreiräumen für das neu gegründete Unternehmen führen, wenn die Umsatztätigkeit nicht den erwünschten Umfang erreicht.

3.7.8. Post, Telekom, T-Online und andere Kommunikations- und Logistikanbieter

Mit der Einrichtung und Unterhaltung eines neuen Unternehmens/Betriebes und der Inanspruchnahme der Dienstleistungen der Post sind besondere Kriterien zu berücksichtigen. Kapitalgesellschaften sind vor der Beantragung von Anschlüssen bei dem zuständigen Amtsgericht in das Registergericht einzutragen. Mit der Beantragung der Telefon-, Fax- oder sonstigen Kommunikationsanschlüsse, eines Postfaches und weiterer post-/fernmeldespezifischer Einrichtungen ist der Registerauszug vorzulegen. Durch die Anmeldung Ihres Unternehmens werden Sie automatisch mit Ihrer Adresse oder Fernsprechverbindung als Kunde der Post und Telekom in deren Verzeichnisse aufgenommen. Eine Vielzahl weiterer privater Dienstleister haben den Post- und Fernmeldemarkt bereichert. Es wird im Einzelfall auf den Unternehmensgegenstand, die Produkte, Waren oder Dienstleistungen ankommen, welche dieser Dienste dann für Sie geeignet erscheint.

3.7.9. Energieversorgung, Stadtwerke

Nicht nur die Einrichtung größerer Industriebetriebe, sondern auch bereits die Installationen in kleineren Unternehmen, ob in Büroräumen, Werkstatt oder kleineren Fabrikationsräumen machen eine systematische Planung der Energieversorgung erforderlich. Hier sind im elektrischen Bereich Verzeichnisse der einzelnen Geräte, Maschinen und Aggregate zu erstellen, die mit 220 Volt Wechselstrom, 380 Volt Drehstrom etc. bedient werden müssen. Es wird eine detaillierte Planung zur Verlegung der Stromleitungen, Steckdosen, Zähler, Zwischenzähler und Sicherungskästen notwendig. Nicht nur die elektrische Versorgung, sondern auch Wasseranschlüsse, die Klärung eventueller Abwässer und die Auslegung von Heizkörpern für die Wärmegewinnung müssen berücksichtigt werden.

Bei der Übernahme von Betrieben und größeren Betriebsgeländen ist die Lagerfähigkeit der Brennmaterialien (Öltank, Kohlelager etc.) zu überprüfen, **inwieweit diese den Anforderungen des neuen Betriebes gerecht wird.** Bei allen Fragen, die diese Themenbereiche betreffen, werden Ihnen die Mitarbeiter der zuständigen Energie- und Versorgungsunternehmen gerne behilflich sein. Soweit Sie mit Ihren Arbeitszeiten über die üblichen Bürozeiten hinaus auch in den Spät- oder Nachtschichtbereich mit Ihren Arbeitszeiten gelangen oder falls Sie größere Mengen Strom benötigen, macht es Sinn, auch einen Vertrag über die Niedertarifzeiten (oft als Nachtstrom bezeichnet) abzuschließen.

3.7.10. Bundesagentur für Arbeit (Arbeitsamt)

Für die Angaben zur Tätigkeit in den Meldungen zur Sozialversicherung ist ein Schlüsselverzeichnis erforderlich. Die Betriebsnummer ist neunstellig und enthält in den ersten fünf Stellen Angaben zur Tätigkeit.

- Stelle 1-3 = ausgeübte Tätigkeit
- Stelle 4 = Stellung im Beruf
- Stelle 5 = Ausbildung
- Stelle 6-9 = frei

Um diese Angaben maschinell erfassen und verarbeiten zu können, müssen sie mit Hilfe des Schlüsselverzeichnis in Zahlen umgesetzt werden. Diese Schlüsselzahlen sind im Meldevordruck in das Feld *„Angaben zur Tätigkeit“* einzutragen.

Die zutreffende dreistellige Schlüsselzahl für die ausgeübte Tätigkeit finden Sie in der Datenbank für Ausbildungs- und Tätigkeitsbeschreibungen *„BERUFEnet“*. Maßgebend für das Ermitteln der Schlüsselzahl ist allein die ausgeübte Tätigkeit, also weder der erlernte Beruf, noch ein früher ausgeübter Beruf. Vor jeder Meldung ist zu prüfen, ob die für die/den Beschäftigte/n vorgesehene Schlüsselzahl noch zutrifft.

Auch bei dem Schlüssel *„Stellung im Beruf“* ist die aktuelle Funktionsbezeichnung einzusetzen, keine frühere gültige. Mit diesen Daten wird den statistischen Anforderungen zu den beschäftigten Arbeitnehmern genüge getan.

Bei Fragen zum Schlüsselverzeichnis ist der Betriebsnummern-Service der BA in Saarbrücken (BNS) zuständig.

3.7.11. Berufsgenossenschaften / Unfallkassen

Zu der DGUV *„Deutsche Gewerbliche Unfallversicherung"* zählen in Deutschland die gewerblichen Berufsgenossenschaften und die Unfallversicherungsträger der öffentlichen Hand. Nach deutschem Recht sind alle Arbeitnehmer kraft Gesetzes unfallversichert. **Unternehmer können sich freiwillig versichern**.

Bei Arbeitsunfällen und Berufskrankheiten müssen die Leistungen an die Versicherten gewährt werden. Träger der gesetzlichen Unfallversicherung sind 13 gewerbliche Berufsgenossenschaften (z.B. Verwaltungsberufsgenossenschaft) und 20 Unfallkassen. Jeder aufgrund eines Arbeits-, Dienst- oder Ausbildungsverhältnisses Beschäftigte ist ohne Rücksicht auf Alter, Geschlecht, Höhe des Einkommens und unabhängig davon, ob es sich um eine ständige oder nur vorübergehende Tätigkeit handelt, kraft Gesetzes gegen die Folgen von Arbeitsunfällen und Berufskrankheiten versichert.

Die Berufsgenossenschaften erheben ihren Beitrag im Umlageverfahren der nachträglichen Bedarfsdeckung, d.h., sie legen ihre Aufwendungen nach Schluss des Geschäftsjahres auf ihre Mitglieder um. Vorschüsse auf den Beitrag können erhoben werden. Beiträge werden nach der im abgelaufenen Jahr im Unternehmen gezahlten Lohn- und Gehaltssumme und nach Veranlagung des Unternehmens zu dem Gefahrentarif berechnet. Versichert sind Arbeitsunfälle also Ereignisse, die Arbeitnehmer bei ihrer Arbeit und auf Dienstwegen erleiden. Versichert sind auch Wegeunfälle, die sich auf dem direkten Weg zur Arbeit und zurück ereignen - einschließlich Umwegen etwa für Fahrgemeinschaften oder um die Kinder in den Kindergarten zu bringen.

Und schließlich sind Berufskrankheiten versichert - Krankheiten, die sich der Versicherte durch eine berufliche Krankheit zugezogen hat. Nach Eintritt eines Unfalls gilt bei der Entschädigung der Grundsatz: Rehabilitation vor Rente.

Stellvertretend für die verschiedenen Berufsgenossenschaften werden in dem folgenden Download dezidiert die Branchenzuordnung der verschiedenen Unternehmensarten in der Verwaltungsberufsgenossenschaft (VBG) genannt.

Premium-Download
„Branchenzuordnung innerhalb der VBG“

3.7.12. Gewerbeaufsichtsamt

Das Gewerbeaufsichtsamt ist zuständig für die Arbeitsstätten und den Gefahrenschutz in Ihren Geschäftsräumen und Gebäuden. Es erteilt Informationen über erforderliche Vorschriften, die an Arbeitsstätten gestellt werden und überwacht deren Einhaltung.

Soweit Sie sich mit Ihrem Vorhaben nicht auf einfache Dienstleistungen beschränken, die lediglich einfache Büros erfordern, sollten Sie frühzeitig Kontakt mit dem Gewerbeaufsichtsamt herstellen.

- Stellen Sie Ihr Vorhaben vor
- Fragen Sie nach einschlägigen Bestimmungen

Wissen Sie zum jetzigen Zeitpunkt schon in etwa, welche Räumlichkeiten für Ihr Vorhaben in Frage kommen, gleichen Sie die erfahrenen Attribute mit den beim Gewerbeaufsichtsamt genannten Bestimmungen ab.

3.7.13. Versicherungen

Mit der Einrichtung eines neuen Unternehmens verändern sich Ihre bisher gewohnten persönlichen Risiken. Es kommen neue, betriebsbedingte Risiken hinzu. Legen Sie bei den notwendigen Gesprächen mit den Versicherern oder Maklern Wert auf weitergehende Erläuterungen zu den einzelnen Risiken und Versicherungsmöglichkeiten. Es ist nicht notwendig, bereits mit dem ersten Gründungstag für alle nur erdenklichen Möglichkeiten Versicherungsschutz zu vereinbaren. Im Einzelfall wird Ihnen der Versicherer oder Makler gerne bei der Erstellung eines Versicherungskonzeptes behilflich sein und gezielte Vorschläge machen, welche relevanten Risiken abgesichert werden sollten.

Die gesamte Bandbreite einer möglichen betrieblichen und unternehmensspezifischen Absicherung kann im fünften Band des Existenzgründerzyklus im Detail erfahren werden.

Weitere Detailinformationen in dieser Buch-Reihe
Buch V - „Netzwerke und Partnerschaften“

3.7.14. Berufs- und Wirtschaftsverbände

Verbände sind Interessengemeinschaften gleichartiger Mitglieder bzw. Mitgliedsunternehmen, die sich zur Wahrung und Durchsetzung für sie nützlicher Standpunkte und Ziele zusammengeschlossen haben. So sind beispielsweise im Handwerk die Innungen bekannt, oder bei den Ingenieuren der VDI, d.h. der Verband deutscher Ingenieure.

Die Mitwirkung in Verbänden ist in der Regel freiwillig.

Zwangsmitgliedschaften bestehen bei Handwerksunternehmen in der Zugehörigkeit zu Handwerkskammern bzw. bei im Handelsregister eingetragenen Unternehmen zu den Industrie- und Handelskammern. Verbände können regional begrenzt oder überregional auf Landes- und Bundesebene in Erscheinung treten. Auch Zweckverbände oder Interessengemeinschaften mit einem vorübergehend zeitlich beschränkten Auftreten sind bekannt. Sie können sich auflösen, wenn die gemeinsame Zielsetzung erreicht ist. Fragen Sie ggf. bei Ihrer Industrie- und Handelskammer oder Handwerkskammer nach eventuell für Sie in Frage kommenden Verbänden nach oder nutzen Sie die Gelben Seiten (Branchenbuch), Landesadressbücher und das Internet.

Weitere Detailinformationen in dieser Buch-Reihe
Buch V - „Netzwerke und Partnerschaften“

3.7.15. Geschäfts- und Unternehmensräume

Die Wahl der geeigneten Geschäftsräume (das können je nach Unternehmenstyp Büro, Laden, Lager, Werkstatt oder eine Fertigungsstätte sein) ohne Rücksicht ob angemietet oder gekauft, zu bauen oder zu übernehmen - ist maßgeblich mit der Entscheidung des richtigen Standortes und langfristig vorausschauenden Dispositionen verbunden. Bevor Sie sich zunächst grundlegend über die Möglichkeiten der Positionierung, Anordnung und Gestaltung Ihrer Geschäftsräume Gedanken machen, gilt auch noch abzuwägen, ob Sie Ihre Geschäftsräume selbst suchen, indem Sie Immobilienanzeigen in den Zeitungen auswerten, selbst annoncieren oder in einem konkreteren Stadium auch Immobilienmakler in die Suche nach Geschäftsräumen einbinden wollen. Erfolgreich kann auch der rechtzeitige Kontakt zu Ämtern werden, um den geeigneten Standort und schließlich mögliche Geschäftsräume zu finden:

- Fragen Sie bei Stadtplanungsämtern (Bauamt) nach geeigneten Standorten für Ihr Unternehmen an.
- Sprechen Sie mit Stadt- oder Gemeindeverwaltungen oder Wirtschaftsförderungs-, Gewerbeförderungs- und Liegenschaftsämter über Ihren Standortwunsch.
- Rufen Sie Bauherren, diese sind auf dem Schild von im Bau befindlichen Gebäuden mit Name und Anschrift genannt, an und fragen Sie nach relevanten Büro- und Geschäftsräumen.

Vergessen Sie nicht, bei gewerblichen und auch nebenberuflich gewerblichen auch freiberuflichen Tätigkeiten in Wohngebieten die Erlaubnis des Vermieters bzw. Eigentümers einzuholen.

3.7.16. Recherchen durch Datenbanken und Suchmaschinen

Weltweit bieten mehrere tausend Datenbanken mit vielen Dokumenten Online-Recherchemöglichkeiten, die bei technologisch orientierten Gründungen Aussagen zu Patenten, Verfahren und Methoden geben können. Datenbanken sind thematisch oder funktionell organisiert. Weiterhin lassen sich Datenbanken gleichfalls nach qualitativen und quantitativen Kriterien gliedern. Während bei quantitativen Merkmalen numerische Werte, wie Formeln, Ableitungen, Berechnungen, Mess- und Wertreihen im Vordergrund stehen, orientierten sich die qualitativen Kriterien an einer voll textspezifischen Ausrichtung, d.h. an Abhandlungen, Aufsätzen, Berichten, Protokollen, schlechthin schriftlichen Dokumenten insgesamt.

Der Nutzen einer Inanspruchnahme von Datenbanken liegt auf der Hand:

- gesicherte Informationen,
- erheblicher Informationsvorsprung,
- gezielte Konkurrenz- und Marktbeobachtung,
- zuverlässige Daten und Fakten für Analysen, Konzepte, und Strategien,
- aktuelles, umfassendes und weltweit jederzeit verfügbares und sofort abrufbares Sach- und Fachwissen

3.7.17. Rechtliche Grundlagen

Da Sie als künftiger Unternehmer durch die Führung Ihres Geschäftes und die Beschäftigung von Arbeitnehmern permanent mit rechtlichen Themen tangiert werden, ist es sinnvoll, sich rechtzeitig einen Überblick über die verschiedenen gesetzlichen Bestimmungen zu verschaffen und sich in die Themenstellungen einzulesen.

Der folgende Überblick über Gesetzestexte ersetzt nicht die rechtsberatende Unterstützung.

Er trägt vielmehr dazu bei, Ihnen im Vorfeld Ihrer Unternehmensgründung die Chance zu geben, sich mit dem einen oder anderen Thema näher zu beschäftigen und sachkundig zu machen. Je nach Art und Inhalt des Unternehmens sollten folgende Gesetzestexte, die oft in Taschenbuchform zur Verfügung stehen, beschafft werden:

- **Aktiengesetz mit Mitbestimmungsrecht**
  Möchten Sie sich langfristig Kapital unabhängig von Banken besorgen, sind diese Gesetzestexte eine wichtige Orientierungshilfe. Auch für die Gründungen einer Kleinen AG können wichtige Informationen heraus gearbeitet werden.
- **Arbeitssicherheitsgesetz (AsiG)**
  Das Arbeitssicherheitsgesetz regelt die Bestellung und die Aufgaben von Betriebsärzten und Fachkräften für Arbeitssicherheit zur Unfallverhütung und Verbesserung des Arbeitsschutzes. Das Arbeitssicherheitsgesetz wird durch Unfallverhütungsvorschriften der Berufsgenossenschaften konkretisiert.
- **Arbeitsschutzgesetz (ArbSchG)**
  Im Arbeitsschutzgesetz, dem "*Grundgesetz*" des Arbeitsschutzes, sind Ihre grundsätzlichen Verpflichtungen als Arbeitgeber/in festgehalten z.B. die Durchführung von Gefährdungsbeurteilungen.

- **Arbeitsstättenverordnung (ArbstättV)**
  In der Arbeitsstättenverordnung finden Sie Mindestanforderungen für eine gesunde und sichere Arbeitsumwelt. Sie enthält Vorschriften, wie Arbeitsräume, Lager und Läden gestaltet und ausgestattet sein müssen. Das betrifft auch Flucht- und Rettungswege, Pausenräume und sanitäre Einrichtungen.
- **Arbeitszeitgesetz (ArbZG)**
  Das Arbeitszeitgesetz legt den Rahmen für die Arbeitszeitgestaltung fest. Es begrenzt die tägliche Höchstarbeitszeit und schreibt Mindestpausenzeiten während der Arbeit und Mindestruhezeiten nach der Arbeit vor. Außerdem werden Regelungen zu Nacht- und Schichtarbeit sowie zu Sonn- und Feiertagsarbeit getroffen.
- **Berufsbildungsgesetz (BBiG)**
  Die gesetzlichen Anforderungen an die Berufsausbildung, Anpassungsfortbildung, Weiterbildung und Umschulung werden hier geregelt.
- **Betriebssicherheitsverordnung (BetrSichV)**
  Die Betriebssicherheitsverordnung regelt den sicheren Umgang mit Arbeitsmitteln, Maschinen, Geräten und Anlagen.
- **BG-Vorschrift "*Grundsätze der Präventation*"**
  Die BGV A 1 ist die zentrale Basisvorschrift eines neu gestalteten berufsgenossenschaftlichen Vorschriftenwerks für die Unfallverhütung. Weitere Infos: www.vbg.de
- **Biostoffverordnung (BioStoffV)**
  Die Biostoffverordnung regelt den Schutz der Beschäftigten vor der Gefährdung ihrer Sicherheit und Gesundheit bei Tätigkeiten mit biologischen Arbeitsstoffen einschließlich deren Einstufung in Risikogruppen.
- **Bürgerliches Gesetzbuch (BGB)**
  Das Bürgerliche Gesetzbuch ist die wichtigste Quelle des deutschen Privatrechts. Es ist in fünf Bücher eingeteilt und enthält den allgemeinen Teil, das Schuldenrecht, Schadenrecht, Familienrecht und Erbrecht.
  Das Bürgerliche Gesetzbuch ist aufgrund seiner besonders durchdachten Struktur weltweit anerkannt und wurde z.B. von Japan weitgehend für den eigenen Kulturkreis übernommen.
- **Betriebsverfassungsgesetz (BetrVG)**
  Das Betriebsverfassungsgesetz ist Teil des kollektiven Arbeitsrechts. Es regelt die Mitbestimmung der Arbeitnehmer in privaten Betrieben. „*Betriebe*“ sind hierbei organisatorische Einheiten, mittels derer ein Unternehmer seinen Betriebszweck (z.B. Produktion von Gütern) zu erreichen versucht. Die Mitbestimmung wird durch frei gewählte Vertreter, das sind die Betriebsräte, ausgeübt. Betriebsräte werden in Betrieben mit mindestens fünf Mitarbeitern gewählt.

- **Gefahrstoffverordnung (GefStoffV)**
  Die Gefahrstoffverordnung regelt umfassend was beim Inverkehrbringen (Vermarkten) von Chemikalien zu beachten ist (Einstufung, Kennzeichnung, Sicherheitsdatenblatt); gefährliche Stoffe und Zubereitungen (Stoffgemische) sind mit dem orangeschwarzen Gefahrensymbol und mit Warnhinweisen versehen, zu denen ergänzende Informationen im Sicherheitsdatenblatt zu finden sind:
  - die Schutzmaßnahmen beim Umgang mit Gefahrenstoffen
  - für welche Chemikalien Herstellungs- oder Verwendungsverbote und Beschränkungen bestehen.
- **GmbH-Gesetz**
  Das GmbH-Gesetz regelt in Deutschland im Wesentlichen die besondere Form einer GmbH, ihre Errichtung, ihre Organe und ihre Stellung im Rechtsverkehr. Es gliedert sich in:
  - Errichtung der Gesellschaft
  - Rechtsverhältnisse der Gesellschaft und Gesellschafter
  - Vertretung der Geschäftsführung
  - Änderungen des Gesellschaftsvertrages
  - Auflösung und Wichtigkeit der Gesellschaft
  - Schlussbestimmungen
- **Handelsgesetzbuch (HGB)**
  Das Handelsgesetzbuch ist ein Hauptbestandteil des Handelsrechts. Es enthält folgende Schwerpunkte (Bücher):
  - Handelsstand
  - Handelsgesellschaften und Stille Gesellschaft
  - Handelsbücher
  - Handelsgeschäfte
  - Seehandel
- **Heimarbeitsgesetz**
  Falls Sie Heimarbeiter beschäftigen regelt dieses Gesetz, welche Nachweise zu führen sind, wann z.B. welche Art von Arbeit vergeben bzw. abgeholt wird und welche Listen an die Agentur für Arbeit einzureichen sind.
- **Immissionsschutzgesetz**
  Zweck des Immissionsschutzgesetzes ist es, Mensch, Tiere und Pflanzen, den Boden, das Wasser, die Atmosphäre sowie Kultur- und Sachgüter vor schädlichen Umwelteinwirkungen zu schützen. Das Gesetz gliedert sich in sieben Teile und beschreibt die anlagenbezogenen Regelungen, die mit der Inbetriebnahme von Maschinen und Anlagen verbunden sind, die Luft verunreinigen und Lärm erzeugen können.

Erster Teil:
- Allgemeine Vorschriften

Zweiter Teil:
- Errichtung und Betrieb von Anlagen
- Genehmigungsbedürftige Anlagen
- Nicht genehmigungsbedürftige Anlagen
- Ermittlung von Emissionen und Immissionen, sicherheitstechnische Prüfungen,
- technischer Ausschuss für Anlagensicherheit

Dritter Teil:
- Beschaffenheit von Anlagen, Stoffen, Erzeugnissen, Brennstoffen, Treibstoffen und Schmierstoffen.

Vierter Teil:
- Beschaffenheit und Betrieb von Fahrzeugen, Bau und Änderung von Straßen und Schienenwegen.

Fünfter Teil:
- Überwachung der Luftverunreinigungen im Bundesgebiet, Luftreinhaltepläne und Lärmminderungspläne

Sechster Teil:
- gemeinsame Vorschriften

Siebter Teil:
- Schlussvorschriften

- **Jugendarbeitsschutzgesetz (JarbSchG)**
  Dieses Gesetz regelt Ruhe- und Freizeiten in der Beschäftigung, bestimmt wie Jugendliche beschäftigt werden dürfen und vor Aufnahme der Beschäftigung eine ärztliche Untersuchung stattzufinden hat.
- **Kündigungsschutzgesetz**
  Das Gesetz regelt den Schutz vor sozial ungerechtfertigten Kündigungen.
- **Lohnfortzahlungsgesetz**
  Arbeitnehmer, die durch Krankheit arbeitsunfähig werden, haben bspw. Anspruch auf Lohn- und Gehaltsfortzahlung.
- **Mutterschutzgesetz (MuSchG)**
  Dieses Gesetz regelt auch, wann welche Tätigkeiten mit Einschränkungen möglich sind und das bei Vorliegen eines ärztlichen Attestes werdende Mütter nicht beschäftigt werden dürfen.
- **Schwerbehindertengesetz (SchwbG)**
  Frauen in der Schwangerschaft, Kinder und Jugendliche sowie schwer behinderte Arbeitnehmer/innen benötigen einen besonderen Schutz vor Risiken und Gefahren. Spezielle Vorschriften sind in den o.g. Gesetzen verankert.

- **Scheckgesetz (ScheckG)**
  Das Scheckgesetz beschreibt 13 Merkmale der ausgestellten Zahlungsanweisung eines Kunden an ein Kreditinstitut. Es wird geregelt wie mit diesem verbrieften Recht ungegangen wird. Ein Scheck liegt dann vor, wenn er den Formvorschriften des Scheckgesetzes entspricht.
- **Tarifvertragsgesetz (TVG)**
  Das Tarifvertragsgesetz regelt die Rechte und Pflichten der Arbeitgeber und Arbeitnehmer und enthält Rechtsnormen, die den Inhalt, den Abschluss, die Beendigung und weitere Punkte von Tarifverträgen ordnen.
- **Bundesurlaubsgesetz (BUrLG)**
  Hier wird der gesetzliche Anspruch auf bezahlten Erholungsurlaub geregelt und wie mit tariflichen und betrieblichen Vereinbarungen umgegangen wird.
- **Wechselgesetz (WG)**
  Das Wechselgesetz regelt die besonderen Formvorschriften für das schuldrechtliche Wertpapier *„Wechsel"*.

Bei den genannten Einzeltexten handelt es sich nicht ausschließlich um einzelne Bücher, Selbst die Taschenbuchausgaben fassen mehrere dieser Gesetzestexte zu entsprechenden thematisch zusammengehörigen Werken zusammen.

☞ **Denken Sie auch daran, sich bei der Beschaffung dieser Werke die Quittungen ausstellen zu lassen, die Sie im Rahmen Ihrer Vorlaufkosten steuerlich geltend machen können.**

3.7.18. Kontrollfragen

- [ ] Etablieren Sie eine tragfähige Vollexistenz oder gehen Sie einen alternativen Weg in die Selbständigkeit?
- [ ] Starten Sie mit einem originäreren Start up-Vorhaben?
- [ ] Nutzen Sie eine unabhängige Unternehmensbewertung bei der Übernahme eines bestehenden Unternehmens?
- [ ] Sind Zulassungen, Bewilligungen, Sondergenehmigungen, Konzessionen oder ähnliches erforderlich?
- [ ] Allein oder mit Partnern - kennen Sie die Vorteile Ihrer künftigen Rechtsform?
- [ ] Sind Sie sich über den Firmennamen schon klar geworden?
- [ ] Werden Sie Kannkaufmann im Sinne des HGB?
- [ ] Sind Sie sich über den Firmennamen schon klar geworden?
- [ ] Werden Sie Ihr Firmenlogo markenrechtlich schützen lassen?
- [ ] Werden Sie eine Unternehmensberater/Coach einbinden? Ab welchen Zeitpunkt?
- [ ] Kennen Sie die Qualitätsmerkmale/Unterschiede zur Absicherung Ihrer Beraterwahl?
- [ ] Legen Sie Wert auf eine qualifizierte Gründungsberatung?
- [ ] Notieren Sie sich bei allen Kontakten Ansprechpartner, Telefondurchwahl, e:Mail-Adresse.

4. Entscheidungshilfen

Auf dem Weg bis zu diesem Kapitel haben Sie

- sich mit typischen Überlegungen zum Gründungsvorhaben auseinandergesetzt, sich in die Szene eingelesen und wichtige Hintergrundinformationen erhalten, vieles über die Phasen von Unternehmensgründungen erfahren,
- eine persönliche Standortpositionierung durchgeführt und sind sich über Ihre Stärken und Schwächen bewusst geworden,
- erfahren, welche Wirtschaftspartner Ihnen in Ihren Gründungsüberlegungen behilflich sein können,
- detaillierte Informationen beschafft und viele Gesprächspartner kennen gelernt.

Berücksichtigen Sie bitte, dass viele Detailinformationen zum Markteintritt, zur betriebswirtschaftlichen Einschätzung, dem Businessplan, den Vorbereitungen und der Durchführung von Kreditgesprächen den Folgebänden des Gründerzyklus vorbehalten bleiben müssen, ebenso auch detailliert Ausführungen zu Partnern / Institutionen vor der Gründung und im Aufbau der Netzwerke während der Etablierungsphase. Die jetzt anstehende Entscheidung Ihr Projekt fortzusetzen oder zu verwerfen, liegt bei Ihnen.

4.1. Checkliste

Dieses vierte Kapitel möchte Ihnen mit der folgenden Checkliste Entscheidungshilfen bieten, wird Ihnen Ihre ursächliche Disposition jedoch nicht abnehmen können.

- Stellen Sie Unsicherheiten fest, haken oder fassen Sie nach.
- Übergehen Sie keinen der Punkte. Verdrängen Sie sie auch nicht.

Es sind K.O.-Kriterien, die erfüllt sein müssen, wollen Sie Ihre Idee zum Erfolg führen.

Checkliste zur Grundsatzentscheidung

	Ja	Nein
Gründen Sie alleine oder mit Partnern?	❐	❐
Besitzen Sie genügend Eigenkapital den Investitionsbedarf anteilig zu decken?	❐	❐
Haben Sie sich einem Gesundheitscheck unterzogen?	❐	❐
Werden Sie vom Lebensgefährten und Familie unterstützt?	❐	❐
Besitzen Ihre Produkte / Dienstleistungen ausreichend Alleinstellungs-/Unterscheidungsmerkmale?	❐	❐
Kennen Sie Ihre Zielgruppe wirklich?	❐	❐
Haben Sie alle Informationsbesuche abgeschlossen und diese schriftlich protokolliert (Fragen/Antworten)?	❐	❐
Binden Sie einen Unternehmensberater als Gründungscoach mit ein?	❐	❐
Sind öffentliche Finanzierungshilfen interessant?	❐	❐
Haben Sie Ihre Hausbank gewählt?	❐	❐
Sind Sie mit Ihrem Geschäftsplan zufrieden?	❐	❐
Sind Ihnen die Inhalte der weiteren Werke innerhalb des Existenzgründerzyklus bekannt?		
- Band II - Markteintritt und Wachstum	❐	❐
- Band III - Businessplan und Chancen	❐	❐
- Band IV - Finanzierung und Sicherheiten	❐	❐
- Band V - Netzwerke und Partnerschaften	❐	❐

Haben Sie alle Punkte zu Ihrer Zufriedenheit abgehakt, notieren Sie das Datum. Später, falls Sie die Unterlagen wieder in die Hand nehmen, werden Ihnen diese wichtige Schlüsselinformationen für eine Rekonstruktion bieten.

Bitte entscheiden:

Weitermachen: ❑ ______________________
Datum - Das ist der endgültige Startschuss

Zurückstellen: ❑ ______________________
bis zum Jahr

Jetzt aufhören: ❑ ______________________
Unterlagen aufheben. Warum nicht zu einem späteren Zeitpunkt bei geänderten Voraussetzungen noch einmal darauf zurückkommen?

4.2. Mental-Mind-Tipp

Mentales Training - Quantensprünge zu mehr Kreativität, sich ganzheitlich auf eine Aufgabe, ein Projekt, vielleicht auf eine strategische Entscheidung vorzubereiten heißt, gewünschte und geplante Abläufe im Voraus gedanklich möglichst präzise durchzuspielen, Eventualitäten zu erkennen, mit Modifizierungen dagegen zu halten und denkbare Reaktionen ins Kalkül zu ziehen. Mental-Mind-Events unterstützen diese auf die Zukunft ausgerichteten Ziele durch differenzierte Kommunikationsprozesse in Zwiegespräche mit einem erfahrenen Coach. Wert wird dabei auf die bewusste Trennung vom „operativen Alltag" und der Nutzung einer möglichst naturnahen, innovativen und kreativen Einflussphase gelegt.

Ein winzig kleiner, aber praktischer Tipp: nutzen Sie eines der nächsten Wochenenden und machen Sie alleine eine kleine Reise. Es muss kein luxuriöses Hotel sein. Auch muss es sich nicht um eine Flugreise in die Ferne handeln. Gönnen Sie sich ein paar Stunden Ruhe, an einem Ihnen bekannten Fleck, auf einer Hütte in den Bergen, an einem See, in der Heide, im Wald oder irgendwo auf einer Insel. Essen Sie gut zu Abend, machen Sie einen ausgedehnten Spaziergang, sinnieren Sie beim Sonnenuntergang, träumen Sie einfach in der Restaurantbar oder am Kaminfeuer.

Wichtig ist - werden Sie eins mit sich.

Es spielt auch keine Rolle, ob Sie in sich gehen oder anwesende Mitmenschen einbinden, sich gesellig oder introvertiert verhalten, nur - werden Sie *„cool"*. Schlafen Sie. Gönnen Sie sich ein Frühstück nach Ihrem Geschmack und erwarten Sie an diesem Folgetag Ihre Familie. Wiederholen Sie gemeinsam mit Ehefrau, Lebensgefährtin, Partner, vielleicht auch den Kindern diesen *„denkwürdigen Spaziergang"* und binden Sie jetzt Ihre Familie in diesen meist einmaligen Entscheidungsprozess mit ein. Zweifeln Sie jetzt nicht mehr - entscheiden Sie.

Jetzt besteht auch noch Gelegenheit darüber nachzudenken, ob und wie Sie die folgenden Schritte der Realisierung eventuell protokollieren wollen. Am Ende dieses Werkes wird Ihnen über die *„Chance"* eine Möglichkeit, mit geschickten Eigenmarketing weitere Mehrwerte und Zusatznutzen zu generieren, geboten. Dafür können Ihnen die erstellten Aufzeichnungen sehr behilflich sein.

Nutzen Sie auch die folgenden WEB Entscheidungshilfen:

Mental-Mind-Walking-Vorschläge
www.uvis.de/uvis6500.htm.

Start up-Kit
www.uvis.de/uvis4180.htm.

5. Organisatorische Abfolge der Realisierung

Dieses vorletzte Kapitel konzentriert sich auf Themen, die den Unternehmensstart erleichtern und Ihnen helfen, vor dem Gründungszeitpunkt bzw. Ihrer Geschäftseröffnung eventuell aufkommenden Stress zu vermeiden. Es möchte auch organisatorische Hilfestellungen für die Zeit danach geben. Führung und Organisation sind zwei Prinzipien, die Sie gerade als Unternehmensgründer in den ersten Monaten Ihres neuen Unternehmens zu handhaben verstehen müssen. Ihren Fähigkeiten obliegt es ferner

- diese Prinzipien zu erkennen,
- sie richtig und konsequent umzusetzen, um
- mit Geschick und Ihren Mitarbeitern die gesteckten Ziele zu verwirklichen.

5.1. Funktionelle Gliederung

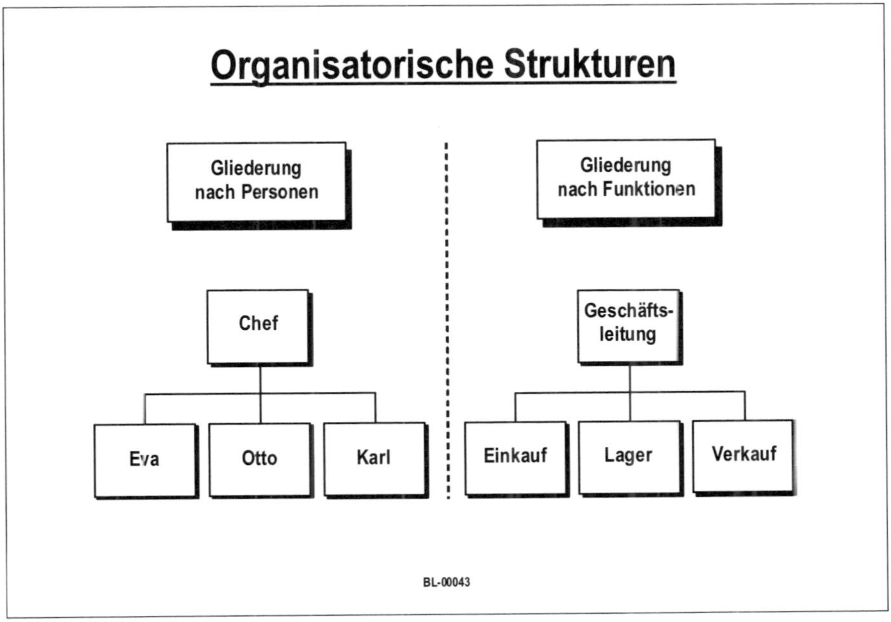

Selbstverständlich werden Sie mit der Realisierung Ihres Gründungsvorhabens die Funktion eines Generalisten wahrnehmen. Damit ist nichts Militärisches gemeint, vielmehr werden Sie Chef, Rechnungsschreiber, Einkäufer, vielleicht Lagerist, sicherlich Verkäufer und Vertreter zugleich sein. Es mag unter diesem Gesichtspunkt den Anschein haben, dass Ihnen eine Gliederung Ihres Unternehmens nach funktionellen Gesichtspunkten im Moment noch von einer untergeordneten Bedeutung erscheint oder Sie gar nicht wissen, was Sie jetzt damit anfangen sollen. Trotzdem - versuchen Sie von Anfang an eine organisatorische Struktur bei allen Ihren Handlungen im Unternehmen zu erkennen. Bei der Vielzahl der neuen Aktivitäten und Verantwortungsbereiche werden Sie als Jungunternehmer auch das Phänomen nicht los, Fehler zu machen, vielleicht auch viele Fehler. Aus Fehlern lernt man, werden Sie sagen. Stimmt.

Fehler sollten anregen, diese nach Möglichkeit nicht zu wiederholen und Verbesserungen einzuleiten.

Kosten, Zeitverluste und Stress sind Nebeneffekte nicht beseitigter Mängel und belasten Jungunternehmer, sofern sie sich damit nicht auseinandersetzen, mit der Zeit recht stark. Sie werden Mitarbeiter einstellen. Diese wollen wissen, was sie zu machen haben und welche Funktion und Aufgaben sie übernehmen sollen.

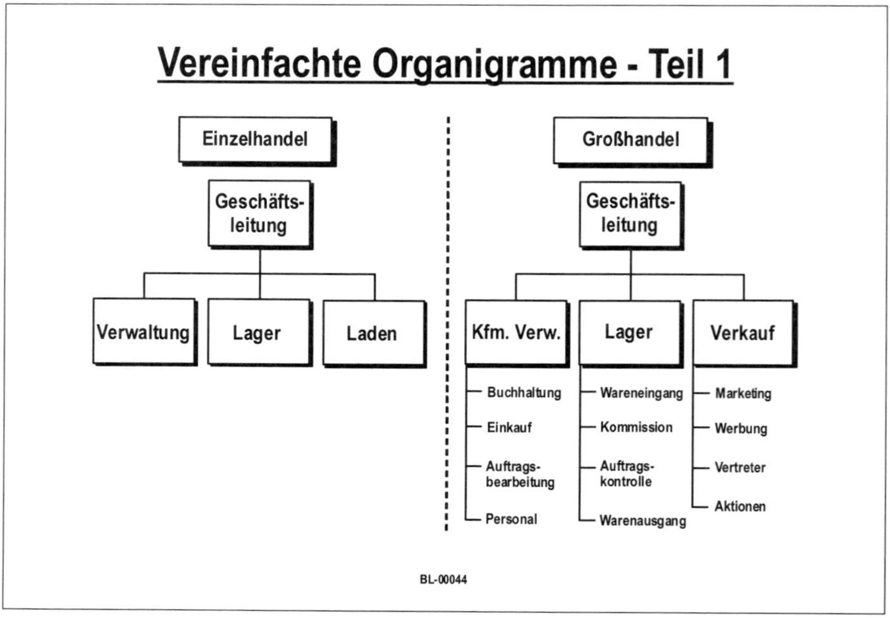

Geben Sie ihnen eine Perspektive und Gelegenheit sich zu orientieren.

Je besser Sie vorbereitet sind, desto sicherer wird Ihnen das gelingen. Nach der Gründung Ihres Unternehmens wird sich dieses (hoffentlich) positiv entwickeln. Eine außergewöhnliche Chance - Sie sollten von Anfang an nachvollziehen können, worin dieser Erfolg begründet ist. Umgekehrt verhält es sich mit den Kosten - fragen Sie sich, wo unnötige Kosten anfallen. Kurz gesagt - neben den Zielsetzungen, - der Unternehmensplanung und -führung -, gehört auch ein Mindestmaß an Unternehmensorganisation dazu, den Aufbau des Unternehmens und den dazugehörigen Ablauf im Betriebsalltag sicherzustellen. Verlusten, die durch Schwund oder Diebstahl am Lager begründet sind, kommen Sie auf die Spur, wenn Ihnen die Warenströme vom Wareneingang bis letztlich zur Abrechnung an der Kasse geläufig sind. Gleiches gilt für Dokumente, Schriftstücke und Notizen, kurz für alle Informationen.

- Wo, von wem, wann und wofür werden die Informationen erstellt?
- Wie finde ich Informationen wieder?

☞ **Verschaffen Sie sich Transparenz.**

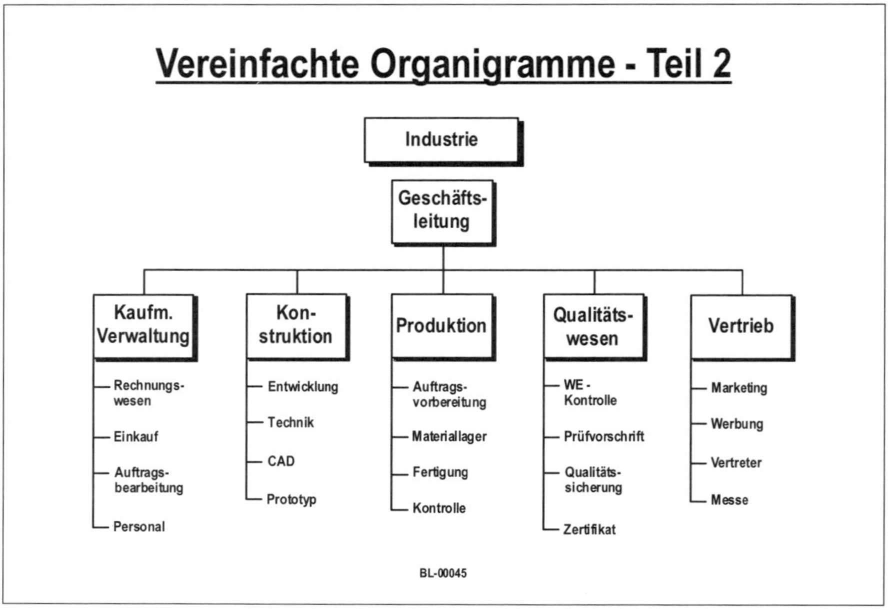

Die Organisationspläne des Einzelhandels sind gegenüber dem Großhandel, bedingt auch durch den geringeren Personaleinsatz und die Verschiedenheit der Funktionen einfacher gegliedert. Wesentlich differenzierter verhält es sich bei Gliederungsschemata der Industrie. Die Vielseitigkeit der Aufgaben, größere Personalbesetzungen und eventuell differenzierte Standorte machen umfangreiche und detaillierte Aufzeichnungen erforderlich. Handwerkliche Unternehmen und Dienstleister hingegen sind wieder einfacher zu überblicken. Im Detail können Organisationspläne unterschiedlich gestaltet sein. Viele enthalten aber immer wieder gleiche oder ähnlich ausgeprägte Funktionen.

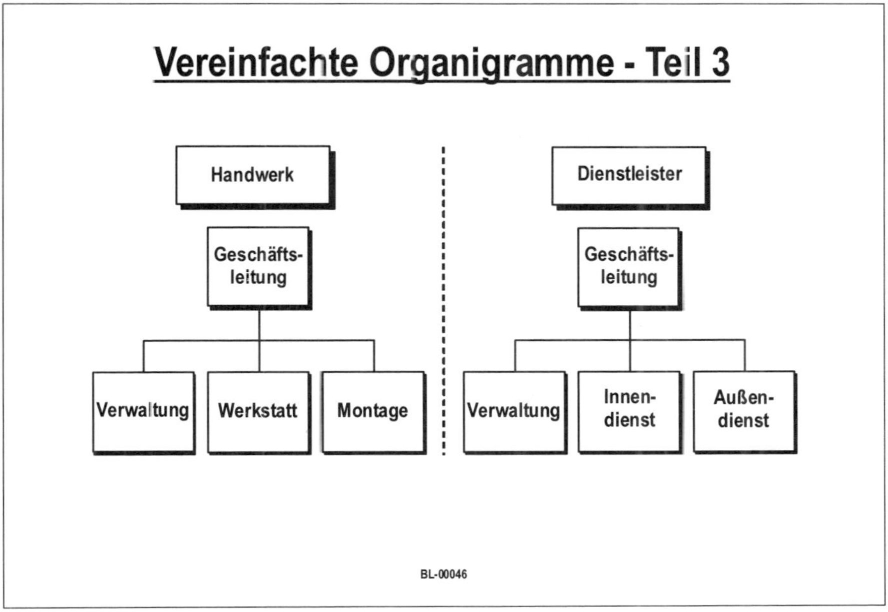

5.2. Personal

Nichts geht alleine. Sie werden Mitarbeiter einstellen, sie anleiten, führen, kontrollieren und nicht zu vergessen - motivieren, wenn Sie Ihr Unternehmen auf Erfolgskurs bringen wollen. In jungen Unternehmen, in denen Existenzgründer - wie Sie - vieles in Personalunion persönlich regeln, werden die Funktion *„Personal"* und die dazugehörigen Aufgabenschwerpunkte eine niedrigere Priorität einnehmen.

Langfristig, mit wachsendem Mitarbeiterstamm, sollten Sie nicht versäumen über die Funktionen der *„Einstellung“* und *„Abrechnung“* von Mitarbeitern hinaus, auch über die Realisierung anderer Personalsubfunktionen nachzudenken.

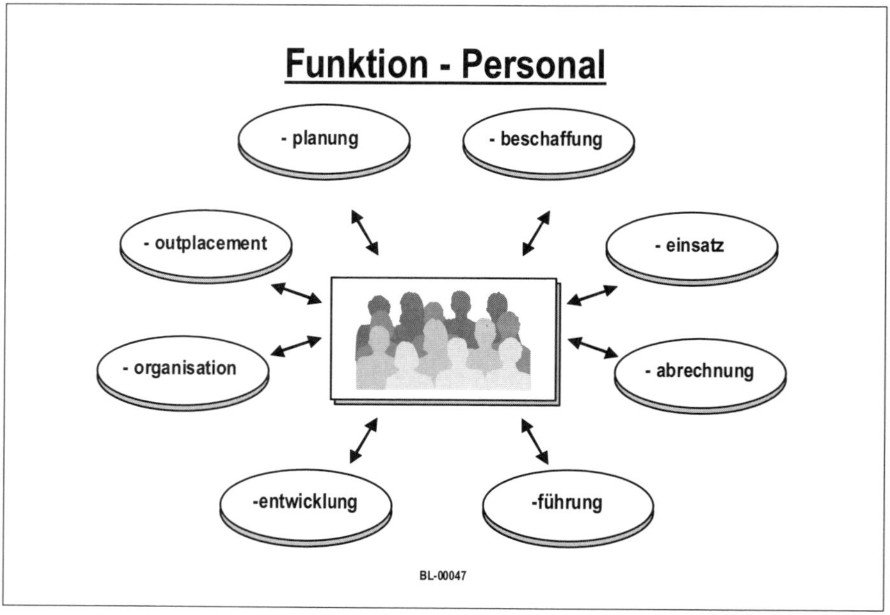

Zu den Einzelaufgaben solcher Subfunktionen gehören:

- **Personalplanung und -beschaffung**
  Beobachtung des Arbeitsmarktes, Abgleichen mit Unternehmenszielen und -planung, strategische Personaldisposition, operative Personalbeschaffung, Stellenausschreibungen, Bewerberauswahl, Vertragsgespräch, Einstellung
- **Personaleinsatz und -abrechnung**
  Personalakte, Lohn- und Gehaltsabrechnung, Sozialwesen, Schnittstellenfunktion zu Sozialversicherungsträgern und Tarifpartnern, Personalstatistik und -auswertung
- **Personalführung**
  Motivieren und Controllen, Personalsach- / -fachgespräche, innerbetriebliche auf die Unternehmensziele, abgestimmte Karriereplanung

- **Personalentwicklung**
  Personalbeurteilung, -einstufung, Klärung von Fortbildungsmaßnahmen, Training, Qualifizierung, Ausbildung
- **Personalorganisation**
  Stellenbeschreibungen, Stellenbesetzungen, Anordnungsbeziehungen
- **Personal-Outplacement**
  Kündigung, Abfindung, Zeugnis, arbeitsrechtliche Konflikte

5.3. Waren-/Material- und Lagerwirtschaft

Diese Funktion beschränkt sich bei Dienstleistungsunternehmen in der Regel auf Materialien, die der eigenen Versorgung dienen, Verbrauchsartikeln wie Datenträgern, Tonern, Papieren, Kuverts etc. Für die Industrie, das Handwerk, Einzelhandels- und Großhandelsunternehmen erlangen diese Funktionen eine wichtigere Bedeutung. Moderne Warenwirtschaftssysteme möchten eine hohe Lieferbereitschaft und einen geringen Einsatz für das gebundene Kapital gewährleisten. Die recht unterschiedlichen Margen werden bei der Betrachtung der Fixkosten noch stärker reduziert und können bei einem zu geringen Lagerumschlag für den Unternehmer zu einem Zuschussgeschäft führen. Kurzfristig kann, um die zu hohe Kapitalbindung zu nivellieren, durch Räumungs- und Teilräumungsverkäufe, Sonderaktionen, saisonal bedingt oder außer der Reihe, dem Unternehmen Liquidität zugeführt werden. Langfristig sind in der Lager-/Materialdisposition Fehlentscheidungen nur schwer zu korrigieren. Das folgende Beispiel verdeutlicht die Auswirkungen:

- Zinsen für gebundenes Kapital	8 - 12 %
- Wertberichtigung für Verderb, Veralterung, Schwund	5 - 8 %
- Raumkosten, Miete, Verwaltung	3 - 5 %
- Transporteinrichtungssysteme, Verpackung	3 - 5 %
- Versicherung	1 - 2 %
	--------------
	20 - 32 %

Die Kosten erreichen schnell eine Größenordnung, die nur durch hohe Lagerumschlagsgeschwindigkeit und Verteilung auf viele Produkte reduziert werden kann. Ein um 100.000,- Euro überhöhter Lagerbestand verursacht somit jährlich 20.000,- bis 32.000,- Euro Kosten.

Funktion - Waren-, Material- und Lagerwirtschaft

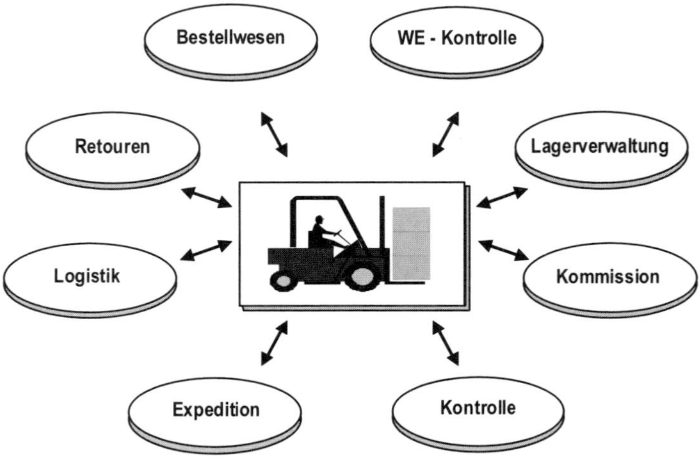

BL-00048

Zielsetzung einer geordneten Waren-, Material- und Lagerwirtschaft ist die:

- schnelle und pünktliche Zusammenstellung der Waren,
- Durchführung von Warenausgangs- und Auftragskontrolle,
- Bedienung der Aufträge über bedarfsgerechte Transportsysteme/ Dienstleister und
- Rückkopplung kritischer Warenbestände an den Einkauf mit Bestellaufforderung.

Unterstützt wird diese Zielsetzung durch den Abbau folgender Problemstellungen:

- fehlende Warenbestände reduzieren
- Disposition geeigneter Transportsysteme
- Warenausgangskontrolle und Erhöhung des Qualitätsniveaus
- Minimierung doppelten Verwaltungsaufwandes (Retouren)
- zu hohe Lagerbestände, die unnötig Kapital binden

Innerhalb der Funktion Lager- und Materialwirtschaft lassen sich folgende Teilprozesse näher definieren:

- **Einkauf / Bestellwesen**
  Marktübersicht, Preis- und Rabattpolitik, Lieferzeiten, Bestellgrößen, Messen, Sortimentsgestaltung, Vertretergespräche, Sonderangebote, Lieferantenauswahl
- **Wareneingang / Kontrolle**
  Räumliche und zeitliche Disposition des Wareneinganges, Verpackungsentsorgung, Retouren, quantitative und qualitative WE-Kontrollen, WE-Freigabe von Kunden- und/oder Lieferantenretouren und Reklamationen
- **Lagerwesen / -verwaltung**
  Einvernahme der Waren, internes Transportwesen, Lager- und Regalsysteme, Kennzeichnung der Waren und Standplätze, kundenwirksame Positionierung
- **Waren- und Materialdisposition, Kommissionierung**
  Auftragsbezogene, quantitative und qualitative Kontrolle der Dispositionen
- **Expedition**
  Versand und verpackungseinheitenorientierte Ordnung, umweltgerechtes Verpackungswesen, Versand- und Lieferpapiere, Waren-/Verpackungskontrolle, Verladen, Freigabe und Freischalten an das Auftragswesen.

5.4. Produktion

Diese Unternehmensfunktion betrifft Sie nur, wenn Sie sich im Wirtschaftsbereich „*Industrie*", eingeschränkt im Handwerk, verselbständigen oder mit der Entwicklung und Markteinführung eines innovativen Produktes, das Sie selbst herstellen möchten, befassen.

5.4.1. Anforderungen an Raum und Organisation

Je nachdem wie Ihre Produktion aussehen wird - diese Funktion ist im Vergleich mit den verschiedenen Wirtschaftszweigen mit Abstand die kostenintensivste.

Sie benötigen:

- **Platz und Raum für:**
  Maschinen, Rohstofflager, Hilfs- und Betriebsstoffe, Zwischenlager, Endlager
- **Logistische Einrichtungen**
  Transporteinheiten, Steuerungstechnik
- **Organisatorische Verfahren**
  Materialdisposition, Eingangskontrolle (Qualitätssicherung), Konstruktion und Technologie, Produktions- oder Fertigungsplanung und -steuerung, Qualitätswesen/-sicherung, Systemerprobung und -abnahme, Ausbildungswesen (Fachkräftebedarf)

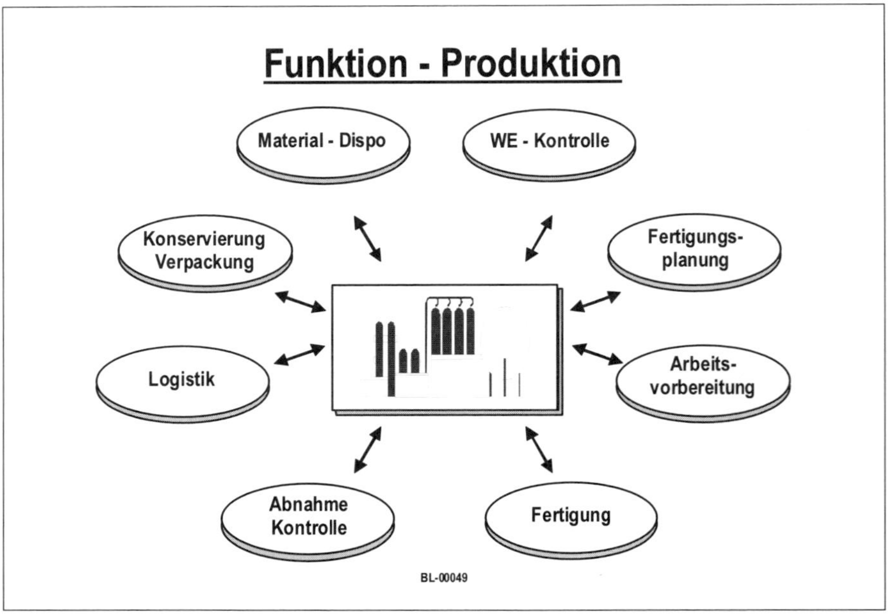

Diese zusätzlichen organisatorischen Merkmale und Einzelfunktionen unterscheiden Hersteller gravierend von Händlern oder Dienstleistern. Dabei ist es unerheblich, ob Sie eine Eigenfertigung betreiben oder diese als so genannte *„verlängerte Werkbank“* (Lohn-/ Auftragsfertigung) ausgelagert haben. Gesetzesauflagen, Bestimmungen und Verordnungen erschweren zusätzlich das industrielle Gründungsvorhaben.

5.4.2. Umweltrechtliche Anforderungen und Genehmigungen

Neben Bau- und weiteren Genehmigungen treten in vielen Fällen umweltrechtliche Bestimmungen und Gesetze ein. Dies trifft zu bei:

- der Einrichtung oder dem Betreiben von Anlagen,
- der Benutzung von Gewässern und
- dem Inverkehrbringen bestimmter Stoffe.

☝ **Inbetriebnahme von Anlagen erst nach Genehmigung.**

Gesetzliche Auflagen ergeben sich z.B. aus:

- Bundes-Immissionsschutzgesetz
- Verordnung über genehmigungsbedürftige Anlagen
- Verordnung über Genehmigungsverfahren
- Verbrennungsverordnung

Wenn Sie sich nicht sicher sind, inwieweit Ihr Vorhaben von Gesetzen zur Umwelt tangiert wird, sollten Sie sich das *„Gesetz über die Umweltverträglichkeitsprüfung (UVPG)“* anschaffen und ausführlich beraten lassen. Es ist rechtzeitig zu klären, wie sich Ihr geplantes Vorhaben auf die Umwelt auswirken kann. Das Wasserhaushaltsgesetz kommt zur Anwendung, wenn Sie sowohl oberirdisches, alternativ auch Grundwasser entnehmen, aufstauen, absenken oder etwas aus Ihrem Produktionsprozess diesen hinzuführen möchten. Möchten Sie einen Betrieb führen, der voraussichtlich bedeutende Umweltbelastungen verursachen wird, sind Sie verpflichtet einen Gewässerschutzbeauftragten zu stellen und haben diesen bei Ihren Personaldispositionen zu berücksichtigen. Als Unternehmer haben Sie grundsätzlich alle Abfälle und Reststoffe für die Entsorgung nachzuweisen. Als Sonderabfälle werden gefährliche Abfälle und die von der Entsorgungspflicht gesetzlich ausgeschlossenen Abfälle bezeichnet. Ausgeschlossene Abfälle sind Abfälle, die nach ihrer Art oder Menge nicht mit dem Hausmüll entsorgt werden können.

☞ **Sie müssen Sorge tragen, ggf. Dritte beauftragen, die Sonderabfälle angemessen - an den Vorschriften orientiert - zu entsorgen.**

Entsprechende Formulare zu Abgaben *„verantwortlicher Erklärungen“* und unterschiedlicher Behandlung von Müll sind im Regelfall über die Entsorgungsunternehmen zu erhalten. Vor dem Ausfüllen der angesprochenen Formulare ist stets eine entsprechende Analyse des zu entsorgenden Mülls vorgeschaltet.

5.5. Qualitätsmanagement

TQM - Total Quality Management, ein recht junges Wort der Produktions- und Qualitätswirtschaft, mit traditionell technisch- und qualitätsorientiertem Hintergrund, kann für kleine und junge Unternehmen Vorteile bieten. Durch ein gut organisiertes Qualitätsmanagement lassen sich unbezahlte Nacharbeiten, Ausschussraten, Nachbesserungen, Doppelarbeiten, Fehler, Inspektionen und Garantieleistungen reduzieren oder gar vermeiden. Die meisten großen Unternehmen, mit ihren gewachsenen Strukturen, haben damit die gewaltigsten Probleme. Leankonzepte sollen hier helfen die Ineffizienz so mancher größerer Unternehmen zu reduzieren - eine Chance für junge Unternehmen und gerade Existenzgründer, die neu auf den Markt treten, gleich von Anfang an mit der Einführung eines klaren Organisations-, Qualitäts- und Personalführungskonzeptes nicht nur gegenüber den großen Betrieben gleichzuziehen, sondern bei einer konsequenten Bündlung der Qualitätsmaßnahmen, diese zu überrunden. Wie?

Mit der Norm ISO 9000 bspw. werden Unternehmen angehalten,

- den Ablauf exakt zu dokumentieren,
- ein Qualitätsmanagementhandbuch zu erstellen
- und Anweisungen sowie Umsetzung der genannten Punkte vorzuleben und nachzuweisen.

Des Weiteren werden Qualitätsaufzeichnungen wie Prüfvorschriften, Prüfanweisungen und Prüfberichte erstellt, die sachkundige Dritte nachvollziehen lassen, wie der hohe Qualitätsanspruch in dem zertifizierten Unternehmen realisiert wird. Für viele Firmen bedeutet eine Zertifizierung neben den enormen einmaligen und wiederkehrenden Kosten eine umfangreiche Revidierung der Organisationsstruktur. Auf die Revidierung der organisatorischen Strukturen kann der Existenzgründer verzichten, sofern dieser vor Gründung sich mit dieser Thematik auseinandersetzt und aufbauend auf den detaillierten Unternehmensbeschreibungen, die im Zusammenhang mit dem Businessplan erstellt wurden, verfeinert. Durch die Aufzeichnungen der geplanten Ablauforganisation (Workflow) oder des Prozessablaufes erledigen Sie diese ersten Schritte in Richtung. TQM (Total Quality Management) automatisch. TQM ist ein langfristig dynamisches Managementkonzept, das dem Ziel der Qualität, die Unternehmensleistung nachhaltig zu verbessern, dient. Die philosophische **Grundlage des TQM ist das Kaizen**, ein japanisches Wort für Verbesserung. Dabei wird die Botschaft an die Belegschaft des Unternehmens getragen, sinngemäß keinen Tag vergehen zu lassen an dem nicht eine Verbesserung erarbeitet oder realisiert wird. Damit Kaizen auf dem Weg zum TQM in einem Unternehmen realisiert wird - Sie profitieren davon als Existenzgründer und baldiger Jungunternehmer im doppelten Sinne - muss dieser Gedanke (des Kaizens) im Kopf des Unternehmers und der Mitarbeiter reifen.

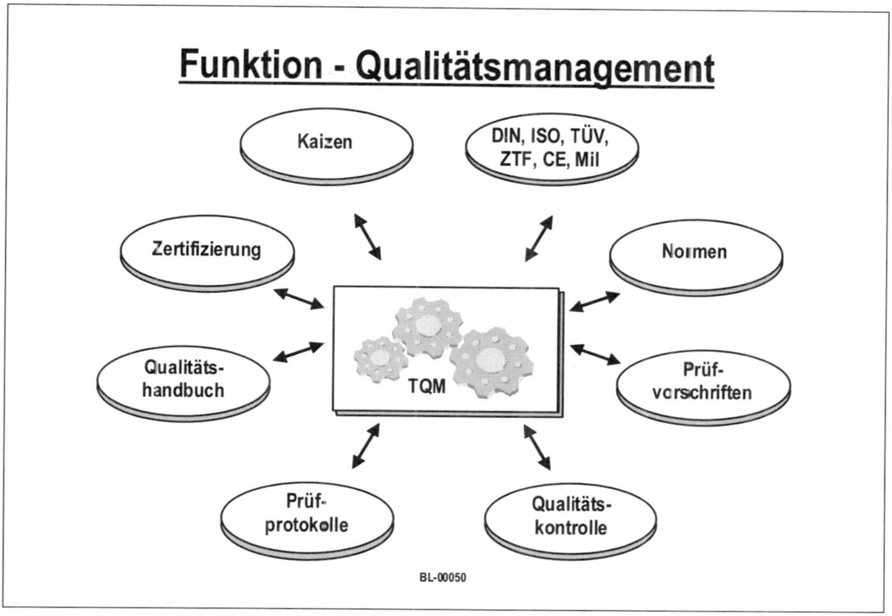

TQM wird dadurch zu einer Ihrer Führungsaufgaben. Die Notwendigkeit, Qualität in die Arbeitsaufgabe der Mitarbeiter zu übertragen, wird zu einer ständigen Mahnung, ein überschaubares eigenverantwortliches Arbeitsverhalten anzustreben. Ihr Kunde, der in einer vernetzten Welt von Beziehungen lebt, erhält nicht nur Ihr Produkt oder erfährt nur Ihre Dienstleistung. Sein Eindruck, das positive oder negative Urteil, wird weit - manchmal sehr weit - getragen.

Ist der Kunde zufrieden, informiert er andere, motiviert und mobilisiert diese.

War er unzufrieden, berichtet er auch dieses. - Was meinen Sie? Welchen Eindruck hinterlassen dann Ihre Produkte? Die Qualität wird bei der Idee und Entwicklung bestimmt. Was sich letztlich aus der Qualität entwickeln wird, bestimmen der Kunde oder der Markt. Sie müssen in der Lage sein, diese Erkenntnis aufzunehmen und sie als dynamischen Prozess in die Weiterentwicklung und Reife Ihres Produktes oder Ihrer Dienstleistung einfließen zu lassen. Als Inhaber und Geschäftsführer sind Sie gefordert, ständig motivierend auf Mitarbeiter einzuwirken und ihnen Standorte und Perspektiven aufzuzeigen.

5.6. Vertrieb

Verkaufsförderung erfährt ein Unternehmen durch die Funktion „*Vertrieb*". Es handelt sich hierbei sowohl um Organisation, als auch eine Methode, Produkte und Dienstleistungen zu verkaufen. Als Existenzgründer entscheiden Sie zunächst wie Sie vermarkten wollen - direkt oder indirekt.

5.6.1. Direktvertrieb

Produkte oder Dienstleistungen werden direkt an den Endverbraucher, ohne Mittler oder Zwischenhändler einzuschalten, verkauft. Dies kann im eigenen Laden, an der Tür beim Kunden, per Telefon oder in der Funktion des Versand- oder Internethandels geschehen.

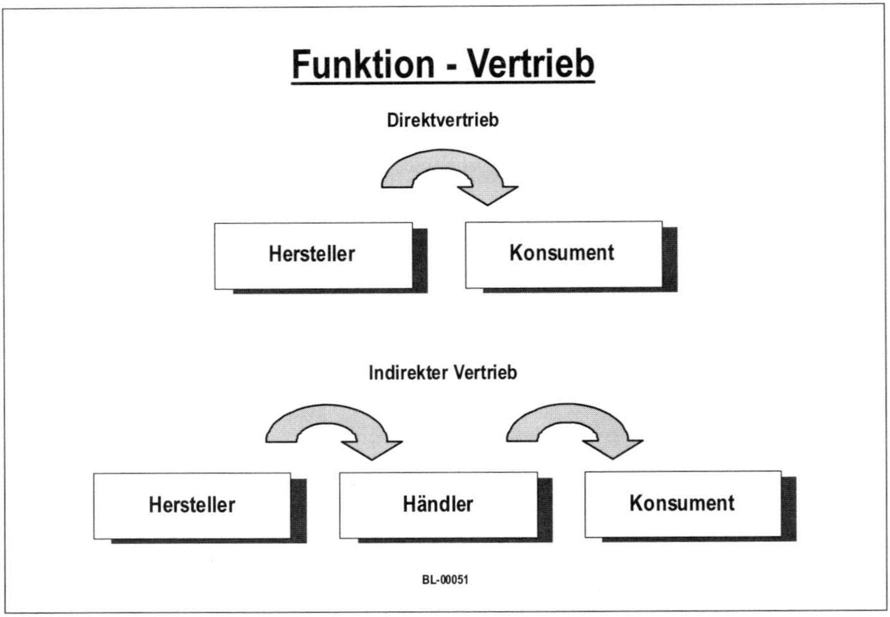

Vorteile beim Direktvertrieb:

- unmittelbare Kundennähe und beste Möglichkeiten der Rückkopplung.
- die Marge von den Selbstkosten bis zum Verkaufspreis kommt Ihnen zugute
- kurze Weg- und Lieferzeiten.
- erklärungsbedürftige Produkte werden durch Beratung besser verkauft.

Nachteile:

- aufgrund Ihrer zeitlichen Kapazität nur beschränkte Marktdurchdringung
- Soweit Sie nicht bestens geschulte Mitarbeiter haben, werden Sie persönlich zeitlich gebunden. Sie stehen für andere Dispositionen nicht zur Verfügung.
- Zum Aufbau eines eigenen Vertreter- und Filialnetzes ist ein entsprechender Kapitaleinsatz erforderlich.

5.6.2. Indirekter Vertrieb

Über Zwischenhändler, Vertreter, Kommissionäre oder den klassischen Einzelhändler verkaufen Sie Ihre Produkte. Sie binden die Manpower und das Know-how von Geschäftspartnern ein und können Ihre Produkte besser, schneller und umfassender vermarkten. Synergien entstehen bei System- und Koppelprodukten, wenn Sie von den Verkaufsbemühungen des Partners profitieren.

Kalkulieren Sie einen Wiederverkäuferrabatt bzw. Provision für den Geschäftspartner mit ein.

Vorteile bei indirektem Vertrieb:

- höhere Geschwindigkeit der Markteinführung bei vorhandenen Partnern.
- Durch Schulung Ihrer Partner portieren Sie Know-how und entlasten sich.
- Sie können ggf. auf vorhandene Potenziale insbesondere Vertriebswege bauen.
- Durch Händlerrabatte reduzieren Sie Kapitaleinsatz zur Einrichtung und Aufrechterhaltung einer Vertriebsorganisation und entsprechender Lagerkapazitäten.

Nachteile:

- eingeschränkte Rückkopplung durch den Kunden.
- reduzierte Kompetenz bei erklärungsbedürftigen Produkten oder Dienstleistungen.
- weniger attraktive Vermarktung von Hochpreisprodukte.
- lange Wege bei Reklamationen oder Nachbesserungen.

Weitere Detailinformationen in dieser Buch-Reihe
Buch II - „Markteintritt und Wachstum“

5.7. Rechnungswesen

Die Funktion *„Rechnungswesen“* verschafft einen weitgehenden Überblick über die Werte im Unternehmen. Um jederzeit die wirtschaftliche Position des Unternehmens festzustellen und Vorbereitungen für rationale Entscheidungen bspw. zur Unternehmensplanung oder Erreichung der Unternehmensziele zu treffen, ist für jeden Unternehmer die transparent organisierte Unternehmensanalyse wichtig. Gerade Existenzgründer verbinden mit dem Rechnungswesen oft nur die Buchführung, die entlastend gerne außer Haus vergeben wird. So verlockend und vereinfachend dieser Gedanke auch ist, das Rechnungswesen, zu dem die Buchhaltung selbstverständlich gehört, ist eines der **aussagekräftigsten Instrumente**. Neben der Transparenz ist die Schnelligkeit, mit der die Tendenzen aus dem Zahlenmaterial abgeleitet werden können, ein wichtiger Trumpf, der - geschickt ausgespielt - den Erfolg Ihres Unternehmens wesentlich mit beeinflussen kann und deshalb im Hause bleiben sollte.

5.7.1. Finanzbuchhaltung und weitere Subfunktionen

Über die Buchhaltung werden wesentliche Umsatz- und Kosteninformationen erfasst und aufbereitet, wie z.B.:

- Eingangsrechnungen
- Ausgangsrechnungen
- Zahlungsverkehr (Bank / Kasse)
- Lohn- und Gehaltsdaten
- Fixkosten
- Abschreibungen
- Zinsen und weitere Geldkosten

Ein gut strukturiertes Rechnungswesen verschafft Ihnen, als künftigem Jungunternehmer, schnell ein Bild über die aktuellen Kosten- und Umsatzentwicklungen. So haken Sie bei säumigen Kunden schnell nach und bestimmen durch geeignete Maßnahmen mit, ob Ihr Kunde pünktlich zahlt oder Sie irgendwann als günstige Finanzierungsquelle benutzt. Die strategische Unternehmensplanung bezieht ihre Informationen aus dem Rechnungswesen. Dieses Planungsinstrument unterstützt die Unternehmensentwicklung. Setzen Sie die Vorarbeiten, die Sie mit der Umsatz- und Kostenplanung zur Gründung in ihrem Businessplan begonnen haben, nach der Gründung konsequent in der Funktion „*Rechnungswesen*" fort. Gleichen Sie Ihre Planzahlen mit den aktuellen Istwerten aus der Buchhaltung ab und analysieren Sie auftretende Abweichungen. Nutzen Sie diese Informationsquellen. Verstehen Sie diese als Chance, rechtzeitig Liquiditätsengpässe zu erkennen. Ihre gesetzlichen Verpflichtungen zum Jahresabschluss - Inventur, Bilanzierungen und Feststellung der Gewinn- und Verlustrechnung (G.u.V) - bekommen Sie mit einem transparenten und aktuellen Rechnungswesen leichter in den Griff.

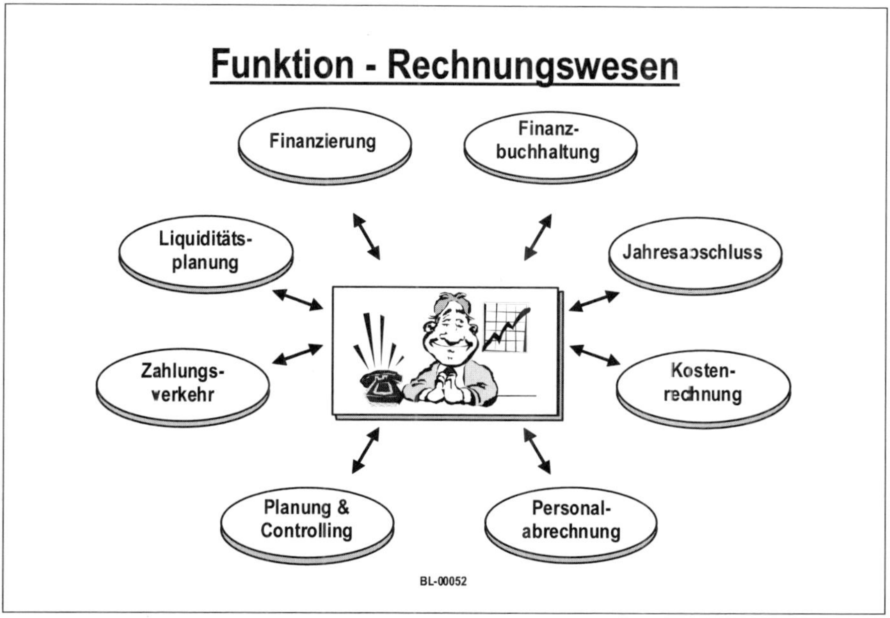

So lassen sich aus der Funktion Rechnungswesen folgende Subfunktionen ableiten:

- **Finanzbuchhaltung**
  Kontenrahmen und -plan, Kontierung, Journalerstellung, Summen- und Saldenliste, Kontoauszüge, Schnittstelle zu Nebenbuchhaltungen, wie Debitoren-, Kreditoren- und Anlagenbuchhaltung, Materialwirtschaft, Lohn und Gehalt.
- **Jahresabschluss**
  Vorbereitende Abschlussbuchungen, Steuerpolitik, G.u.V., Jahresabschluss, Konsolidierungs- und Publikationsverpflichtungen, Geschäftsbericht, Jahresvorträge
- **Kostenrechnung**
  Kostenarten-, Kostenstellen-, Kostenträger- sowie Umlagerechnung, Betriebsabrechnungsbogen (BAB)
- **Planung & Controlling**
  Budgetierung der Unternehmensziele, funktions- bzw. kostenstellen-orientierte Kostenplanung, Fixierung der Absatzziele, umsatzträger- und gruppenbezogene Umsatzplanung, periodengerechte Heranführung der Istwerte aus der Buchhaltung und Kostenreduzierung, Abgleich und Abweichungsanalysen
- **Zahlungsverkehr**
  Bankenlisten, Offene Posten-Ausgleich, Lohn- und Gehaltszahlungen, Belegprüfung

In Deutschland sind verschiedene Buchhaltungsformen bekannt. Lediglich die letzte kann einen ausreichenden Überblick zu Führung und Controlling des Unternehmens geben.

- **Kameralistische Buchführung**
  Sie ist keine kaufmännische Buchführung, sondern bei Körperschaften öffentlichen Rechtes zurzeit noch üblich. Sie besteht in der Erstellung von Haushaltsplänen, denen die Ist-Einnahmen und Ausgaben zum Jahresende gegenübergestellt werden.
- **Überschussrechnung**
  Die Überschussrechnung kommt nur in kleinsten Betrieben vor. Sie ist ausnahmslos für die Ermittlung der Besteuerung notwendig.
- **einfache Buchführung**
  Geschäftsvorfälle werden nur einmal gebucht und meist in Kleinstbetrieben angetroffen. Durch Fehlen einer automatischen Kontrolle, wie bei der doppelten Buchführung, ist die einfache Buchführung mit Nachteilen behaftet.

- **doppelte Buchführung**
  Mit der doppelten Buchführung werden die Bestände nach ihren Veränderungen erfasst und systematisch Aufwendungen und Leistungen in einem bestimmten Zeitraum zusammengetragen. Jeder Geschäftsvorfall wird dabei unter den Gesichtspunkten der Herkunft und der Verwendung betrachtet. Es wird einmal auf der Sollseite und einmal auf der Habenseite - also doppelt - gebucht.

Wird von einer ordnungsgemäßen Buchführung gesprochen, werden sowohl materielle wie formelle Aspekte verstanden. Die **materielle Ordnungsmäßigkeit** verlangt, dass über alle Geschäftsvorgänge richtige und vollständige Aufzeichnungen gemacht werden. Die **formelle Ordnungsmäßigkeit** bestimmt, dass die Aufzeichnungen, die vorzunehmen sind und die ihnen zugrunde liegenden Geschäftsvorgänge von einem sachverständigen Dritten einfach nachzuvollziehen sind.

5.7.2. Handelsrechtliche Vorschriften

Nach HGB § 238 ist jeder Kaufmann verpflichtet, Bücher zu führen. Wer Kaufmann ist, bestimmen die Ausführungen HGB §§ 1 - 6.

Wird eine Firma in das Handelsregister eingetragen, müssen die handelsrechtlichen Buchführungsvorschriften beachtet werden. Die wichtigsten sind in den HGB §§ 238 - 263, GmbH-Gesetz §§ 41 + 42 und Aktiengesetz §§ 129 - 142 enthalten. Sie enthalten unter anderem folgende Ausführungen und Bestimmungen:

- Das Vermögen ist durch die Bücher ersichtlich zu machen.
- Eintragungen sind vollständig, richtig, zeitgerecht und geordnet zu erstellen.
- Die Verpflichtung, eine Wiedergabe der abgesandten Handelsbriefe zurückzubehalten, kann nicht nur durch Schrift- und Bildträger, sondern auch durch beliebige andere Datenträger erfüllt werden.
- Eine Aufstellung des Vermögens und der Schulden ist vorzunehmen.
- Zum Geschäftsjahresende sind eine Inventur und eine Bilanz aufzustellen.
- Die Vermögensgegenstände sind nach den Vorschriften zu bewerten.
- Die Bilanzen sind vom Betriebsinhaber zu unterzeichnen.
- Die Bücher sollen gebunden sein.
- Die Bücher, Inventare, Bilanz und sonstigen Organisationsunterlagen sind zehn Jahre, die Belege und Handelsbriefe sind sechs Jahre aufzubewahren.

5.7.3. Steuerliche Vorschriften

Die Buchführung bildet die Grundlage für die Ermittlung der Besteuerung. Die wichtigsten Vorschriften sind in der Abgabeordnung, § 22 Umsatzsteuergesetz und § 1 - 8 Lohnsteuerdurchführungsverordnung geregelt. Das Umsatzsteuergesetz verpflichtet alle steuerpflichtigen Unternehmer zur Feststellung der Steuer und der Grundlagen, Berechnungen und Aufzeichnungen vorzunehmen. Die Aufzeichnungen müssen mindestens enthalten:

- Entgelte für vom Unternehmer ausgeführte Lieferungen und Leistungen
- Vereinnahmte Entgelte und Teilentgelte für noch nicht ausgeführte Leistungen und sonstige Leistungen (z.B. Anzahlung)
- Bemessungsgrundlagen für den Eigenverbrauch
- Bemessungsgrundlagen für die Einfuhr von Gegenständen

Auf der Verkaufsseite müssen die Einnahmen, und zwar die Nettoentgelte ohne Umsatzsteuer und die, auf die Kunden des Betriebes abgewälzte Umsatzsteuer, getrennt erfasst werden.

5.8. Informationstechnologien

Informationstechnologie anwenden bedeutet für die Gründer Umgang mit PC-Systemen und elektronischen Kommunikationsmedien wie Internet und e:Mail. Wollen Sie sich nicht selbst mit diesen Systemen vertraut machen, tragen Sie Sorge, dass ein künftiger Mitarbeiter Ihres Unternehmens dies eigenverantwortlich übernimmt. Die Subfunktionen der Informationstechnologien erstrecken sich auf die Gebiete:

- **Hardware**
  Einsatz von Rechnersystemen und Peripheriegeräten, Schnittstellen zu Diensteanbietern (Providern) bis zu ton-, bildver- und -bearbeitenden Komponenten im Multimedia-Anwendungsbereich.
- **Software**
  Betriebssysteme, anwenderorientierte Lösungen wie Faktura, FIBU, LABU etc., offene Standard-Softwarepakete wie Textverarbeitung, Tabellenkalkulation, Datenbank, Desktop Publishing.
- **Lifeware**
  Maßnahmen, die der Schulung der Mitarbeiter dienen

- **Datenschutz & -sicherheit**
  Schutz- und Sicherheitsmechanismen als organisatorische Prophylaxe mit dem Ziel, Datenverluste zu vermeiden und Manipulationen, Ausspähung oder Diebstahl durch Dritte zu unterbinden
  Der Gesetzgeber fordert für Unternehmen ab fünf Mitarbeitern einen Datenschutzbeauftragten.
- **Literaturrecherche**
  Fachzeitschriften, Produktneuheiten, Testberichte und Fehlerhinweise in TV, Funk und Presse sind gezielt zu sammeln.
- **Hotline & Online-Dienste**
  Ankoppeln an Datenbanken, Fachforen und -charts sowie Servicedienste (Newsletter), Herunterladen von News, Updates, Treibern und Utilities.
- **Dokumentation**
  Archivierung der technischen Daten zu eingesetzter Hard- und Software.

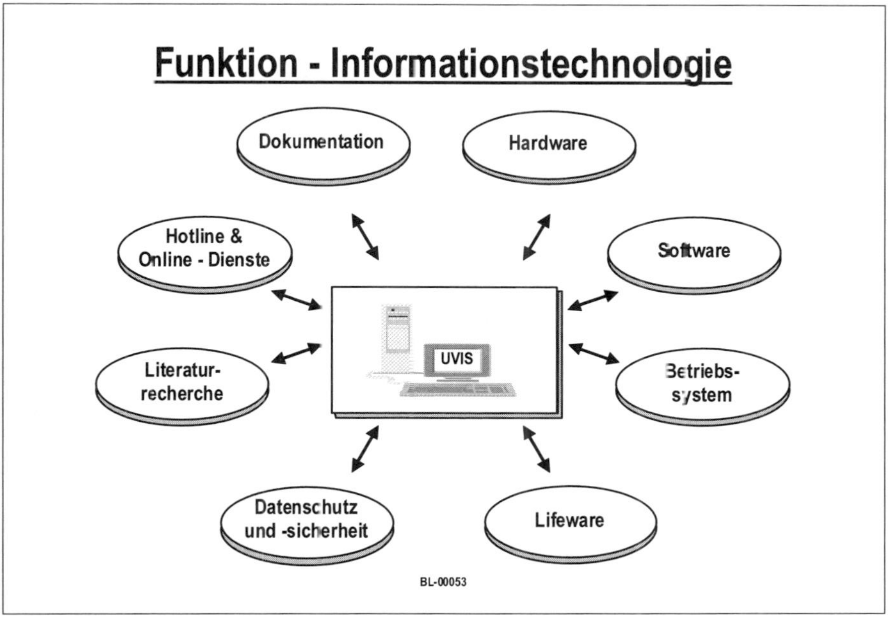

Mit dem Wachstum des Unternehmens und der technologischen Weiterentwicklung der Rechnersysteme werden Sie auch die Infrastruktur ständig erweitern, weitere Komponenten zukaufen oder später gar austauschen müssen.

Bei der Produktvielfalt und den unterschiedlichen technischen Ausrichtungen treten schnell Kompatibilitätsfragen auf. Um von vornherein unnötigen und zusätzlichen Aufwand zu Recherchen von Bauteilen und Kosten zu vermeiden, können die selbst archivierten Aufzeichnungen sehr hilfreich sein. Das Gleiche gilt für beschaffte und eingesetzte Software, für auf Ihren Datenträgern angelegte Verzeichnisse, Unterverzeichnisse bis hin zu wichtigen Dateien.

Erstellen Sie auch bei nur einem Computersystem ein Archiv und registrieren Sie installierte Dateien und Programme.

5.9. Organisation

Im Gegensatz zu großen Unternehmen und KMU, bei denen diese Funktion eine integrale, auf viele weitere Bereiche ausstrahlende Stellung einnimmt, scheint dies zunächst für Existenzgründer und Jungunternehmer nicht zuzutreffen. Die Frage steht - was müssen Sie, der alleine oder mit ein oder zwei Mitarbeitern sich verselbständigt, sich Gedanken über die exakten Inhalte und Gliederungen von Stellenbeschreibungen oder Organisationsplänen machen? Die klassische Organisation gliedert sich in einen Aufbau- und einen Ablaufteil. Dabei stehen zunächst die Beziehungen zwischen den Strukturgliedern im Vordergrund. Das sind **Funktionen und Stellen**, die zunächst nicht personenbezogen sind und zum anderen der **Arbeitsprozess**, der strukturiert alle Bewegungen im Unternehmen erfasst. Hierzu zählen in erster Linie:

- Waren- und Materialflüsse
- Informationsströme
- Geldbewegungen
- Projekt- und Prozessentwicklungen

Über die zeitliche Dauer und die Kosten, die zur Erfüllung der Ablaufprozesse notwendig sind, soll/muss sich Klarheit verschafft werden. Schließlich summieren sich die vielen Zeit- und Kostenverursacher eines Unternehmens zu erheblichen Personal- und Kapitalaufwendungen, die Dispositionen erfordern. Für den Gründer nahe liegend sind die Vorstufen der Organisationsbausteine, die Sie in der Aufbau- und Entwicklungsphase angehen.

Unternehmensspezifische Handlungen und Entscheidungen können ad hoc, d.h. spontan aus dem Bauch heraus oder rational und vernunftsorientiert getroffen werden. Die Funktion „*Organisation*" beschränkt sich für den Existenzgründer zunächst auf die Gebiete

- der Zielformulierung und
- die Wege,

die zum Erreichen der Ziele führen sollen. Damit soll erreicht werden, dass Sie so früh wie möglich sensibilisiert werden,

- systematisch und geplant vorzugehen,
- Erfahrungen, auch Fehler zu analysieren und
- durch Rückkopplung notwendige Verbesserungen und Anpassungen

in Ihrem System - dem neuen Unternehmen - vorzunehmen.

Unterbleibt diese Zielorientierung, kann im Fall einer positiv eintretenden unternehmerischen Entwicklung schnell Euphorie entstehen. Umgekehrt in negativen Phasen sind depressive Reaktionen möglich.

Bei einer nicht rechtzeitig eingeleiteten Eigenmotivation besteht die Gefahr der Resignation.

Es handelt sich um ein bei Unternehmensgründern gegen Ende des ersten und oft im dritten Jahr beobachtetes Phänomen. Die der Verbesserung der Organisation dienenden Schritte sollten bestehen aus:

- Beobachtung
- Stoffsammlung
- Analyse
- Bewertung
- Grobziele
- Konzeption
- Definition
- Realisierung
- Überprüfung

Um eine spätere Überprüfung der Organisation zu ermöglichen, sollten Sie Ihre Unternehmensentwicklung beobachten und dokumentieren.

Legen Sie sich Stehsammler für alle hier unter diesem Kapitel behandelten Funktionen (Personal, Produktion, usw.) an.

Erstellen Sie je wiederkehrender Unternehmensaktivität ein Datenblatt und ergänzen Sie dieses um Ihre Beobachtungen. Sie können die Daten auch in einer Datenbank oder mit einem Textverarbeitungsprogramm archivieren. Läuft in Ihrem künftigen Unternehmensalltag irgendwann etwas nicht rund, es werden Fehler gemacht, sei es durch Sie, Mitarbeiter, Kunden, Lieferanten oder Dritte, ergänzen Sie dieses Blatt und kennzeichnen Sie es als **Fehlerdatenblatt**. Wiederholen sich im Laufe der Zeit derartige Fehler, können Sie auf die bereits angelegten Datenblätter zurückgreifen und Sie mit dem Datum des Wiederauftretens ergänzen.

Sie legen damit den Grundstein zu einem geordneten Fehlermanagement-System und können nach einer Weile mit Sicherheit Verbesserungen ableiten. Beseitigen Sie diese Fehler oder binden Sie einen externen sachkundigen Dritten z.B. einen Unternehmensberater mit ein.

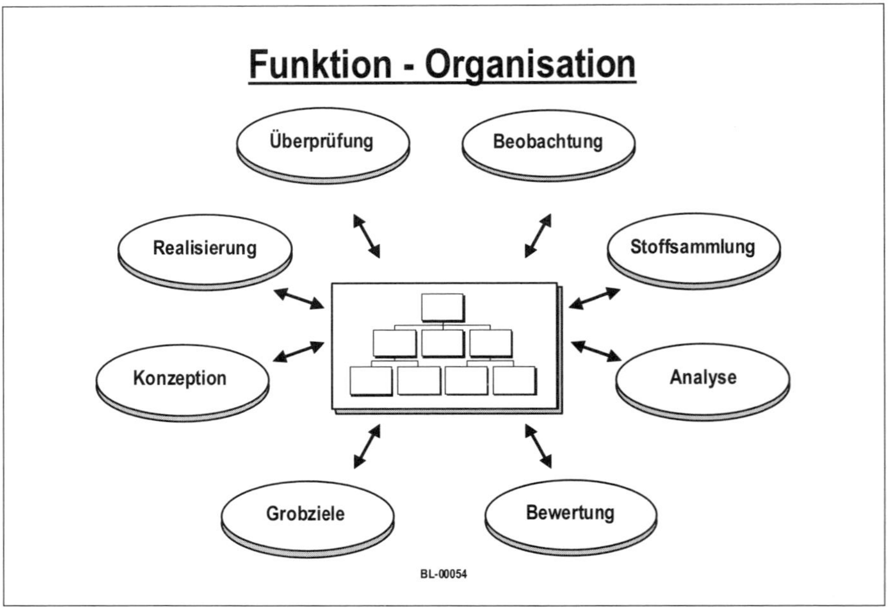

In Teamarbeit lassen sich Verbesserungskonzepte entwickelten. Ein weiteres der Funktion *„Organisation"* zuordenbares Subelement ist das **Selbst- und Zeitmanagement**. Damit sollen Jungunternehmer und/oder Führungskräfte in die Lage versetzt werden:

- systematischer mit ihrem Zeitpotential umgehen,
- leichter Prioritäten zu setzen und
- Wesentliches von Unwesentlichem zu trennen,
- Störmomente auszuschließen und
- systematisch sich und Mitarbeiter zu zielorientiertem Handeln anzuregen.

5.10. Recht und Verträge

Juristische Aspekte werden in mittleren und großen Unternehmen durch eigene Rechtsanwälte oder extern in der Funktion des juristischen Beraters abgedeckt. Auch Sie werden sich mit rechtlichen Aspekten auseinandersetzen müssen und sollten die bereits angesprochenen Gesetzestexte durcharbeiten. Auf diese Weise könnte es Ihnen gelingen, die Dinge, die auf Sie zukommen werden, richtig einzuschätzen.

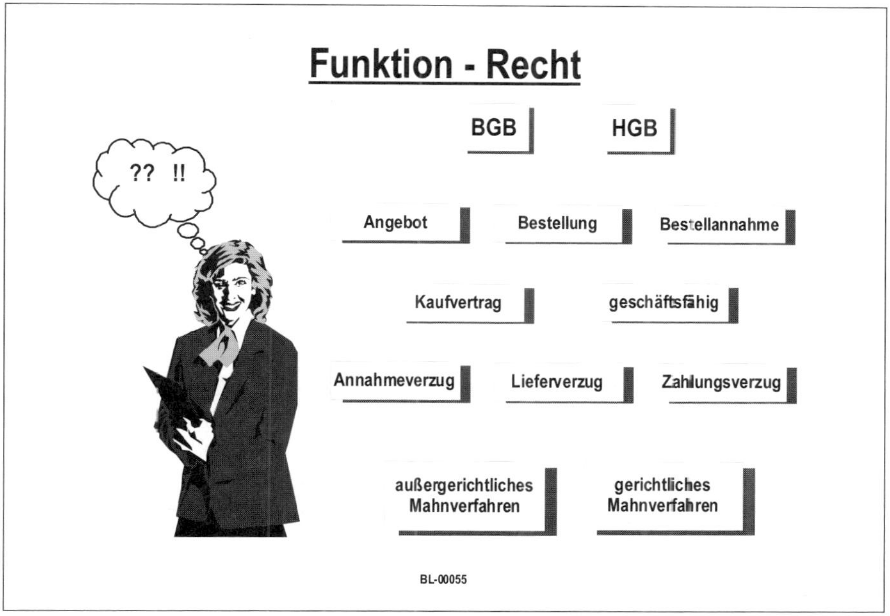

Diese hier benannten Ausführungen und Quellen zur Funktion *„Recht"*, die in Unternehmensorganigrammen selten eingegliedert sind, werden Ihnen bei der Nutzung der beschafften Informationen sicherlich behilflich sein. Darüber hinausgehende Fragen, beispielsweise in der Klärung einzelner Vertragspassagen oder der Erläuterung einfacher Rechtsbeziehungen, können durch die Kammern und Verbände beantwortet werden.

5.10.1. Kaufmännisch relevante Gesetze

- Bürgerliches Gesetzbuch (BGB)
- Handelsgesetzbuch (HGB)
- Wechsel- und Scheckrecht im Zahlungsverkehr

sind Gesetzestexte, bei denen Sie in den ersten Unternehmensmonaten immer mal wieder nachlesen sollten. Das Bürgerliche Gesetzbuch (BGB) enthält fünf einzelne Bände und ist allgemein verbindlich. Das Handelsgesetzbuch (HGB) ergänzt das Wissen zum Umgang mit Kaufleuten und trifft Aussagen zu:

- Kaufleuten
- Handelsregistern
- Firma und Büchern
- Prokura
- KG und
- Vollmachten
- Vertretern
- Maklern
- OHG
- speziellen Handelsgeschäften

Auch das Scheck- und Wechselgesetz zählt zu den kaufmännisch wichtigen Gesetzen, in das Sie sich mindestens einmal eingelesen haben sollten.

5.10.2. Rechtliche Elemente von Geschäftsfällen

Rechtsgeschäfte können durch die Abgabe von Willenserklärungen zustande kommen. Zunächst gilt, wenn nichts anderes gesagt, der Grundsatz der Vertragsfreiheit, d.h., vertragsschließende Personen können miteinander vereinbaren, was sie wollen. Auch der nicht schriftliche, also mündlich ausgesprochene Vertrag gilt. Der natürliche und menschliche Egoismus führt dazu, dass die vertragsschließenden Partner versuchen werden, für sich jeweils günstigste Bedingungen abzuschließen. Dies ist mit ein Grund und darf als eindringliche Empfehlung verstanden werden, Geschäfte schriftlich zu vereinbaren. Kaufverträge können juristisch betrachtet aus einer Reihe von verschiedenen selbständigen Elementen (Angebot, Bestellung, Auftragsbestätigung) bestehen.

Im rechtlichen Sinne ist das Angebot ein Antrag - und damit der erste Schritt zum Kaufvertrag.

Mit dem **Angebot** leitet ein Verkäufer den Anstoß zu einem Kaufvertrag ein. Ein Angebot ist damit eine an einen Kunden persönlich gerichtete Willenserklärung, durch die sich der Anbietende bereit erklärt, unter bestimmten Bedingungen Waren zu überlassen oder eine Leistung zu bewirken.

Mögliche Reaktionen durch den Kunden (= Käufer):

- Der Käufer nimmt das Angebot rechtzeitig (innerhalb einer genannten Bindefrist) und unverändert an. Der Kaufvertrag ist abgeschlossen.
- Der Käufer nimmt das Angebot mit Einschränkungen an (z.B. falls ein angesprochener Rabatt um 5 % auf 10 % erhöht wird). Mit dieser Aussage wird das ursprüngliche Angebot abgelehnt und im Gegenzug die Abänderung als neuer Antrag durch den Käufer platziert, den nun der Verkäufer annehmen oder ablehnen kann. Nimmt der Verkäufer an, ist der Kaufvertrag geschlossen.
- Der Käufer bestellt zu spät (nicht in der Bindefrist). Das ursprüngliche Angebot ist nicht mehr gültig. Hier gilt die ausgesprochene Bestellung durch den Kunden als neuer Antrag. Der Verkäufer kann nun annehmen oder ablehnen. Nimmt der Verkäufer die verspätete Bestellung an, ist der Kaufvertrag geschlossen.
- Wurde ein freibleibendes Angebot ausgestellt, so enthält dieser Vorgang keine Bindung und kann als Information verstanden werden. Der Kaufvertrag kommt erst mit der Annahme der Bestellung durch den Verkäufer zustande.

Unverlangte Preislisten, Proben, Muster, auch die Schaufensterauslagen sind keine Angebote.

Sie gelten nur als Aufforderung zum Kauf. Werden Güter im Schaufenster mit scheinbar günstigen Preisen ausgezeichnet und sind diese dann im Laden nicht vorrätig (Aussage: „*Sie sind gerade ausgegangen*") liegt ein Verstoß gegen das Gesetz des unlauteren Wettbewerbs vor.

Angebote müssen klar, ausführlich und wahr sein.

Sie müssen Auskunft über die Kernbedingungen wie Zahlungsbedingungen, Preis, Lieferzeit etc. geben und folgende Angaben nach Möglichkeit enthalten:

- Art, Güte und Beschaffenheit der Ware
- Menge der Güter (Losgröße, Verpackungseinheit)
- Preis je Einheit (Stück, Kilogramm, Liter)
- Verpackungskosten (oder deren Ausschluss)
- Beförderungskosten (oder deren Ausschluss)
- Lieferzeit

- Zahlungsbedingungen
- Erfüllungsort und Gerichtsstand

Mit der Bestellung oder dem Auftrag wird, sofern dem Angebot ohne Änderung zugestimmt wurde, der **Kaufvertrag** geschlossen.

Wird der Bestellung kein Angebot zugrunde gelegt, handelt es sich bei der Bestellung nur um einen Antrag (der nicht angenommen werden muss).

Bei Bestellungen werden mit Bezug auf das Angebot die rechtlichen Bezüge zu den genannten Inhalten hergestellt. Handelt es sich bei der Bestellung lediglich um einen Antrag, müssen die genannten Einzelpunkte (Art, Güte, Beschaffenheit, Menge, Preis je Einheit etc.), wie zuvor beschrieben, genannt werden.

Die **Bestellannahme** wird nicht erforderlich, wenn auf ein Angebot die rechtzeitige und unveränderte Bestellung folgt. Bestellannahmen bzw. Auftragsbestätigungen sind üblich bei:

- Bestellungen von neuen Kunden, auch um sich zu bedanken
- außergewöhnlichen und großen Bestellungen, um Irrtümer zu vermeiden
- telefonischen Bestellungen zur Vermeidung von Hörfehlern
- Bestellungen auf Ziel, d.h. die zu späteren Zeitpunkten ausgesprochen werden.

Erforderlich werden Bestellannahmen, wenn das ausgesprochene Angebot *„freibleibend"* war oder der Kunde ohne schriftliches Angebot ordert. Die Bestellannahme sollte zweckmäßigerweise auch alle inhaltlichen Details, wie zuvor genannt, noch einmal aufführen.

Wann sind Kaufverträge nichtig?

Je nachdem auf welche Weise die beiderseitigen Willenserklärungen zu einem Kaufvertrag geführt haben, können diese von vornherein als nichtig angesehen werden, wenn

- die beiderseitigen Willenserklärungen nur zum Schein oder im Scherz abgegeben wurden (BGB §§ 117, 118),
- der Vertrag gegen die guten Sitten verstößt (BGB § 138),
- der Vertrag nicht in einer vom Gesetz vorgeschriebenen Form abgeschlossen wurde (BGB §§ 125, 126),

- bei einem der Vertragsschließenden die erforderliche Geschäftsfähigkeit fehlt, oder nicht durch Zustimmung des gesetzlichen Vertreters ersetzt wurde.

Wer ist wie geschäftsfähig?

Als geschäftsfähig werden Personen bezeichnet, die selbständig ein Rechtsgeschäft wirksam vornehmen können.

- **voll geschäftsfähig ...**
  ... werden Personen mit Erreichen der Volljährigkeit, d.h. mit dem 18. Lebensjahr. Für juristische Rechtsformen gilt, dass entsprechende Personen für sie tätig werden.
- **beschränkt geschäftsfähig ...**
  ... sind Personen von sieben Jahren bis zur Volljährigkeit. Diese Minderjährigen bedürfen zum Abschluss von Rechtsgeschäften (außerhalb des Taschengeldrahmens) der Zustimmung ihres gesetzlichen Vertreters oder relevanten Vormundes.
- **geschäftsunfähig ...**
  ... sind Personen, die noch keine sieben Jahre alt sind, die dauerhaft geistig krank oder die wegen Geisteskrankheit entmündigt wurden.

Nicht immer ist die Abwicklung von Kaufverträgen fehlerfrei. Störungen können Rechtsgeschäfte beeinflussen und Konsequenzen hervorrufen. In diesen Fällen räumen BGB und HGB dem im Sinne des Kaufvertrages behinderten Vertragspartner gewisse Rechte ein, um für ihn eventuell entstehende Nachteile zu vermeiden.

Es wurde mangelhaft geliefert ...!

Treten nach Eingangsprüfung der gelieferten Waren Abweichungen gegenüber der Bestellung auf - es handelt sich um Mängel in der Leistungserfüllung - muss eine so genannte **Mängelrüge** ausgesprochen werden. Unterschieden werden offene und verborgene Mängel:

- Offene Mängel - Abweichungen von der Bestellung sind unverzüglich zu rügen (schriftlich reklamieren).
- Verborgene Mängel - sind unverzüglich nach deren Entdeckung, spätestens aber sechs Monate nach Empfang der Ware zu rügen.

Unterlässt der Empfänger diese Rüge, so gilt die gelieferte Ware als genehmigt.

Die Mängelrüge kann formlos erfolgen, sie sollte ergänzend zur möglichen Beweissicherstellung schriftlich erfolgen und muss die Mängel genau definieren. Folgende Rechte kann der Käufer für sich in Anspruch nehmen:

- Wandlung, d.h. Rückgängigmachen des Kaufes (BGB § 462)
- Minderung des Kaufpreises (BGB § 462)
- Umtausch (BGB § 480)
- Schadensersatz wegen Nichterfüllung (BGB § 463)

Es wurde geliefert, aber die Annahme verweigert ...!

Wenn der Käufer die bestellte, ordnungs- und termingerecht gelieferte Ware nicht annimmt, ist er (BGB § 293) in Annahmeverzug. Der Lieferant kann die Ware auf Kosten und Gefahr des Käufers in einem öffentlichen Lagerhaus oder bei einem Spediteur einlagern lassen (HGB § 373). Ist für den Lieferanten eine Rücknahme der Annahmeverweigerung durch den Kunden nicht erkennbar, kann er zum Selbsthilfeverkauf schreiten (BGB §§ 383-386 und HGB § 373).

Der Lieferant muss dem Käufer mitteilen, dass die Ware hinterlegt wurde und dass innerhalb einer angemessenen Frist (Termin ist zu nennen) eine Veräußerung erfolgt.

Lässt der Käufer die Frist verstreichen, kann eine öffentliche Versteigerung am Ort des Kunden eingeleitet werden. Der Lieferant muss dem Kunden den genauen Ort und Termin nennen und ihn nach erfolgter Versteigerung über den Erfolg berichten. Die Kosten der Versteigerung und der eventuelle Mindererlös gehen in der Regel zu Lasten des Käufers.

Sie warten auf die Lieferung und sie kommt nicht ...!

Der Lieferant gerät in **Lieferverzug**, wenn zu einem festen Liefertermin die Sendung nicht in der Verfügung des Käufers liegt und den Lieferanten ein Verschulden (Fahrlässigkeit oder Vorsatz) trifft. Höhere Gewalt (z.B. Streik, massive Verkehrsstockungen) schließen in der Regel ein Verschulden aus.

Wurde kein fester Termin (fix) vereinbart, nur ein Zeitraum umschrieben, muss der Käufer den Lieferanten ausdrücklich schriftlich oder mündlich anmahnen (im Zweifel schriftlich).

Der Käufer kann bei Lieferverzug auf nachträgliche Lieferung und ggf. Schadensersatz wegen verspäteter Lieferung bestehen (BGB § 286) oder nach Verstreichen einer angemessenen Nachfrist, die Lieferung oder Leistung ablehnen und vom Vertrag zurücktreten (BGB § 326).

Alles ist okay, aber der Kunde zahlt nicht ...!

Der **Zahlungsverzug** tritt ein, wenn ein Zahlungstag ausdrücklich vereinbart war.

War kein Zahlungstag vereinbart, kommt der Käufer erst in Verzug, nachdem der Lieferant ihn ausdrücklich gemahnt hat.

Als Lieferant müssten Sie im Rahmen des Debitorenmanagements abwägen, wann Sie in ein außer- oder gerichtliches Mahnverfahren eintreten. Bleibt Ihnen Ihr Kunde seine Zahlungsverpflichtungen schuldig, müssen Sie mit geeigneten Maßnahmen das fällige Geld eintreiben. Verschiedene Wege und Qualitäten in der Durchsetzung bieten sich an.

Versuchen Sie es zunächst außergerichtlich.

Historisches Verfahren

Wenn Sie bei Ihrem Kunden bisher noch nie Probleme hatten, empfiehlt sich zunächst das folgende vierstufige Mahnverfahren. Dieses Verfahren galt lange Zeit als gängig, hatte aber kaum dazu beitragen können, die Zahlungsmoral zu verbessern. Dennoch wird es hier noch einmal genannt, weil viele Unternehmen es noch praktizieren.

- **Erster Schritt:**
  Beginnen Sie zunächst mit einem Erinnerungsschreiben. Weisen Sie Ihren Kunden auf das Versäumnis freundlich hin und setzen Sie ihm eine Nachfrist.
- **Zweiter Schritt:**
  Erfolgte trotz der gesetzten Nachfrist kein Zahlungseingang, sollten Sie den Kunden anrufen und ihn auf das Verstreichen der Frist aufmerksam machen

☞ **Parallel ohne Rücksicht, ob Sie eine für sich befriedigende oder unbefriedigende Antwort erhalten haben, erstellen Sie ein ausgesprochenes Mahnschreiben.**

Setzen Sie den Begriff *„Mahnung"* fett in den Betreff. Nennen Sie Auftrag, Bestellung, Ihr Lieferdatum, Zahlungstermin, wiederholen Sie ausdrücklich Ihre Bankverbindung im Mahntext und setzen Sie, fett unterstrichen, unübersehbar eine Zahlungsfrist. Der Kunde ist spätestens mit Erhalt der Mahnung im Zahlungsverzug.

- **Dritter Schritt:**
  Verstreicht auch diese Frist, setzen Sie eine massive Mahnung auf und verweisen auf die ansonsten bisher guten Geschäftsverbindungen (soweit zutreffend), und bestehen Sie unter Nennung einer neuen (kurzen) Frist auf Zahlung.
- **Vierter Schritt:**
  Drohen Sie bei noch immer fehlendem Zahlungseingang gerichtliche Folgen bzw. die Einschlagung des Rechtsweges an. Machen Sie Ihren säumigen Kunden darauf aufmerksam, dass alle weiteren Schritte mit Kosten für ihn verbunden sein werden.

Mahnkosten sind ein unnötiges Ärgernis. Dennoch darf die erste Mahnung oder Zahlungserinnerung nichts kosten.

Nach der ersten Mahnung befindet sich der Kunde im Verzug, wenn er den Zahlungsausgleich für eine Rechnung versäumt hat. Die Kosten für weitere Mahnungen muss er seinem Vertragspartner (Ihnen) als Verzugsschaden zahlen. Hierzu zählen nur die tatsächlich entstandenen Kosten - keine Phantasiemahngebühren.

Neuzeitliches Verfahren

Seit dem Jahr 2000 findet das Gesetz ***„Zur Beschleunigung fälliger Zahlungen"*** Anwendung. Aus gutem Grund: nur etwa 60 % der Schuldner zahlten ihre Rechnungen innerhalb von 30 Tagen, der Rest versuchte mehr oder weniger geschickt, sich vor dem fristgerechten ***„Zahlen"*** zu drücken.

Nach 30 Tagen automatisch im Verzug.

War bisher die Zustellung einer Mahnung oder aber das Verstreichen eines fest vereinbarten Zahlungsdatums unbedingte Voraussetzung für den Eintritt des Verzugs, so tritt hier eine entscheidende Neuerung in Kraft.

Fortan gerät ein Schuldner nach Verstreichen der 30-tägigen Frist nach Rechnungszugang und Fälligkeit der Forderung automatisch in Zahlungsverzug und muss mit allen rechtlichen Konsequenzen rechnen. Ausnahme: Es handelt sich um Schuldverhältnisse mit ständig wiederkehrender Geldleistung, z.B. Mietverhältnisse usw. Diese Regelung hat für den Gläubiger einen zeitlichen Vorteil, wenn er bislang erst nach Ablauf eines Monats gemahnt hat. Diese Mahnung (und die in der Praxis häufig darauf folgenden weiteren Mahnungen) kann er sich sparen. Zudem entfallen die Mahnkosten. Damit einher geht gemäß § 288 Abs 1 BGB die Erhöhung der Verzugszinsen von bisher vier auf nunmehr fünf Prozent über dem Basiszinssatz, der derzeit (seit dem 1. Halbjahr 2010) bei 0,12 Prozent liegt, sodass der Verzugszins nun bei 5,12 Prozent liegt. Kann der Geschädigte nachweisen, dass er selbst wegen des Verzuges bei seiner Bank noch höhere Zinsen zahlen muss, so kann er diese in Rechnung stellen.

Premium-Download
„Zinsrechner zur Berechnung des Zinsaufwandes einer ausstehenden Forderung auf aktuellen Zinsgrundlagen"

Um die Aussichten zu verbessern, tatsächlich innerhalb einer vertretbaren Frist an sein Geld zu kommen, empfiehlt es sich dennoch drei bis vier Wochen nach erbrachter Leistung per Mahnung zu erinnern. Das Schreiben sollte zwar eine eindeutige Zahlungsaufforderung enthalten, das Wort ***„Mahnung"*** indes ist nicht unbedingt mehr erforderlich. Zwar existiert keine verbindliche Vorschrift über die äußere Form einer Mahnung, es empfiehlt sich aber, stets den schriftlichen Weg zu wählen. Wer ganz sicher gehen will, mahnt sowohl per Brief als auch per Fax, wobei der Sendebericht als Beweismittel aufzuheben ist. Zahlt der Schuldner auch nach der Mahnung nicht und ist eine weitere Mahnung Erfolg versprechend, so ist es ratsam, diese so zügig wie möglich zu verschicken und eine kurze Zahlungsfrist von etwa zehn Tagen zu gewähren. Hilft dies alles nichts, so müssen rechtliche Schritte unternommen werden. Zunächst kann am zuständigen Amtsgericht ein entsprechendes Mahnverfahren eingeleitet werden. Reagiert der säumige Zahler immer noch nicht, bleibt - gewissermaßen als Ultima ratio - nur noch der Gerichtsvollzieher, der die Forderung aufgrund des erwirkten Vollstreckungsbescheids beim Schuldner eintreibt. Der Titel selbst bleibt 30 Jahre lang wirksam, der Gerichtsvollzieher kann über diesen Zeitraum im Bedarfsfall jedes Jahr erneut beantragt werden.

Das gerichtliche Mahnverfahren

Zur Durchsetzung Ihrer Geldforderung können Sie bei Beträgen unter 5.000,- Euro das zuständige Amtsgericht einschalten. Dieses ist immer der Sitz des säumigen Kunden, soweit in Ihrem Vertrag, Auftrag oder Ihren Geschäftsbedingungen kein anderer Gerichtsstand von Ihnen festgelegt wurde.

Der Antrag auf Erlass eines **Zahlungsbefehls** ist ein Formularsatz, der im Schreibwarenhandel erhältlich oder von der Justiz angeboten als Webformular heruntergeladen werden kann. Wird der Antrag über einen Rechtsanwalt oder Inkassobüro gestellt, ist nur die maschinell lesbare Form zulässig. Das Gericht stellt den Zahlungsbefehl dem säumigen Kunden zu. Dieser:

- kann zahlen, dann ist das Verfahren erledigt,
- erhebt Widerspruch, dann ist vor Gericht ein Urteil / Vergleich anzustreben,
- unternimmt gar nichts, dann kann der Lieferant die Vollstreckung des Zahlungsbefehls beantragen.

Soweit die Forderungen über 5.000,- Euro liegen ist das Landgericht für Sie zuständig. Vor dem Landgericht können Sie sich nicht selbst oder durch das Inkassobüro vertreten lassen - hier ist ein Anwalt in den Eintreibungsprozess einzubinden. Auf Antrag des Gläubigers wird dem Schuldner der **Vollstreckungsbefehl** durch den Gerichtsvollzieher zugestellt. Der Schuldner kann jetzt noch zahlen, ansonsten wird gepfändet (Kuckuck). Wird die Forderung des Gläubigers durch die Pfändung nicht oder nur teilweise beglichen, so kann er den Schuldner zur Abgabe einer eidesstattlichen Versicherung auffordern (ZPO § 807). Der Schuldner muss dem Gerichtsvollzieher ein Verzeichnis seiner Vermögenswerte aushändigen und wird in die Schuldnerliste aufgenommen, die bei den Industrie- und Handelskammern eingesehen werden kann.

5.10.3. Vertragswerke zur Gründung

Neben den rechtlichen Aspekten des operativen Tagesgeschäfts gehören zu den vorbereiteten Aktivitäten des Jahres einige nur einmalige Maßnahmen. Diese Aspekte sind mit einem Rechtsbeistand zu klären. Vielen Verträgen liegen die **Allgemeinen Geschäftsbedingungen** (AGB) zu Grunde. Es handelt sich dabei in der Regel um das "*Kleingedruckte*" eines Vertrags.

Es besteht keine Pflicht zur Verwendung von AGB, und nicht jedes Unternehmen braucht welche. Sie erleichtern aber den Abschluss immer gleicher Geschäfte. Ohne deren Verwendung richtet sich der Vertrag nach den gesetzlichen Bestimmungen, die zwischen den Interessen der Vertragsparteien eine gewisse Ausgewogenheit herstellen. AGB sind vor allem dann empfehlenswert, wenn es für den gewünschten Vertragstyp keine spezielle gesetzliche Regelung gibt.

Die Allgemeinen Geschäftsbedingungen legen konkrete Bedingungen fest, zu denen ein Vertrag wirksam wird. Wichtige Beispiele: die Gewährleistung oder Haftung des Verkäufers für ein Produkt oder eine Leistung. Der Kunde hat auf die Allgemeinen Geschäftsbedingungen keinen Einfluss. Sie werden vom Verkäufer festgelegt. Dabei wird er in der Regel versuchen, die gesetzlichen Spielräume so weit wie möglich auszunutzen (z.B. für Haftung oder Gewährleistung). Allerdings sind den Unternehmen durch das AGB-Gesetz bei der Ausgestaltung der Allgemeinen Geschäftsbedingungen Grenzen gesetzt.

☞ **Das AGB-Gesetz verhindert eine unangemessene Benachteiligung des Verbrauchers bzw. Kundens.**

So darf eine Klausel den Vertragspartner nicht unangemessen benachteiligen. Die Maßstäbe setzen hierbei die Bestimmungen zur Kontrolle von AGB im Bürgerlichen Gesetzbuch (§§ 305-310 BGB). Klauseln, mit denen man nicht rechnen brauchte, werden nicht Vertragsbestandteil.

In solchen Fällen greift die gesetzliche Regelung. Unklar formulierte Regelungen gehen zu Lasten des Gestalters der AGB. Es gilt dann die für den Verbraucher günstigste Auslegung. Eine Listung verbotener Klauseln enthalten die §§ 308 und 309 BGB, die immer auf AGB gegenüber *„Privatverbrauchern"* Anwendung finden. Sie werden auch für die Beurteilung von Unternehmen herangezogen, ob diese durch die Klauseln *„unangemessen benachteiligt"* werden. Ein Verstoß gegen diese Bestimmungen kann Konsequenzen nach sich ziehen. Zum einen kann nach einer Klage des Geschäftspartners vor Gericht die Unwirksamkeit festgestellt werden - mit der Folge, dass die für den AGB-Gestalter unvorhergesehene und oft nachteilige gesetzliche Regelung zum Tragen kommt.

AGB werden nur dann Vertragsbestandteil, wenn sie in den Vertrag einbezogen werden. Sind die Vertragspartner private Verbraucher, sollte man besonders sorgsam mit den AGBs umgehen. Durch ihre besondere Schutzwürdigkeit gelten strengere Maßstäbe bei den Einbeziehungsvoraussetzungen. Der Gestalter muss bei Vertragsschluss die jeweils andere Vertragspartei ausdrücklich auf die AGB hinweisen. Diese müssen vor ihnen in zumutbarer Weise zur Kenntnis genommen werden und sich mit ihrer Geltung einverstanden erklären. Nicht ausreichend ist, wenn der Gestalter seine AGB auf der Rückseite des Angebots abdruckt und auf der Vorderseite nicht darauf hinweist.

Beim Anbieten von Waren und Dienstleistungen im Internet wird ein möglicher Kunde diese dann zumutbar zur Kenntnis nehmen können, wenn sie über einen auf der Bestellseite gut sichtbaren Link aufgerufen und ausgedruckt werden können.

Einfacher ist es hingegen, wenn der Kunde ein Unternehmer ist. Hier ist es ausreichend wenn er die Einbeziehungsabsicht von AGB seitens des Gestalters erkennen kann und dem nicht widerspricht. Aus Gründen der Rechtssicherheit ist jedoch auch hier ein ausdrücklicher Hinweis auf die AGB-Verwendung empfehlenswert. Bei bereits bestehenden Geschäftsverbindungen werden die AGB auch ohne Hinweis Bestandteil des Vertrags, wenn diese bereits bei vorangegangenen Geschäften angewendet wurden bzw. der kaufmännische Abnehmer ihren Inhalt hätte kennen müssen. Ist der Kunde nicht mehr mit der Geltung dieser AGB einverstanden, muss er ihnen ausdrücklich widersprechen,

Für viele Branchen gibt es standardisierte Allgemeine Geschäftsbedingungen, die von den Wirtschaftsverbänden ihren Mitgliedern zur Verfügung gestellt werden. Bei **Geschäftsraummietverträgen** kommt es oft vor, dass diese für einen befristeten Zeitraum von drei, fünf oder mehr Jahren abgeschlossen werden. In dieser Zeit ist eine ordentliche Kündigung des Mietverhältnisses ausgeschlossen. Das Mietverhältnis muss grundsätzlich bis zum Ablauf der Befristung aufrechterhalten bleiben. Bei unangemessen langen Bindungsfristen und vor allem bei Nebenabreden kann auf Sittenwidrigkeit in den Verträgen geprüft werden. Die Stellung eines Ersatzmieters führt, obwohl in der Meinung weit verbreitet, nicht automatisch dazu, dass ein Mieter beliebig aus dem Mietvertrag aussteigen kann. Der Vermieter ist auch nicht verpflichtet einen Nachmieter zu akzeptieren und den Mieter aus dem Mietverhältnis zu entlassen. Ob und wie ein Mietvertrag vorzeitig beendet werden kann, ist bei geschäftlichen Mietverträgen ein wichtiges Kriterium. Umstände, wie eine Vergrößerung oder Verkleinerung des Unternehmens sowie Änderungen der wirtschaftlichen Rahmenbedingungen sind Gegebenheiten, die Unternehmer unbedingt schon bei Mietbeginn mit einbeziehen müssen.

☞ **Bei der Anmietung von Geschäftsräumen sollte eine Berechtigung zur Untervermietung mit eingeräumt werden.**

Auf diese Weise können ein Teil oder auch die ganzen Mieträume weiter vermietet werden, wenn die Geschäfte schlechter gehen sollten. Als Arbeitgeber sind Sie grundsätzlich frei in der Entscheidung, mit wem und unter welchen Bedingungen Sie einen **Arbeitsvertrag** abschließen. Allerdings müssen Sie bestehende Tarifverträge beachten. Tarifverträge gelten:

- für Arbeitnehmer, die Mitglieder einer tarifschließenden Gewerkschaft sind
- für Arbeitgeber, deren Arbeitgeberverband Tarifverträge vereinbart hat
- für Arbeitnehmer und Arbeitgeber, die nicht den tarifabschließenden Verbänden angehören, für die aber Tarifverträge gelten, die vom Bundesministerium für Arbeit und Sozialordnung für allgemeinverbindlich erklärt worden sind.

Informieren Sie sich inwieweit es für Ihre Branche einen für Sie verbindlich erklärten Tarifvertrag gibt. Tarifverträge legen in der Regel Mindestvoraussetzungen für die Einstellung und Arbeitsverträge mit Mitarbeitern fest. Das bedeutet auch, dass Sie diese Vertragsbedingungen nicht zu Ungunsten des Arbeitnehmers ändern dürfen.

Allgemein verbindliche Tarifverträge können unter http://www.bma.bund.de abgerufen werden.

Grundsätzlich werden Arbeitsverträge auf unbestimmte Zeit abgeschlossen. Ausnahme: Zeitarbeitsverträge. Die Dauer eines befristeten Arbeitsverhältnisses kann durch einen Termin (Vorbereitung einer bestimmten Veranstaltung) oder durch den Zweck der Arbeitsleistung bestimmt werden. Das befriste Arbeitsverhältnis endet automatisch, ohne dass es einer Kündigung durch den Arbeitnehmer oder Arbeitgeber bedarf. Der Abschluss eines befristeten Arbeitsvertrages über die Dauer von sechs Monaten hinaus muss begründet werden. Als sachliche Gründe gelten insbesondere

- eine längere Probezeit,
- die Erledigung einer Aufgabe, die von Anfang an zeitlich begrenzt ist,
- die Erledigung einer vorübergehenden zusätzlichen Arbeit, wenn zu erwarten ist, dass für eine Beschäftigung nach Vertragsende kein Bedarf besteht,
- die Aushilfe oder Vertretung.

Wird ein befristetes Arbeitsverhältnis über das vereinbarte Ende hinaus fortgesetzt, entsteht ein unbefristeter Arbeitsvertrag.

5.10.4. Elektronische Signatur

Im Jahr 2001 hat der Gesetzgeber das Gesetz über Rahmenbedingungen für elektronische Signaturen (Signaturgesetz - SigG) geschaffen. Damit wurde die dritte und letzte Stufe der Umsetzung der EU-Richtlinie für digitale Signaturen in deutsches Recht vollzogen. Signaturgesetz und Signaturverordnung schreiben vor, welche Anforderungen an eine elektronische Signatur zu stellen sind. Das Formanpassungsgesetz regelt hingegen in welchen Fällen die elektronische Unterschrift die eigenhändige ersetzen kann Zentrale Vorschrift im BGB ist § 126, wonach die schriftliche Form (...) durch die elektronische Form ersetzt werden kann, wenn sich nicht aus dem Gesetz ein anderes ergibt. Ausdrücklich ausgeschlossen ist die elektronische Unterschrift bei:

- Erteilung eines Zeugnisses,
- Arbeitsvertrag und
- Kündigung,
- Bürgschaftserklärung etc..

Auch die Prozessordnungen wurden geändert. Schriftsätze, Gutachten oder Erklärungen Dritter bei Gericht können als elektronisches Dokument versehen, mit einer nach dem Signaturgesetz qualifizierten elektronischen Signatur, eingereicht werden.

Anforderungen

Die elektronische Signatur ist einem *„Siegel“* vergleichbar. Bei der elektronischen Signierung wird ein Schlüssel generiert, der dem Dokument angehängt wird. Damit eine elektronische Signatur über dieselbe Rechtsverbindlichkeit verfügt wie eine eigenhändige Unterschrift, muss die Echtheit der Signatur und die Unversehrtheit des Inhalts der Erklärung geprüft werden. Dazu muss sie vor Fälschung sicher sein und signierte Daten dürfen nicht unbemerkt veränderbar sein.

Privater und öffentlicher Schlüssel

Grundlage der elektronischen Signatur ist ein einmaliges Schlüsselpaar. Die Schlüssel werden als **öffentlich** und **privat** bezeichnet. Der **private Schlüssel** wird vom rechtmäßigen Inhaber dazu benützt, die elektronische Signatur zu erzeugen. Der Schlüssel selbst wird dabei nicht sichtbar.

Der private Schlüssel befindet sich ausschließlich auf einer Chipkarte des Nutzers.

Die Chipkarte sieht äußerlich ähnlich aus wie eine SIM-Karte oder eine HBC-Banking-Karte. In der Karte ist jedoch ein kompletter Rechner untergebracht. Dabei ist der Schlüssel so geschützt, dass nicht einmal der rechtmäßige Inhaber ihn auslesen kann. Mit dem **öffentlichen Schlüssel** kann jeder Empfänger die Signatur und das Dokument auf die Echtheit und Unversehrtheit überprüfen.

Der öffentliche Schlüssel wird in einem öffentlich zugänglichen Verzeichnis zum jederzeitigen Abruf bereit gehalten.

Das Dokument bzw. die Datei wird mit der Chipkarte des elektronischen Schlüssels signiert. Durch ein kryptografisches Verfahren wird die komplette Datei bestehend aus

- der ursprünglichen Datei selbst,
- der angehängten elektronischen Signatur und
- dem Signaturschlüssel-Zertifikat des Unterschriebenen

versandt.

Zur Prüfung der elektronischen Signatur wird wie bei der Signierung in umgekehrter Richtung mit dem öffentlichen Schlüssel die Deaktivierung durchgeführt. Mit dem öffentlichen Schlüssel wird die elektronische Signatur entschlüsselt und in dem krypografischen Verfahren geprüft, ob die Signatur mit dem dazugehörenden Schlüssel erzeugt und die Daten auch nicht verändert wurden.

Zugelassene Zertifizierungsstellen sind für die Generierung der Schlüsselpaare zuständig.

Die bei der Bundesnetzagentur akkreditierten Zertifizierungsdienstleister sind berechtigt, die persönlichen Schlüsselpaare zu generieren. Der Schlüssel ist dabei an eine natürliche Person gebunden. Für Unternehmen bedeutet dies, dass jeder unterschriftsberechtigte Mitarbeiter ein eigenes Schlüsselpaar benötigt.

Die Zahl der Anwender ist bisher gering. Der Grund liegt in den einmaligen (Beschaffung der Software, Chipkarten-Leser etc.) und den laufenden Kosten für die Zertifizierung sein. Zudem bedeutet das Verfahren für Nutzer einen höheren gewöhnungsbedürftigen Aufwand.

5.11. Marketing & Werbung

Unter Marketing werden alle Maßnahmen verstanden, die von der Planung über die Durchführung bis zum Controlling reichen und die Unternehmensaktivitäten auf die aktuellen und potentiellen Märkte ausrichten. Die Werbung richtet Werbebotschaften an bestimmte Zielgruppen. Marketing wird durch die Art des Marktes, der sich in einen Käufer- und Verkäufermarkt aufteilen lässt, beeinflusst. Übersteigt das Angebot die Nachfrage wird von einem **Käufermarkt** gesprochen, umgekehrt verhält es sich bei einem Nachfrageüberhang.

Bei der letzteren Konstellation ist der Absatz der Güter relativ problemlos. Wandelt sich der Markt vom Verkäufer- zum Käufermarkt werden die Unternehmer gefordert, sich sehr intensiv mit den Zielgruppen zu beschäftigen. Probleme, Wünsche und Interessen der Käufer müssen sondiert und der Situation angepasst in die Marketingpolitik eingebunden werden. Die folgende Episode aus einem Marketingseminar soll den Zusammenhang verdeutlichen.

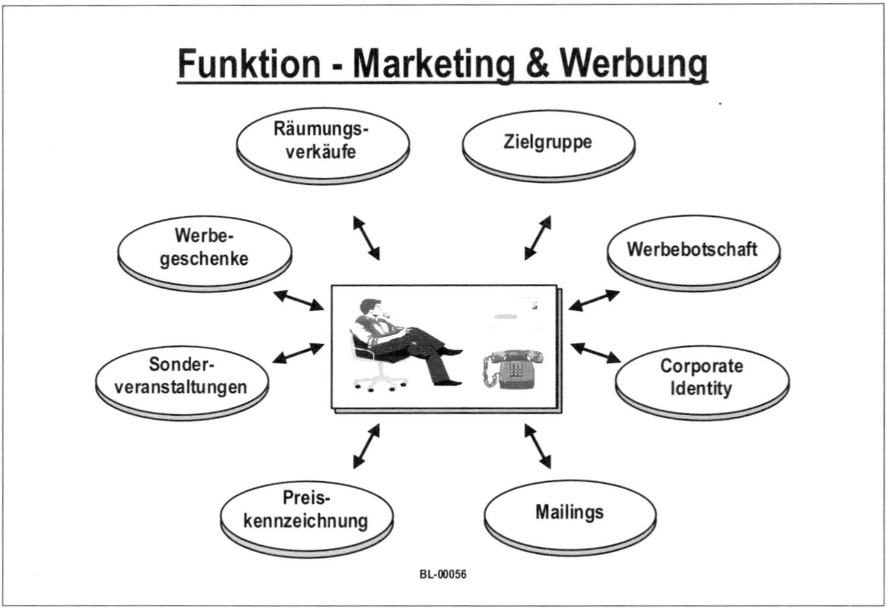

Ein Schuhproduzent schickt seine zwei Marketingleiter aus Europa und Amerika nach Neuguinea. Auftrag neue Märkte sondieren und Strategien zu entwickeln. Die meisten Einwohner, abgesehen von denen in größeren Städten, leben in Neuguinea auf dem Lande und den anreihenden Inseln recht sorglos. Der Urwald gibt alles, was die Leute zum Leben benötigen. Nach der Rückkehr von der Erkundungstour sollen in einem Brainstorming neue Ideen entwickelt werden.

Der amerikanische Marketingleiter kam zu der Feststellung, dass das gesamte Schuhprogramm in Neuguinea angeboten werden müsse, da dort niemand Schuhe trage. Der Europäer sieht keine Chance in Neuguinea Fuß zu fassen, da dort niemand Schuhe trägt. Entscheiden Sie für sich selbst. Die Entwicklung von Lösungsansätzen ist vorgelebtes Marketing. Marketing- und Werbeanstrengungen sind in der grundsätzlichen Beurteilung und in der Vorbereitung zum Businessplan derart mannigfaltig, dass diese Aspekte hier nur stichwortartig angerissen werden können.

Weitere Detailinformationen in dieser Buch-Reihe
Buch II - „Markteintritt und Wachstum“

Dort erfahren Sie ...

- wie Sie Zielgruppen analysieren, strukturieren und ansprechen können.
- welchen Beitrag „*Corporate Identity*“ zu einer besseren Vermarktung leistet,
- welche Werbeeinschränkungen nach UWG relevant sind.
- wie Sie Mailings zur Informations- und Neukundennutzung einsetzen,
- wie Sie welche Zielgruppe, wann am günstigsten ansprechen und
- welche Werbebotschaften des Einzelhandels gehen und was nicht geht.

Letztlich wird auf die Preiskennzeichnung, Rabattmöglichkeiten, Jubiläumsverkäufe, die Eröffnungswerbung genauso eingegangen, wie auf vergleichende Werbung. Die ganzheitliche Marketingpolitik ist ein weites unternehmerisches Betätigungsfeld und schließt das

- Akquisitionsmanagement
- Kundenbindungssysteme
- Feedback-Analysen

mit ein.

Der gleitende Übergang vom Marketing über Werbung und Akquisition zur Kundenbindung, wird über Vertriebssysteme gesteuert. Diese entscheiden das wirtschaftliche Handling im operativen Tagesgeschäft.

5.12. Kontrollfragen

- ❑ Kennen Sie den Informations-, Geld- und Warenfluss in Ihrem künftigen Unternehmen?
- ❑ Wie viel Kapital wird in Ihrem Warenlager wohl gebunden?
- ❑ Werden Genehmigungen zum Betreiben von Anlagen erforderlich?
- ❑ Müssen Sie sich mit der Entsorgung und dem Recycling von Stoffen beschäftigen?
- ❑ Werden Sie sich selbst mit dem Rechnungswesen auseinandersetzen oder diese Aktivitäten außer Haus delegieren?
- ❑ Haben Sie sich ausreichend über Computer- und Kommunikationstechnologien informiert?
- ❑ Haben Sie sich Stehsammler zur Dokumentation Ihrer Unternehmensentwicklung für die einzelnen Funktionen angelegt?
- ❑ Werden Sie sich diverse Gesetzestexte beschaffen?
- ❑ Detailinformationen zu Marketing und Werbung werden im Band II des Existenzgründerzyklus separat behandelt.

6. Zeitliche Abfolge der Realisierung

Die Vorbereitungen zur Realisierung Ihres Gründungsvorhabens nähern sich allmählich dem Ende. Informationen wurden ausgiebigst beschafft, Entscheidungen getroffen und die ersten Aktionen in die Wege geleitet. Die letzten Wochen vor dem endgültigen Unternehmensstart lassen die Anspannungen deutlich steigen. Dominierend im Vordergrund stehen jetzt:

- die Beschaffung und Einrichtung der Geschäftsräume,
- die Einstellung von Personal,
- die systematische Vorbereitung und Gestaltung der Geschäftseröffnung
- und Maßrahmen, die den privaten und betrieblichen Alltag verändern.

Auch kurz vor zwölf sollte in vielen Details nicht oberflächlich vorgegangen werden. Fehlentscheidungen und Fehler lassen sich jetzt mit Besonnenheit vermeiden.

Dieses Kapitel hilft Ihnen:

- die richtigen Räume auszuwählen und zweckentsprechend einzurichten
- Kommunikationseinrichtung und PC-Systeme, sie sind zwischenzeitlich Standard, richtig und zukunftsweisend auszuwählen
- die Fürsorgepflicht mit der Einstellung von Personal richtig einzuschätzen
- Personal systematisch auszuwählen und richtig unter Vertrag zu nehmen
- sich selbst managen und Prinzipien wie Zeit-, Akquisitions- und Fehlermanagement von Beginn an zu nutzen,
- Rechnungswesen und Buchhaltung nicht zu Fremdwörtern zu stilisieren
- und letztlich, ganzheitlich den Unternehmensstart mit allen nur denkbaren Möglichkeiten zu unterstützen und nachzubereiten.

6.1. Einrichtung und Bezug der Büro- und Arbeitsstätten

Schreibtisch und Schreibmaschine repräsentierten vor Jahren den Grundstock eines jeden Büroarbeitsplatzes. Die Technik von gestern ist überholt. Mensch und Gesetz bestimmen heute wesentlich die Ausstattung der Arbeitsplätze. Wie effektiv Sie und Ihre Mitarbeiter sind, hängt nicht nur von ihrer Qualifikation und Professionalität ab, sondern auch von der Identifizierung mit Ihrem Unternehmen. Hierbei spielt auch die Ausstattung und Gestaltung der Arbeitsplätze eine Schlüsselrolle.

Die Bandbreite reicht von Licht-, Klima- und Raumverhältnissen bis zu den ergonomischen Anforderungen an Büromöbel und Bildschirmarbeitsplätze.

Licht, Transparenz, stilvolle unaufdringliche Eleganz und das Ambiente fordern die positive Grundeinstellung der Mitarbeiter.

6.1.1. Ausgestaltung der Arbeitsräume

Die Arbeitsstätten-Verordnung verpflichtet Sie, die Arbeitsstätten so einzurichten und zu unterhalten, dass Ihre Mitarbeiter gegen Gefahren für Leben und Gesundheit soweit wie möglich geschützt werden. Darüber hinaus greifen gleichfalls die Arbeitsstätten-Richtlinien und die Unfallverhütungsvorschriften.

Zu den Arbeitsstätten zählen:

- Arbeitsräume in Gebäuden
- Maschinen- und Nebenräume
- Pausen- und Bereitschaftsräume
- Sanitärräume (Büro, Werkstatt, Lager, Laden)
- Verbindungsräume (Flure, Treppen etc.)

Getrennte Toiletten werden beispielsweise erforderlich, wenn Sie mehr als fünf Arbeitnehmer beschäftigen.

Auch in Anlehnung an die Vorschriften und Empfehlungen der Berufsgenossenschaft werden klare Aussagen getroffen, zu:

- Raumtemperaturen
- Raumgrößen
- Schutzvorkehrungen
- Beleuchtung
- Lüftung
  (Fluchtwege, Feuerlöscher etc.)

Das zuständige Gewerbeaufsichtsamt gibt Informationshilfen zu den relevanten Vorschriften. Als Inhaber, Geschäftsführer und Arbeitgeber haben Sie im Rahmen Ihrer Fürsorgepflichten den Mitarbeitern gegenüber die Einhaltung der Bestimmungen zu überwachen.

Die Arbeitsstättenverordnung fordert für Büroräume eine Mindestgrundfläche von 8 qm.

Durch die Aufstellung von Büromöbeln und sonstigen Geräten ist der Raum, der diesen Mindestanforderungen genügt, dennoch eingeengt. Deshalb ist Wert auf einen Mindestraum freier Bewegungsfläche zu legen, der in keiner Weise verstellt werden darf. Diese Fläche sollte mindestens 1,5 qm betragen. Damit wird versucht, eine ungehinderte Bewegungsfreiheit der Mitarbeiter zu ihren Arbeitsplätzen sicherzustellen. Unmittelbar den Büroräumen zugehörig sind auch die Verkehrswege, die vom Laden zum Büro oder Lager führen und auf denen sich Mitarbeiter oder Besucher bewegen können.

Hierzu zählen: Flure, Gänge und Treppen. Diese Verkehrswege müssen so beschaffen sein dass der Bestimmungszweck sichergestellt wird und keine Behinderungen oder Störungen erfolgen können. Neben den Raumflächen werden auch Anforderungen an die Höhe und das Volumen der Büroräume gestellt.

☞ **Je Mitarbeiter ist ein Luftvolumen von 12 cbm vorzusehen.**

Das Volumen der Schränke, Schreibtische oder sonstiger Geräte ist hierbei nicht mitzuzählen.

☞ Die Mindestraumhöhe für Büroräume sollte bei 2,50 m liegen.

Größere Büroräume müssen großzügiger dimensionierte Raumhöhen berücksichtigen. Neben einer entsprechenden Bürofläche und angemessener Raumvolumenfläche sind ausreichend freie Sichtverbindungen (Fenster) vorzusehen. Die erforderliche Gesamtfläche der Sichtverbindungen steht in einem Bezug zur Raumgröße. Sie hat einem Zehntel der Büroraumgrundfläche zu entsprechen. (Achtung: Büros im Keller).

Die Bodenbeschaffenheit der Büros ist rutschhemmend und frei von Stolpermöglichkeiten zu gestalten. Versorgungsleitungen (z.B. Elektrokabel) sollten entweder an der Wand entlang, verkleidet über den Fußboden oder über die Decke geführt werden. Freie Leitungen sind zu vermeiden, da sie die Stolpergefahr erhöhen. Ihre Mitarbeiter dürfen ein **Raumklima** erwarten, das den physiologischen Bedürfnissen entspricht, d.h. Temperatur, relevante Feuchtigkeit und Raumluft sowie deren Strömungsgeschwindigkeit müssen dem menschlichen Empfinden zugetan sein. Abhilfe ist in jedem Fall erforderlich, wenn Tabakrauch, Ausdünstungen von Boden- oder Wandbelägen, Büromaschinen und Möbeln auf den Lufthaushalt einwirken. Schaffen Sie bei Ihren Planungen Gelegenheit und Raum eines regelmäßigen Luftaustausches (Öffnen der Fenster) oder sehen Sie entsprechende Klimaeinrichtungen (Sicherheitsregeln für Anlagen zur Luftreinhaltung am Arbeitsplatz) vor.

☞ Die Raumtemperatur an Büroarbeitsplätzen beträgt ca. 21 Grad.

Bei hohen Außentemperaturen sind Vorkehrungen zur Reduzierung von direkter Sonneneinstrahlung (Jalousien, Wärmeschutzglas) vorzusehen. Klimatisch günstig gestaltet sich ein Arbeiten bei einer relativen Luftfeuchte von ca. 65 %. Reduzierungen unter 50 % (Wintermonate) sind zu vermeiden.

Die Arbeitsstätten-Verordnung schreibt direkte Sichtverbindung der Büros nach außen vor. Dennoch bleibt es nicht aus, anstelle des Tageslichtes auf künstliche Lichtquellen zurückzugreifen. Die Arbeitsstätten-Richtlinie 7/3 legt bei künstlichen Lichtquellen eine Neubeleuchtungsstärke von mindestens 500 Lux für Büro- und Sanitätsräume vor.

☞ Positiv haben sich Lichtstärken von 800 Lux erwiesen.

Das Licht sollte möglichst schräg seitlich von oben einfallen (zusätzliche Lichtquellen). Bei Bildschirmarbeitsplätzen dürfen keine Blendwirkung und Reflexionen am Aufstellungsort entstehen. Ein leidiges Thema in vielen Büros, insbesondere bei Teppichböden, ist das Kleingewitter, das bei der Berührung von Geräten (Schreibmaschinen, Türgriffen, Telefon etc.) entstehen kann.

Schäden durch elektrische Entladungen an PCs können zu Datenverlust führen. Erhöhen Sie die Luftfeuchte. Tauschen Sie an Ihren Arbeitsplätzen ggf. den Boden aus bzw. ergänzen Sie ihn mit antistatischen Matten unter Tischen und Stühlen. Die **Farbenwahl** der Wände und die Einrichtung, das Einbringen von Bildern und Pflanzen heben das subjektive Klima am Arbeitsplatz. Damit trägt die optische Ausgestaltung des Arbeitsraumes zur Motivation bei. Bewährt haben sich dezente, nicht zu grelle Farben. Die Oberflächenbeschaffenheit von Möbeln und Geräten sollte eher matt als hochglänzend sein. Vermeiden Sie hohe Reflexionen.

Auch die Geräuschaufnahme über das Ohr trägt allgemein zum Wohlbefinden bei. Dies ist von Fall zu Fall individuell einzuschätzen, kann mitunter aber in dosierter Form bei manchen Tätigkeiten die Arbeitsleistung fördern. Im Gegenzug sind beim Einsatz von Geräten und Anlagen, die Lärm verursachen, die Geräuschquellen durch Maschinenunterlagen (Filz, Gummi), Abdeckhauben, Schallschutzschirme oder ähnlichem zu reduzieren.

☞ **Verlagern Sie Geräte mit Lärmausstrahlung in einen Nebenraum.**

Bei einfachen oder mechanisierten Bürotätigkeiten (Falten, Kuvertieren, Frankieren von Mailings) kann ein vorübergehender Geräuschpegel von 70 dB(A) akzeptiert werden.

Am Arbeitsplatz sollten Werte kleiner 55 dB(A) üblich sein.

Die Beschaffung und Einrichtung von **technischen Arbeitsmitteln**, angefangen beim Stuhl und Tisch, fortgesetzt über Schrank, Regalsysteme, auch Ablagesysteme, bis schließlich hin zum PC und Drucker erscheinen für viele Gründer als zu vernachlässigende Selbstverständlichkeiten. Sie sollten sich dennoch bei Ihren Investitionen mit den sicherheitstechnischen und ergonomischen Gegebenheiten vertraut machen. So vermeiden Sie bei Ihren Mitarbeitern Spätfolgen, einen erhöhten Krankenstand, ein Nachbessern versäumter Sicherheitsvorkehrungen und Ergonomieanforderungen. Möbel und Geräte müssen auch unter ungünstigen Umständen Belastungen aushalten können und dürfen nicht wackeln, kippen oder gar umfallen.

Durch ihre Handhabung sollten Verletzungen wie schneiden, quetschen, verformen von vornherein vermieden werden. Standfestigkeit der Möbel und Geräte, auch bei beweglichen Teilen, zum Beispiel Roll- und Drehstühlen, ist oberstes Gebot. Ecken und Kanten, die der Mitarbeiter im täglichen Umgang berührt, sollten abgerundet oder so geformt sein, dass Verletzungen auszuschließen sind.

Ergonomie im Büro

Herausziehbare und verstellbare Teile dürfen nicht aus ihrer Verankerung herausfallen oder sich unbeaufsichtigt lösen. Elektrische und elektronische Geräte müssen den VDE-Bestimmungen (Schild) entsprechen und den Bestimmungen der Europäischen Union (EU) genügen. Im Bereich der PCs enthält CE (CE-Konformitätserklärung) unter anderem die BZT und TÜV/GS-Zulassung , weiterhin finden in CE auch die Aspekte der elektromagnetischen Verträglichkeit (EMV) Anwendung.

Beginnen wir mit dem Sitzen. Ca. 80.000 Stunden sitzen Mitarbeiter in Büros ab. Gut jeder zweite klagt über Rückenschmerzen. Falsches Sitzen belastet Kreislauf und Beine. Man wird schneller müde (!). Richtiges Sitzen beginnt mit der Sitzhöhe. Da 90 Prozent aller Erwachsenen in Europa eine Größe von 1,51 - 1,84 Meter erreichen, die Durchschnittshöhe der Arbeitsfläche 72 cm beträgt, ist eine Lösung, um eine körpergerechte Haltung zu ermöglichen nur über einen höhenverstellbaren Stuhl/Sessel, der eine Sitzhöhe in den Bereichen von 60-80 cm zulässt, möglich. DIN-Normen und eine Reihe von Vorschriften haben bei Bürostühlen in der Zwischenzeit einen hohen Standard geschaffen.

Trotzdem - prüfen Sie ausgiebig bei Ihren Dispositionen zur Einrichtung Ihrer Arbeitsstätte, ob die angebotenen *Sonderangebote*“ des Büroausstattungshandels oder die preiswerten Lösungen des Baumarktes wirklich den ergonomischen Anforderungen entsprechen.

Wenn auch nicht explizit vorgeschrieben, soll der Tisch - neben einer üblichen Höhe von 72 cm - genügend Platz für Handauflage, Schreibfläche und Ablage von Schreibutensilien, Papieren und Akten anbieten.

Die Beschaffenheit sollte dezent, nicht zu hell und nicht zu dunkel sein. Eine reflektierende und grelle Oberfläche ist zu vermeiden. Die Beinfreiheit muss gegeben sein, eventuelle Hängeschränke unter der Tischplatte links und/oder rechts müssen genügend Spielraum belassen. Schränke, die verschließbar sein sollen, müssen kipp- und rutschfeste Füße besitzen. Die Raumtiefen der Schränke, die meist in der Höhe variablen Stellfächer müssen zur Aufnahme handelsüblicher Ordner und Stehsammler geeignet sein. Die Türen sind aus Platzgründen auf einer Schiene horizontal verschiebbar und sollten aus diesen nicht fallen. Eventuelle Ablagefächer in Beckenhöhe zur Ablage von Handakten müssen hohen Papiergewichten standhalten und über Sperrvorrichtungen verfügen, um nicht unabsichtlich herausgezogen werden zu können. Gleiches zu Oberfläche, Farben und Struktur gilt für Schränke, wie zuvor für Tische genannt - matt und reflexionsfrei.

Die Mindestvorschriften zur Sicherung des Gesundheitszustandes bei der Arbeit an Bildschirmarbeitsplätzen (PCs), wird durch die Richtlinie der Europäischen Union zur Gestaltung von Bildschirmarbeitsplätzen beeinflusst und verpflichtet den Arbeitgeber, sich über den neusten Stand der Technik und der wissenschaftlichen Erkenntnisse zu informieren.

Organisatorische Hilfestellungen erleichtern die tägliche Nutzung von Arbeitsmitteln. Beim Kopieren können Funktionstasten oder bestimmte Prozedere beschrieben werden. Reichen Mitteilungen auf den Geräten, auch bei einer wechselnden Nutzung durch verschiedene Mitarbeiter, nicht aus, sollten Freiräume in Augenhöhe geschaffen werden. Notieren Sie in größeren Lettern Hinweise auf einem Bogen weißen Papiers. Stecken Sie ihn in eine Klarsichtfolie und befestigen Sie diesen Bogen mit Reißnägeln oder Tesa an der Wand. Sie reduzieren so beiläufig Stress, Zwangsunterbrechungen, aber auch Doppelarbeit, wenn Ihre Mitarbeiter die Organisationshilfen in der Nähe ihrer erkannten Probleme finden. Aus arbeitswissenschaftlicher Sicht ist der **Erholungswert mehrerer kurzer Unterbrechungen** bei (stupiden) Tätigkeiten höher, als bei wenigen festgelegten Pausen. Schaffen Sie, sofern möglich und Ihrem räumlichen Umfeld angepasst, entsprechende Voraussetzungen:

- **Pausenräume** erfüllen den Zweck, Abstand von Problemen zu schaffen und zu verhindern, dass Telefonanrufe den Mitarbeiter erreichen.
- **Teeküchen,** als Gelegenheit schnell mal einen Kaffee, Tee oder eine Brühe zu erwärmen, helfen durchhängende Zeiten zu überbrücken und die Mitarbeiter zu reaktivieren.
- **Garderobe,** ggf. besondere Umkleideräume sind notwendig, wenn in Ihrem Unternehmen besondere Berufskleidung, z.B. Kittel etc. erforderlich werden. Des Weiteren sollten Sie je Mitarbeiter eine Kleiderablage und ein abschließbares Fach zur Aufbewahrung persönlicher Wertgegenstände vorsehen. Dies gilt ggf. auch für Ihr Reinigungspersonal, das nur zeitweise anwesend ist.
- **Nichtraucherschutz** ist vorzunehmen, wenn in Ihrem Unternehmen Raucher beschäftigt werden. Um dem Kenntnisstand der Wissenschaft zum Rauchen Rechnung zu tragen, sind an Arbeitsplätzen Nichtraucher vor den Belästigungen durch Tabakrauch zu schützen.

Im laufenden Geschäftsbetrieb fallen Dokumente, Unterlagen, Notizen und sonstige Papiere unabhängig der üblichen Korrespondenz sowie der Lieferanten- und Kundenrechnungen an, für die Aufbewahrungsfristen gelten. Gleiches gilt für die Bereitstellung von Materialien, die zur Aufrechterhaltung der Geschäftstätigkeit dienen. Dies können Kuverts, Brief- und Kopierpapier, Formularsätze, Leerordner, Stehsammler, Folien, Mappen etc. sein. Bei zu lagernden und zu archivierenden Materialien sind Schränke und Regalsysteme in ausreichender Menge bereitzustellen. Auch Ordner, Schnell- und Hängehefter, Stehsammler und sonstige Ordnungssysteme helfen den notwendigen Überblick herzustellen. Bei umfangreichen Büromateriallagern und Archivierungsräumen, können Leitern, Steighilfen und sonstige Tritte erforderlich werden.

Das Aufsteigen auf rollende Drehstühle ist gefährlich.

Denken Sie auch an die Entsorgung von Materialien (Toner, Kontaktpapiere, Grafikfarben und Behältnisse). Vielleicht bietet sich die Bereitstellung eines Raumes für technische Geräte an, der sonst nicht den Anforderungen an Büroarbeitsplätze genügt. Hier können Kopierer, Drucker, Schneide- und Falzgeräte, Frankiermaschine, Aktenvernichter, Laminiereinheiten etc. gut erreich- und handhabbar für alle Mitarbeiter aufgestellt werden. Gerade diese Geräte, die nicht selten durch Geräusch und Geruch (Ozon, Leim) das Arbeiten stören würden, sind dort besonders gut aufgehoben. Abstellräume zur Aufbewahrung von Staubsaugern, Putzeimern, Besen und Putzmitteln tragen dazu bei, die sonstigen Büroräume und Verkehrswege nicht zu beeinträchtigen.

6.1.2. Kommunikationseinrichtungen

Unternehmensgründern stehen mittlerweile eine Vielzahl neuer Telekommunikationseinrichtungen und -dienste zur Verfügung. Neben den schon als Standard bekannten Telefon- und Faxgeräten, treten zwischenzeitlich Mobilfunk, ISDN- und Breitbanddienste, als auch die vielseitigen PCs, zur Nutzung von Online- und Mail-Diensten, Portalen, Foren und Chats hinzu.

Für kleine und mittlere Betriebe, Ingenieurbüros, Dienstleistungs- und Serviceunternehmen bieten sich durch Aufgeschlossenheit und konsequente Nutzung dieser Systeme Chancen gegenüber so manchen trägeren Unternehmen Wettbewerbsvorteile zu erzielen. Stellen Sie zunächst den Bedarf an eine erforderliche Telefonanlage fest, d.h. wie viele Mitarbeiter im Regelfall über längere Zeiträume parallel nebeneinander kommunizieren. Sollen einzelne Amtsleitungen direkt auf Mitarbeiter zugeschaltet werden, oder streben Sie eine zentrale Vermittlung an, die Amtsleitungen bündelt und an die entsprechenden Nebenstellen weiterleitet. Manche Nebenstellenanlagen lassen gleichfalls den Anschluss von schnurlosen Geräten zu.

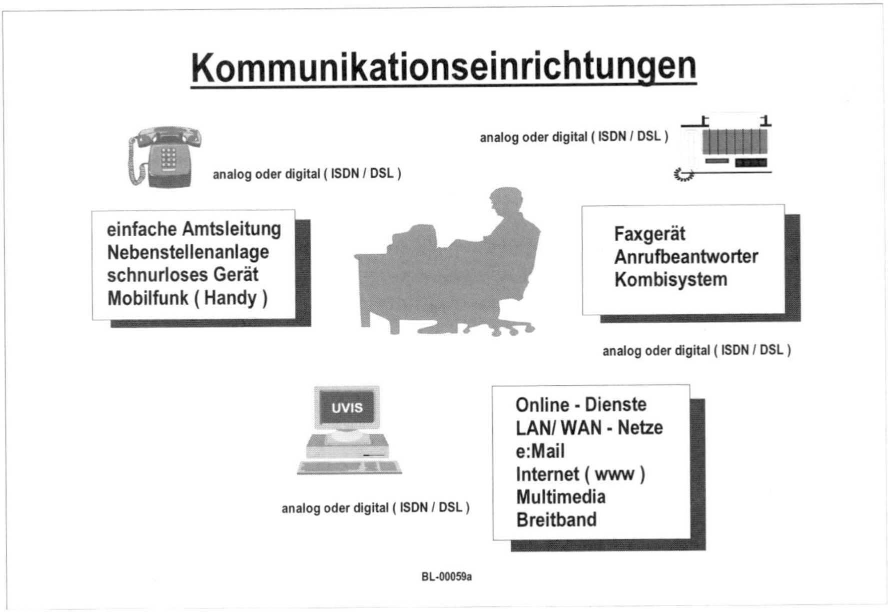

Das Angebot von Faxgeräten ist hinsichtlich des Funktionsangebots recht unterschiedlich. Mögliche Varianten sind im Einsatz:

- Faxgerät mit Kopierfunktion
- Fax, Telefon und Anrufbeantworter als Kombisystem
- Faxkarte als Computerbaustein in Verbindung mit einem geeigneten Druckersystem
- Multifunktionsgeräte (Scanner, Drucker, Kopierer, Fax)

Damit ist es beispielsweise möglich, Texte und Zeichnungen im PC erstellt - ohne vorherigen Ausdruck - direkt über das Faxgerät abzuschicken. Bei den multifunktionalen Kombinationsgeräten, die Scanner, Kopierer und Drucker neben der Faxfunktion in einem enthalten, handelt es sich um die zurzeit idealen Einstiegssysteme für Jung- und SOHO-Unternehmen.

Premium-Download
Aktueller Leistungsvergleich verschiedener Festnetzanbieter

In Deutschland gibt es z.Z. ca. 5 Millionen Fax-Anschlüsse. Allerdings zeigen die Entwicklungen im internationalen Verkehr, dass Faxsysteme durch die zwischenzeitlich weit verbreiteten Internet- und e:Mail-Dienste zunehmend an Boden verlieren. Mit dem Mobilfunkgerät, dem Handy in der Westentasche, ist in der Informationsgesellschaft wirklich jeder überall erreichbar. Wie viel ein Handy seinen Besitzer letztlich kostet, hängt nicht so sehr von der Anschaffung, vielmehr von den laufenden Gebühren ab. Die Kosten setzen sich aus einem festen Grundbetrag und den laufenden Telefongebühren zusammen. Analysieren Sie deshalb vor der endgültigen Entscheidung Ihre eigenen Telefongewohnheiten

- Wann telefonieren Sie?
- Wie lange?
- Im In- oder Ausland?
- Zu welcher Tages- oder Nachtzeit?
- Nutzen Sie SMS-/MMS-/GMS-/ UTMS-Dienste?

Des Weiteren wird zur Nutzung des Handys, anders als beim herkömmlichen Telefonanschluss, eine Telefonkarte erforderlich. Diese Karte erhalten Sie über Service-Provider (Anbieter dieser Dienste), die mit dem Netzbetreiber letztlich abrechnen. Durch den im Mobilfunk herrschenden Wettbewerb können dabei die Abrechnungen bei den Anbietern recht unterschiedlich ausfallen. Verschiedene Tarifarten, für Wenig-, Normal- und Vieltelefonierer prägen zunächst einmal die Abrechnungsverfahren der Anbieter. Diese Einteilung lässt sich zwar nicht pauschalisieren und wird vielfach durch Freischaltung innerhalb der unterschiedlichen Dienste ergänzt.

So gerüstet können Sie über das Internet geeignete Handyvergleichsanbieter ausfindig machen und ihre günstigsten Tarife finden.

Premium-Download
Aktueller Leistungsvergleich verschiedener Mobilfunkanbieter

Der Dienst, der zurzeit die meiste Aufmerksamkeit auf sich zieht, ist das Internet. Mit einem *„Web-Browser“* hat der Benutzer Zugriff auf eine einfach zu bedienende grafische Oberfläche, die Text, Grafik und Klang integriert. Die Gliederung erfolgt nach Seiten. Das Umblättern der Seiten geschieht durch Anklicken eines Wortes oder Gliederungspunktes auf der aktuellen Seite, genannt *„Link“*. Über einen Hypertext-Link wird dann die Seite aufgebaut, auf die der Link gezeigt hat.

Fünf Gründe sprechen für das Internet:

- Per e:Mail erreichen Sie weltweit Geschäftspartner und Kunden - und das weitaus billiger als per Telefon oder Fax.
- Es wird eine Fülle von Informationen geboten, die auf anderen Wegen nur schwer oder in einer weniger aktuellen Form zu beschaffen sind.
- Es gibt kaum eine einfachere und preiswertere Möglichkeit, um Kunden und Interessenten die unterschiedlichsten Informationen zugänglich zu machen.
- Für Ihr PC-/DV-Handling ist das Internet eine ideale Quelle, um Informationen, Bugfixes und Treiber zu erhalten - das spart Supportkosten.
- Der Einstieg ins Internet ist nicht teuer.

Die eigentlichen Informationen im Internet sind in aller Regel kostenlos. Doch die Zahl der Firmen, die kostenpflichtige Dienste per Internet anbieten, wächst. Die Kosten setzen sich im Wesentlichen aus drei Teilen zusammen:

- In aller Regel vernachlässigbar sind die **Verbindungskosten**, da in den meisten Fällen nur eine Verbindung zum Provider innerhalb des Ortsnetzes gebraucht wird.
- Für den Transport der Daten in das Internet ist bei Standleitungen meist eine **volumenabhängige Datentransfergebühr** an den Provider zu zahlen.
- Die **Folgekosten** für die Installation und Administration werden gern unterschätzt. Der Betrieb einer eigenen Internet-Domain mit Server für Mail und weitere Dienste erfordert Zeit und Know-how.
- Prüfen Sie, ob in Ihrer Region Flatrate-Angebote greifen.

Premium-Download
Aktueller Leistungsvergleich verschiedener Internetanbieter/Provider

Derzeit gibt es einen deutlichen Zuwachs bei Angeboten für Kombi Flatrates, also Kombinationen von Festnetztelefonie und/oder Mobilfunk und Internet von einem Anbieter.

Die **Flatrate** sind im Markt stark verbreitet, weil sie für den Nutzer eine höhere Transparenz und eine Kostensicherheit bieten.

Der bisherige Tarifwirrwarr ist für viele unverständlich, die Beratung nicht immer optimal und nachvollziehbar.

Höhere Transparenz und ein leicht verständlicher fester Kostenrahmen sind für die Endkunden die schlagenden Vorteile.

Durch die Flatrates werden die Angebote der Netzbetreiber vergleichbar. Auch ein Geschenk für den Existenzgründer, denn er wird von dieser Entwicklung profitieren.

Erhält der Kunde über das Tarifmodell seines Anbieteres Zugang zu Festnetz, Mobilfunk, Internet und auch TV, wird er es eher nutzen, als sich im unüberschaubaren Tarifdschungel Einzelteile zusammen zu stellen.

Tarifangebote durch Flatrates und Kombi-Flatrates werden noch leichter verständlich.

Kombi-Angeboten aus Telefonie + Internet + TV (= Triple Play) wird die Zukunft gehören.

PC-Systeme sind wichtige Organisations- und Kommunikationswerkzeuge. Sie sind kleine Multifunktionssysteme und aus der heutigen Bürolandschaft nicht mehr wegzudenken. Sie bieten Möglichkeiten, die bei richtigem Verständnis und Einsatz nicht nur zu erheblichen Einsparungen bei sonst notwendigen Personalkosten führen können, sondern Ihnen Gelegenheiten verschaffen, Dinge zu erstellen oder zu berechnen, die sonst nur außer Haus vergeben bzw. teuer eingekauft werden müssten.

Existenzgründer, die diese so wertvollen und scheinbar geheimnisvollen Helfer am liebsten auf dem Speicher sehen, sollten noch mal gründlich nachdenken, ob sie denn wirklich ein Unternehmen gründen wollen. Um sich möglichst effizient mit den Themen Hard- und Software auseinander zu setzen, sind Grundlagen- und/oder Orientierungsseminare für den PC-Einsatz sinnvoll.

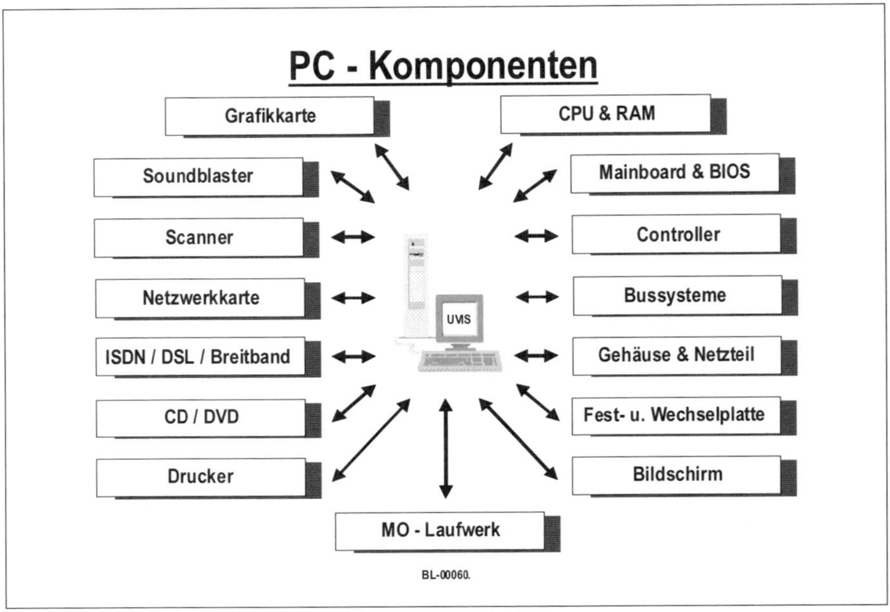

Konzentrieren Sie sich auf ein modulares Basissystem.

Bei dieser Investition sollte keinesfalls gespart werden, denn richtig eingekauft, betreiben Sie aktiven Investitionsschutz.

Wichtig - Lassen Sie sich beraten.

Nehmen Sie begleitende Assistenz in Anspruch. Sie ist langfristig günstiger.

Premium-Download
Bezugsquellen für Hard- & Software

6.2. Beschaffung und Einstellung von Personal

Haben Sie Ihre Gründungsvorbereitungen bisher alleine oder abgestimmt innerhalb Ihrer Familie betrieben, werden Sie sicherlich irgendwann zu der Feststellung gelangen, dass nur durch die Einbindung von Mitarbeitern Ihre Ideen weiter realisiert werden können. Damit tritt neben dem bisherigen Schwerpunkt *„Finanzierung des Vorhabens"* mit der *„Personaleinstellung"* neue und ähnlich umfassende Vorhaben hinzu. Sie werden sich an Menschen wenden, die Sie für die Realisierung Ihrer Ziele gewinnen.

Mitarbeiter einstellen

- **Arbeitszeitordnung**
- **Urlaubsgesetz**
- **Kündigungsschutzgesetz**
- **Berufsbildungsgesetz**
- **Jugendarbeitsschutzgesetz**
- **Heimarbeitsgesetz**
- **Lohnfortzahlungsgesetz**
- **Mutterschutzgesetz**

- **Anmelden**
- **Beiträge abführen**
- **Urlaub gewähren**
- **Kündigungen aussprechen**

- **Festanstellungen**
- **Teilzeitkräfte**
- **Aushilfen**
- **Geringverdiener**
- **Freie Mitarbeiter**
- **Studenten, Schüler, Praktikanten**

BL-00061

Die richtigen Mitarbeiterinnen und Mitarbeiter entscheiden mit, ob Ihr Unternehmen erfolgreich ist oder nicht.

Mitarbeiter kosten Geld.

Ein Grund mehr, sich über die anzubietenden Stellen Gedanken zu machen.

Sie zahlen Gehalt oder Lohn. Dennoch unterscheidet sich die Personalbeschaffung von dem wesentlich *„kühleren"* Kauf der Finanzmittel.

- Menschenführung,
- Einfühlungsvermögen,
- Motivation,
- Anleiten,
- Fürsorge und
- Verantwortung

sind neue Eigenschaften, die von Ihnen als Arbeitgeber gefordert werden.

- Wie viel Personal benötigen Sie?
- Welches Alter und Qualifikation haben die Mitarbeiter mitzubringen?
- Erfolgt die Besetzung der Stellen auf Dauer oder nur vorübergehend?
- Welche Ziele und Absichten gedenken Sie mit diesen zu realisieren?

6.2.1. Pflichten des Arbeitgebers

Eine Menge neuer Pflichten sind durch Sie zu übernehmen. Die wichtigsten sind stichwortartig hier zusammengefasst:

☞ **Anmelden der Mitarbeiter**

- Ihre Mitarbeiter sind bei der Krankenkasse zur Renten-, Kranken- und Arbeitslosenversicherung anzumelden.
- Die Berufsgenossenschaft (die berufliche Unfallversicherung) ist zu informieren.
- Beiträge sind regelmäßig abzuführen
- Die Hälfte der Sozialversicherungsbeiträge für Ihre Mitarbeiter behalten Sie vom Lohn ein, die andere Hälfte legen Sie als Arbeitgeber dazu.
- Die Prämie der Berufsgenossenschaft müssen Sie als Arbeitgeber ganz bezahlen.
- Die Lohnsteuer Ihrer Beschäftigten behalten Sie vom Lohn oder Gehalt ein und überweisen sie an das Finanzamt.
- Sie sind auch verantwortlich für die richtige Berechnung der Beiträge.

☞ **Urlaub ist zu gewähren**

- Der gesetzlich vorgeschriebene Mindesturlaub beträgt 18 Tage pro Jahr für Jugendliche bis 18 Jahre; 25-30 Tage je nach Alter.
- Tarifverträge sehen meist längere Urlaubsfristen vor. Erkundigen Sie sich bei der Kammer, ob es einen für Ihre Branche verbindlichen Tarifvertrag gibt.

Kündigungen sind auch mal auszusprechen

- Erkundigen Sie sich nach den geltenden Kündigungsfristen für Ihre gewerblichen Arbeitnehmer und Angestellten.
- Bei längerer Beschäftigungsdauer erhöhen sich diese Fristen.
- Vereinbaren Sie im Arbeitsvertrag für beide Seiten gültige Kündigungsfristen.

6.2.2. Typen verschiedener Arbeitsverhältnisse

Die Begründung eines festen Arbeitsverhältnisses erfolgt durch einen Arbeitsvertrag. Abgesehen von der schriftlichen Niederlegung hat Ihr Arbeitsvertrag die folgenden Mindestinhalte zu berücksichtigen:

- Name und Anschrift der Vertragspartner
- Zeitpunkt des Beginns des Arbeitsverhältnisses
- vorgesehene Dauer des Arbeitsverhältnisses bei befristet Eingestellten
- Arbeitsort und Arbeitsstätte falls diese vom Firmensitz abweichen
- Bezeichnung der Tätigkeiten, die der Arbeitnehmer leistet
- Höhe des Arbeitsentgeltes und sonstige Vereinbarungen und Zusagen
- Arbeitszeit und Jahresurlaub
- Kündigungsfrist
- eventuelle Hinweise auf die tarifrechtlichen Zuordnungen

Im Zuge einer Betriebsübernahme sollten Arbeitsverhältnisse ohne schriftliche Grundlage umgehend umgestellt werden. Neben der Festeinstellung von Mitarbeitern gibt es noch eine Reihe weiterer Beschäftigungsmöglichkeiten, die für Sie und Jungunternehmer schon aus Kostengründen - um zu hohe Fixkosten zu vermeiden - attraktiv sein können.

Arbeitsverträge sind grundsätzlich schriftlich nieder zu legen.

- **Teilzeitkräfte**
  Teilzeitkräfte sind Mitarbeiter, die Sie unbefristet einstellen, die sich aber nicht an den betriebsüblichen Arbeitszeiten orientieren.
  Beispiel: Mit einer Buchhaltungskraft vereinbaren Sie eine wöchentliche Arbeitszeit von 6 Stunden an 2 Tagen.
  Vorteil: Für qualifizierte Arbeiten geringen zeitlichen Umfangs bieten Teilzeitkräfte gegenüber vollzeitig beschäftigten Mitarbeitern Kostenvorteile.
- **Aushilfen - befristete Arbeitsverhältnisse**
  Aushilfen werden von vornherein zeitlich befristet eingestellt. Sie können teilzeit- wie vollzeitbeschäftigt werden.
  Beispiel: Zur Schwangerschafts-, Urlaubs- oder Krankheitsvertretung wird eine Mitarbeiterin zur Kontierung von Buchungsvorgängen eingesetzt.
  Vorteil: Ausfälle, aber auch zusätzliche Spitzen können durch eine zeitlich angepasste Einstellung abgefangen werden. Das Arbeitsverhältnis endet automatisch mit Ablauf der vereinbarten Frist, ohne Kündigung bzw. Einhaltung einer Kündigungsfrist.

Ein Arbeitsverhältnis von unbestimmter Dauer wird dann angenommen, wenn kein sachlich gerechtfertigter Grund für die Befristung des Arbeitsverhältnisses gegeben war.

Ein Arbeitsverhältnis von bestimmter Dauer kann nur bei Vorliegen einer besonderen Vereinbarung ordentlich gekündigt werden.

- **Geringverdiener**
  Die Verdienstgrenze für geringfügig Beschäftigte beträgt 400,- Euro (Stand 2010). Frühere Begrenzungen von Wochenarbeitszeiten (z.B. 15 Stunden), Stundenlohn-Obergrenzen (z.B. 12,- Euro) und Freistellungsbescheinigungen des Finanzamtes entfallen. Der Arbeitgeber zahlt pauschal 30 % und der Mitarbeiter erhält seinen Geringverdienerlohn brutto = netto.
- **Freie Mitarbeiter**
  Haben Sie vorübergehend mehr Arbeit als Arbeitskräfte, wollen deshalb aber keinen Mitarbeiter fest anstellen, kann sich unter Umständen die Einbindung freier Mitarbeiter bezahlt machen. Unter freier Mitarbeiterschaft wird die Beziehung einer Dienstleistung verstanden, bei der Ihr Vertragspartner, ohne dass er arbeitsrechtlich gebunden ist, Ihrem Unternehmen Leistungen auf eigene Rechnung zur Verfügung stellt. So genannte Lohnnebenkosten, auch Urlaub, das Risiko von Krankheit brauchen Sie nicht zu übernehmen, da Sie lediglich das Honorar für die ausgeübte Tätigkeit bezahlen.

Die rechtlichen Vorteile eines solchen Arbeitsverhältnisses sind beachtlich. Dennoch gibt es in dieser Beziehung der Beschäftigung auch Problemzonen. Wenn dieser freie Mitarbeiter über längere Zeit ausschließlich für Sie tätig ist, kann - unabhängig vom erklärten Willen - auch durch Dritte z.B. bei Prüfung durch die Krankenkassen festgestellt werden, dass die tatsächliche Durchführung dieses Rechtsverhältnisses weisungsgebundene Tätigkeiten enthält. Dann gerät dieses scheinbare freie Verhältnis in die Nähe einer arbeitsrechtlichen Beziehung. Freie Mitarbeiterschaft liegt hingegen dann vor, wenn die Arbeit u.a. nach fachlichen Vorstellungen des freien Mitarbeiters gestaltet werden kann und Beginn und Ende von Fall zu Fall vereinbart werden.

Möchten Sie freie Mitarbeiter zu einem wesentlichen Bestandteil der Personalausstattung Ihres Unternehmens machen ist es hilfreich, sich einen Mustervertrag für freie Mitarbeiter zu besorgen oder soweit Sie in Kontakt mit einem Rechtsanwalt stehen, sich durch diesen beraten.

Studenten, die während ihres Studiums als ordentliche Studierende einer Hochschule oder einer der fachlichen Ausbildung dienenden Schule gegen Arbeitsentgelt beschäftigt sind, haben Beiträge zur gesetzlichen Rentenversicherung zu bezahlen, falls Sie die Obergrenzen einer geringfügigen Beschäftigung überschreiten. Ausnahme: **Praktikanten** unterliegen nicht der Sozialversicherungspflicht, wenn das Praktikum verpflichtender Bestandteil des Studiengangs ist. Versicherungsfrei sind geringfügig beschäftigte Studenten (außer bei der Rentenversicherung), die **weniger als 20 Wochenstunden** arbeiten. Abgabenverpflichtungen zur Kranken-, Pflege- und Arbeitslosenversicherung sind nicht gegeben. Der Student muss dem Arbeitgeber eine Bescheinigung der Hochschule für die Praktika zur Verfügung stellen, aus der die Einschreibung an der Hochschule hervorgeht. Bei manchen Bildungsgängen, auch bei der Fortbildung über das Arbeitsamt ist es möglich, dass für die Praktika keine Honorierung erfolgt.

Die Regelungen der Studenten sind auf Schüler nicht anwendbar.

Eine Beschäftigung von **Schülern** ist nur während der Ferien gestattet und soll in der Höhe des Verdienstes die Geringverdienergrenze nicht übersteigen. Die Ferienbeschäftigung darf maximal zwei Monate umfassen.

6.3. Wie und wo finden Sie Ihre künftigen Mitarbeiter

Schon die richtige Auswahl für eine zu besetzende Stelle zu treffen ist ein schwieriges Unterfangen Doch es gibt Tipps und Regeln. Welchen Weg Sie letztlich in der Personalbeschaffung wählen, hängt zum Teil mit von der erwarteten Qualifikation des einzustellenden Mitarbeiters mit ab. Sie können sich aktiv oder passiv um einen Mitarbeiter bemühen.

6.3.1. Initiativbewerbungen

Initiativbewerbungen erreichen Sie durch Brief oder e:Mail mit entsprechendem Anhang. Es ist für Sie die passive Form der Kontaktaufnahme. Der Bewerber wird aktiv durch:

- **Eigeninitiative** und unaufgeforderte Bewerbung
  - selten deckt sich das Ereignis mit Ihrem Einstellungswunsch
- **Stellengesuch** in der Tageszeitung
  - der Bewerber inseriert

6.3.2. Aktive Personalsuche

Die übliche und verbreitete Variante ist die Personalsuche über Medien und Arbeitsmarkt- bzw. Wirtschaftspartner. Aktiv, d.h. Sie geben ein Anforderungsprofil heraus und geben Ihren Einstellungswunsch bekannt durch:

- **Firmenplakat, Schild oder Schaukasten**
  Mit *„Einzelhandelskauffrau gesucht“* signalisieren Sie die Bereitschaft einer Einstellung
- **Zeitungsinserate/Stellenanzeigen**
  Medienwirksam geben Sie unter Nennung Ihrer Anforderungen, ggf. der gebotenen Chancen für den Bewerber, Ihr beabsichtigtes Engagement im Arbeitsmarkt bekannt.
- **Radio/TV-Medien**
  Unternehmer-TV von privaten Sendern aber auch Mitarbeiter- oder Ausbildungsbörsen werden zeitweise bei Rundfunk- und Fernsehen eingerichtet.

- **Einschalten der Agentur für Arbeit**
  Informieren Sie die Arbeitsvermittlung oder Berufsberatung über die relevanten Stellenelemente oder positionieren Sie Ihr Stellenangebot direkt im Internet.
- **Einbindung der IHK/Wirtschaftsjunioren**
  IHKs, oft auch die den Kammern nahe stehenden Wirtschaftsjunioren (Nachwuchsunternehmer) haben zeitweise Ausbildungsbörsen eingerichtet.
- **Einbindung von Fachhochschulen, Universitäten, berufsbildenden Instituten**
  In Abstimmung mit der jeweiligen Institutsleitung lassen sich Aushänge an den *„schwarzen Brettern“* ermöglichen.
- **Berufsinformationsbörsen der Schulen**
  Meist sind es Real- oder auch weiterführende Schulen, die den Schülern und Familien durch Sprech- und Ausstellungstage Kontakte mit Unternehmen vermitteln. Dieser relativ geringe Zeitaufwand lohnt sich für Unternehmen, neue Mitarbeiter und Auszubildende zu finden und oft auch ein Praktikum zu vereinbaren.
- **Personalberater und Beratungsgesellschaften**
  soweit Sie Führungskräfte oder Spezialisten für Ihre Unternehmensgründung oder Sicherung des Jungunternehmens benötigen
- **verschiedene Personalbörsen im Internet**
  Job-, Nebenjob-, Teilzeitjobbörsen gibt es genauso wie einen breiten Stellenmarkt nicht nur angeboten durch die Agentur für Arbeit, sondern auch durch viele privatrechtliche Unternehmen.

Sie entscheiden je nach Art der Stelle oder Qualifikation über den Weg der Mitarbeitersuche. Wird eine Vermittlung über die Agentur für Arbeit angestrebt, sprechen Sie die zuständige Arbeitsvermittlung an. Sie erhalten Auskunft über den augenblicklichen Stellenmarkt und können Ihr Stellenangebot formulieren. Nennen Sie hierzu wesentliche Unternehmensdaten wie:

- Firmenanschrift
- Geschäftszweig
- Zahl der Beschäftigten

und Angaben zur gewünschten Arbeitskraft:

- Voll-/Teilzeit
- Tätigkeitsbeschreibung
- fachliche Voraussetzungen
- Schwerbehinderte
- Ausländer
- geforderte Qualifikationsnachweise
- Fremdsprachen
- Verdienstspannen

Statt des persönlichen Kontaktes bestehen auch umfassende Möglichkeiten die Job-, Stellen- und Bewerberbörse für Auszubildende und Arbeitssuchende im Internet aufzusuchen.

Wie und wo finden Sie Ihre Mitarbeiter?

Er wird aktiv

Er meldet sich selbst durch:

- unaufgeforderte Bewerbung
- Stellengesuch in Tageszeitung

Sie werden aktiv

Sie geben Ihren Einstellungswunsch bekannt durch:

- Firmenplakat, Schild, Schaukasten
- Zeitungsinserat/ Stellengesuch
- Einschalten der Agentur für Arbeit
- Einbinden von Personalberatern
- Anfrage bei Industrie – und Handelskammer
- Aushang bei UNI, FH oder berufsbildenden Instituten

BL-00062

Je nachdem welchem Wirtschaftszweig und Gewerbetyp Sie angehören helfen in Ausbildungsfragen die Industrie- und Handels- bzw. die Handwerkskammer. Über das Referat *„Ausbildung"* erhalten Sie Hilfe zu:

- Fragen der Lehrlingsausbildung
- An- und Abmelden von Arbeitsverträgen
- Rechtsfragen zur Ausbildung und zum Ausbildungsvertrag
- Zulassung und Durchführung der Prüfungen
- Zuerkennung der fachlichen Eignung für die Ausbildung
- Beilegung von Streitigkeiten aus dem Ausbildungsverhältnis

Nutzen Sie auch die Verbindungen, die über die Industrie- und Handelskammern zu den **Wirtschaftsjunioren** bestehen. Da es sich bei den Wirtschaftsjunioren überwiegend um junge Unternehmer oder Führungskräfte etablierter Unternehmen handelt, ist eine direkte Ansprache an den Vorstand oder einzelne Mitglieder, die Sie kennen oder die Ihnen von der Kammer benannt werden können, in der Regel Erfolg versprechend. Für einfach qualifizierte Mitarbeiter wählen Sie den Weg über das lokale Anzeigenblatt oder die Tageszeitung, bei höher qualifizierten Fachkräften, vielleicht die einschlägigen Fachzeitschriften. Preiswert fahren Sie mit einfachen Wortanzeigen, bei denen keine so hohen Anforderungen an grafische Details gestellt werden. Abgerechnet wird je Wort oder der Millimetergesamtanzahl je Spalte. Teurer wird die Personalsuche, wenn Sie graphische Elemente, inverse Darstellungen, bestimmte Schrifttypen etc. einbinden wollen. Ein DTP- oder Werbestudio ist Ihnen hier sicherlich - gegen gesonderte Bezahlung - behilflich, sowohl Ihre Anzeige zu gestalten, wie auch die gesamte Anzeigenschaltung bei den relevanten Anzeigenredaktionen in Vertretung für Sie zu übernehmen.

6.3.3. Dezidierte Vorgehensweise

Personalbeschaffungen werden Sie in Ihrem neuen Unternehmen sicherlich häufiger durchführen. Ob durch eine expansive Entwicklung bedingt oder durch Fluktuation - Sie werden sich Ihre geeigneten Routinen entwickeln. Dennoch unterscheidet sich die Einstellung von Personal zum Zeitpunkt der Unternehmensgründung - in gewissen Nuancen - von Einstellungen im späteren laufenden Betrieb. Ihr Augenmerk wird zunächst möglicherweise auf den Personen liegen, die Ihnen primär zur Seite stehen, Sie entlasten, vielleicht auch vertreten. Die vier üblichen Phasen der Einstellung sind:

- Stellenausschreibung
- Bewerbung
- Einstellungsgespräch
- Entscheidung und Arbeitsvertrag

Während der Gründungsvorbereitungen verfügen Sie selten über geeignete Geschäftsräume, um die Einstellungsgespräche zu führen. So bietet es sich meist an, auf private, öffentliche Räume einer Gaststätte (Nebenzimmer) oder im günstigeren Fall auf die leihweise zur Verfügung gestellten Bürokapazitäten eines guten Freundes oder eines professionellen Büroservices auszuweichen. Da Sie bisher möglicherweise wenig Erfahrungen mit Personaleinstellungen hatten, dennoch eine geeignete Personalwahl treffen müssen, kann ein Gründungscoach entlastend sein. Er steht nicht nur mit Rat und Tat zur Seite, sondern bietet eventuell Räumlichkeiten in einem geeigneten Ambiente an.

Setzen Sie auf Printmedien, dann inserieren Sie in der Samstagsausgabe, wenn qualifizierte Stellen ausgeschrieben werden. Bei manchen Tageszeitungen sind auch die Mittwochsausgaben mit Sonderseiten zur Personalsuche relevant. Teilzeitarbeitskräfte, Geringverdiener und sonstige Arbeitskräfte erreichen Sie am idealsten über wöchentliche Anzeigenblätter. Spezialisten lesen Fachzeitschriften und lassen sich hier am geschicktesten ansprechen.

Die Gestaltungsmöglichkeiten einer Stellenanzeige sind vielseitig. Die folgenden Eckdaten bieten Orientierungshilfen:

- **Informative Selbstdarstellung**
  interessant für hoch qualifizierte Zielgruppen, z.B. *„Wir sind in der Softwareentwicklung für den chemisch-pharmazeutischen Bereich tätig"*.
- **Persönliche Ansprache**
  interessant für geschätzte Mitarbeiter, z.B. *„Zur Realisierung unserer Ziele suchen wir Sie, ..."*

- **Fachbezogene Eingrenzung**
  um erforderliches Spezialwissen zu umschreiben, z.B. „... *mit fundiertem PC-System- und Anwenderwissen*".
- **Organisatorische Positionierung**
  wenn Sie überregional ansprechen, z.B. „... *in unserer einzurichtenden Zentrale in Ulm werden Sie, ...*".
- **Aufgabenbeschreibung**
  wenn Sie eine sonst schwer zu besetzende Stelle einem Bewerber richtig schmackhaft machen möchten, z.B. „*Ihre Aufgaben orientieren sich an den mit der Verkaufsleitung abgestimmten Marketingmaßnahmen, auf die Sie im Team mit Einfluss haben und die Sie in Ihrem Kompetenzbereich mit der Abteilung erfolgsorientiert umsetzen und fördern sollen*".
- **Nennung der Position und Stellenbezeichnung**
  wenn Sie Wert auf eine der Stelle entsprechende Qualifikation und Erfahrung legen, z.B. „... *als Werbe- und Akquisitionsassistent unseres Verkaufsleiters ...*"

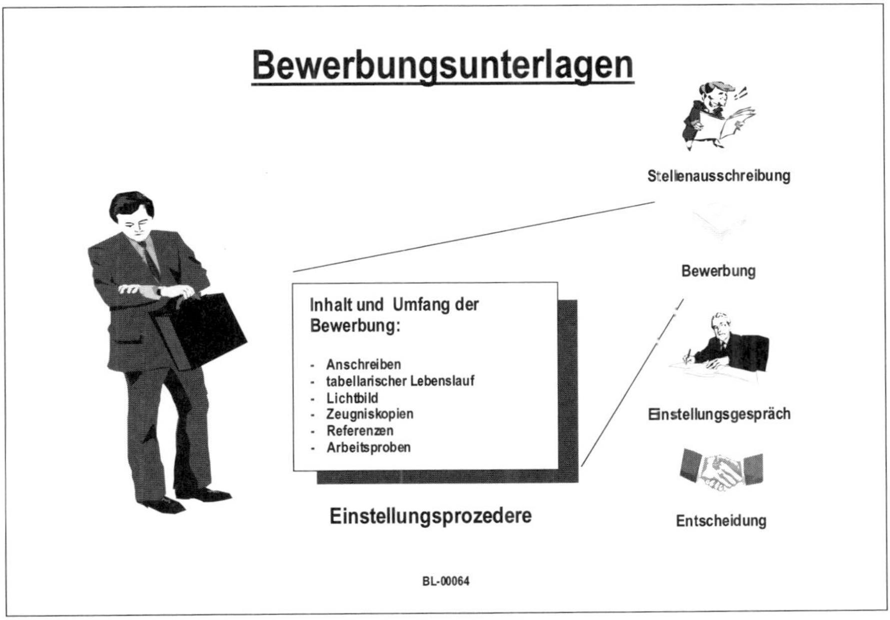

Wenn Sie sich bei der Personalsuche nur eingeschränkt Zeit nehmen können, ergänzen Sie das Inserat durch einen Hinweis, z.B. Vorabauskünfte erhalten Sie über unseren Unternehmensberater. Vermeiden Sie im Zeitungsinserat Floskeln und Worthülsen, wie *„dynamisch, leistungsgerecht, belastbar, flexibel“*, zu allgemeine Formulierungen, wie *„... die üblichen Bewerbungsunterlagen richten Sie an ...“*, auch Chiffreangaben. Erwarten Sie von Ihrem Bewerber, egal ob Sie ihn über Inserat, Empfehlung, Tipp oder Vermittlung ansprechen, eine schriftliche, aussagekräftige und komplette Bewerbung.

Die Bewerbungsunterlagen sollten je nach Qualifikation der angebotenen Stelle folgende Angaben enthalten:

- das Anschreiben
- den tabellarischen Lebenslauf
- das Lichtbild
- Zeugniskopien
- ggf. Referenzen
- ggf. Arbeitsproben

In drei weiteren Schritten wird das eintreffende Bewerbungsmaterial gesichtet.

- **Erster Schritt:**
  Prüfen Sie die Unterlagen auf Vollständigkeit. Konzentrieren Sie sich mit dem weiteren Studium der Bewerbungen darauf, ob die Angaben Ihren Vorstellungen entsprechen und die Anforderungen auch wirklich erfüllt werden können. Das Aushängeschild des Bewerbers ist sein Anschreiben. Es sollte kurz und für Sie nachvollziehbar den bisherigen beruflichen Werdegang schildern und erklären, warum ihn gerade Ihr Angebot interessiert. Selektieren Sie konsequent aus.

- **Zweiter Schritt:**
  Nehmen Sie sich für die verbleibenden Bewerbungen das Anforderungsprofil und die gewünschten Voraussetzungen der zu besetzenden Stelle vor. Prüfen Sie anhand der Lebensläufe, welche Bewerber alle notwendigen Anforderungen erfüllen. Engen Sie den Bewerberkreis weiter ein und legen Sie Prioritäten hinsichtlich der Reihenfolge der Einladungen fest.

- **Dritter Schritt:**
  Bewerber, die bei der Auswahl gleich ausscheiden, erhalten Ihre Bewerbungsunterlagen mit einem freundlichen Brief zurück. Bewerber, für die Sie sich spontan noch nicht entscheiden können, halten Sie vorerst zurück. Mit einem Zwischenbescheid werden diese Bewerber gebeten, sich für die weitere Bewerberprüfung noch zu gedulden.

Die Einstellungsgespräche laufen in der Praxis immer wieder nach gleichartigen Schemata ab. Dennoch sollten Sie nicht ohne ein zuvor erstelltes Anforderungsprofil geführt werden.

Nehmen Sie sich Zeit für das Einstellungsgespräch.

Sorgen Sie dafür, dass Störungen unterbleiben und konzentrieren Sie sich auf den Bewerber. Wählen Sie eine freundliche und allgemein verbindliche Form der Begrüßung. Fragen Sie nach der Anreise, ob Sie gleich gefunden wurden, wie die Parksituation zu bewerten ist.

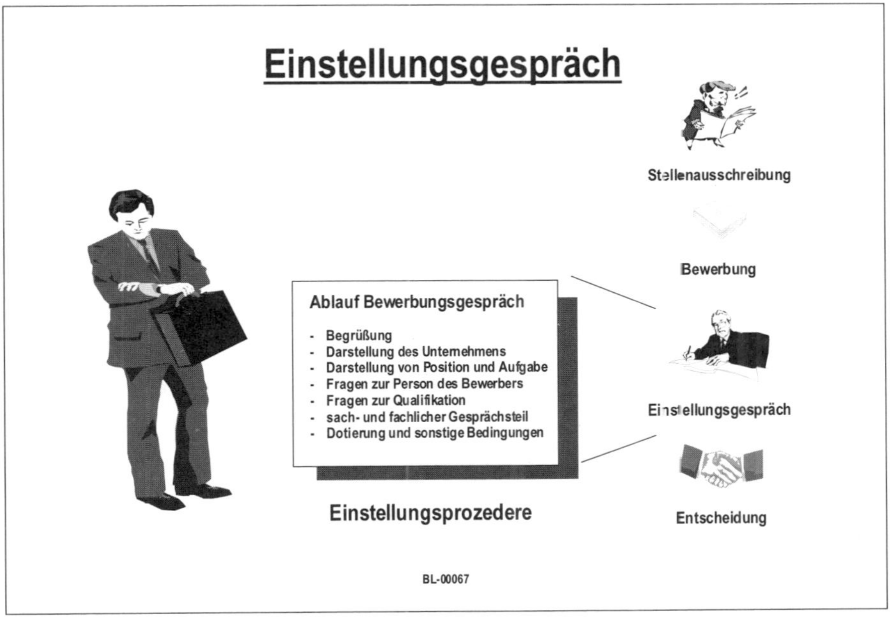

Leiten Sie dann recht schnell zu dem Grund des Gespräches über. Informieren Sie ihn über Ihre Gründungsabsicht und den Zeitpunkt der Geschäftseröffnung. Lassen Sie ihn bitte auch nicht im Unklaren, wenn Sie eine Beschäftigungsaufnahme vor der eigentlichen Geschäftseröffnung wünschen. Möchten Sie den künftigen Mitarbeiter in den Entscheidungsprozess, beispielsweise bei Büroeinrichtung (zukünftige Sekretärin) mit einbinden, ist das sicherlich ein sehr motivierendes Startsignal. Haben Sie ein Kurzprofil Ihres Gründungsvorhabens zur Hand, verwenden Sie es als Gesprächsgrundlage. Stellen Sie Ihre Produkte, Dienstleistungen und die Zielgruppe vor.

Dass Bewerber im Einstellungsgespräch ein möglichst positives Bild abgeben möchten, dürfen Sie annehmen. Bewerbungstraining, entsprechende Literatur und Handlungsanweisungen unterstützen sie. Sprechen Sie Ihren Bewerber offen an, schätzen Sie seine Kooperationsbereitschaft, den Einsatzwillen, eventuell auch seine Kreativität ein, inwieweit er Ihre Ideen unterstützt und Sie vielleicht mit Vorschlägen ergänzt. Gehen Sie danach auf die Bewerbung und seinen Lebenslauf ein. Lassen Sie sich erklären, wie er Sie unterstützen möchte. Gehen Sie danach auf die Details des Stellenprofils, die Anforderungen, Funktions- und Aufgabenbeschreibung ein. Sprechen Sie abschließend die Höhe der Dotierung und den Zeitpunkt der Einstellung an.

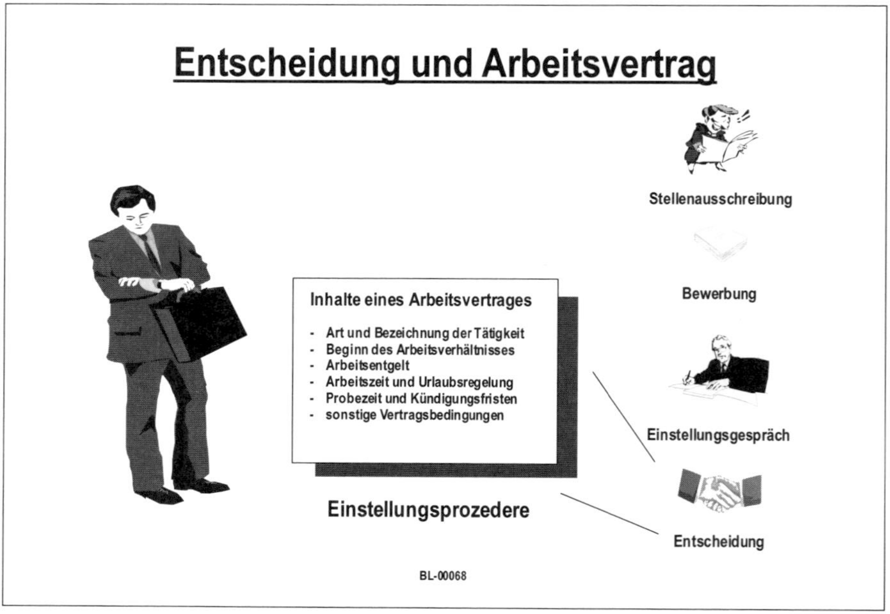

Vereinbaren Sie eine Bedenkzeit und wägen Sie nach Abschluss aller Bewerbungsgespräche in Ruhe ab. Fällt Ihnen die Entscheidung schwer, greifen Sie auch auf die zuvor beiseite gelegten Bewerbungen zurück. Nach der Entscheidung wird der Arbeitsvertrag ausgearbeitet. Dieser regelt die rechtlichen Beziehungen zwischen Arbeitnehmer und Arbeitgeber. Er ist schriftlich abzufassen. Ob Sie auf vorformulierte Arbeitsverträge (Vertragstexte im Bürohandel) zurückgreifen, Verträge nach Mustervorlagen selbst entwickeln oder modifizieren, die folgenden Inhalte sollten abgedeckt sein:

- Art und Bezeichnung der Tätigkeit
- Beginn des Arbeitsverhältnisses
- Arbeitszeit
- Verpflichtung zum Arbeitseinsatz auf anderen Plätzen und Gebieten
- Pausen
- Arbeitsentgelt (hier insbesondere tarifliches oder übertarifliches Entgelt)
- Zuschläge für Überstunden
- Nacht-, Sonntags- und Feiertagsarbeit
- Dienstbefreiung bei außerordentlichen Anlässen wie Hochzeit, Tod usw.
- betriebliche Sozialleistungen, Ruhegeld und private Nutzung von Betriebsfahrzeugen
- Probezeiten und Kündigungsfristen sind festzulegen

Soweit Sie die Rechtsform der GmbH für Ihr Unternehmen wählen, Sie aber bereits vor Gründung, d.h. Eintragung in das Handelsregister, ein Arbeitsverhältnis eingehen möchten, sollten Sie noch folgendes beachten. Firmieren(!) Sie in dem Arbeitsvertrag die Unternehmung mit der Zusatzbezeichnung *„i.G."*. Da die GmbH erst mit Eintragung in das Handelsregister Rechtspersönlichkeit gewinnt und zwischen Abschluss des notariellen Gesellschaftsvertrags und der Eintragung ein gesetzlicher Freiraum besteht, wird durch das Anhängen dieser Ergänzung auf den besonderen Zustand hingewiesen. Mit erfolgter Eintragung geht das bereits geschlossene Arbeitsverhältnis automatisch auf die GmbH über und muss nicht neu verhandelt und beschrieben werden.

6.3.4. Personalverwaltung

Wurden Mitarbeiter eingestellt entstehen für Sie eine Reihe von Fürsorgepflichten. Diese beziehen sich nicht nur auf die neuen Mitarbeiter, sondern gerade durch die neuen Mitarbeiter Dritten gegenüber. Die Anforderungen der gesetzlichen Krankenkasse und des Finanzamtes verpflichten ein Lohnkonto und eine **Personalakte** zu führen. Es handelt sich bei der Personalakte um absolut vertrauliche und persönliche Daten Ihrer Mitarbeiter. Auf eine gewissenhafte und verantwortliche Aufbewahrung ist Wert zu legen.

Diese Unterlagen sind vor dem Zugriff Dritter zu schützen.

Sie sind gewissenhaft zu führen und haben ein klares und umfassendes Bild über den Mitarbeiter zu geben. Ihre Mitarbeiter haben das Recht, in diese Akte Einsicht zu nehmen. Einsichtnahme in diesem Zusammenhang bedeutet, dass der Mitarbeiter keine Korrekturen oder Löschungen in den Unterlagen vornehmen darf. Er kann sich jedoch Kopien, Abschriften oder Notizen anfertigen und mitnehmen, falls er der Meinung ist, dass Sachverhalte geklärt werden müssen.

Möchten Sie die personenbezogenen Daten Ihrer Mitarbeiter in einem PC-System oder sonstigen DV-System speichern, um sie beispielsweise für die Lohn- und Gehaltsabrechnung oder zur Bedarfsberechnung, Auswertung und Statistik besser zu handhaben, lassen Sie sich vor der Realisierung dieser Vorstellungen im Detail beraten. Beim Einsatz von Hard- und Softwaresystemen greifen im Umgang mit personenbezogenen Daten datenschutzrechtliche Regelungen (Bundesdatenschutzgesetz).

Die Personalakte enthält folgende Informationen:

- Personalstammdatei (Anschrift, Familienstand, Adresse, Konfession)
- Stellenbeschreibung
- Anforderungsprofil der Stelle
- Einschätzung, Notizen und Beurteilungsbogen zur Bewerbung
- Belegexemplar des Zeitungsinserats
- Bewerbungsunterlagen
- Einladung zum Vorstellungsgespräch
- Protokoll und Notizen in Urschrift zum Vorstellungsgespräch
- Arbeitsvertrag
- Zusage zur Einstellung
- Protokoll der Arbeitsaufnahme
- Mitarbeiterbeurteilung
- Protokoll von Mitarbeitergesprächen
- Aus- und Weiterbildungsmaßnahmen
- Ausfallzeiten (Zeuge, Unfälle etc.)
- Abmahnungen (die nach Verstreichen der Frist wieder zu entfernen sind)
- Atteste bei Krankheiten
- Lohn- und Gehaltsabrechnungen
- Versicherungsheft und Lohnsteuerkarte
- Unterlagen über Zuschüsse und Lohnpfändungen
- Genehmigung, Beförderungen, Vollmachten

Für jeden beschäftigten Arbeitnehmer, ohne Rücksicht auf Art und Umfang der Anstellung ist ein **Lohnkonto** zu führen. Dies gilt auch für Aushilfen, Teilzeitbeschäftigte und Geringverdiener. Neben den Personalien ist festzuhalten, welcher Arbeitnehmer wann zu welchem Lohn bei Ihnen gearbeitet hat und welche Veränderungen sich ergeben haben. Das Lohnkonto enthält folgende Angaben:

- Name, Vorname
- Anschrift
- Art der Beschäftigung
- bei Zweitbeschäftigung: erster

- Versicherungsnummer
- Beschäftigungsbeginn und -ende
- Stunden- und Monatslohn
- wöchentliche Arbeitszeit

Arbeitgeber
- bei Schülern: Schule und Erklärung des Schülers
- bei Studenten: Studienbescheinigung

Auch wenn Sie zunächst nur in der Eigenschaft eines kleinen Unternehmens beginnen, nutzen Sie so früh wie möglich die Chance, Mitarbeiter - es sind mit Ihre wichtigsten Potenziale - länger an Ihr Unternehmen zu binden. Ausschlaggebend hierfür ist Ihr Führungsstil und Verhalten, sich motivierend auf Ihre Mitarbeiter einzustellen. Deshalb, warten Sie nicht ein paar Jahre ab, sondern beginnen Sie sobald Sie Mitarbeiter beschäftigen, konstruktiv als Unternehmer die Mitarbeiterfürsorge vorzuleben. Führen Sie von Zeit zu Zeit persönliche Sach- und Fachgespräche, die Ziele, Arbeitsteilungen und Verbesserungen beschreiben.

Kritisieren und loben Sie Ihre Mitarbeiter. Jede Kritik, soll sie unternehmens- und mitarbeiterverbessernd greifen, muss konstruktiv angelegt sein. Ein wesentlicher Bestandteil der Mitarbeiterförderung und -motivation ist die Beurteilung und das hierzu gehörige erläuternde Gespräch. In einer Mitarbeiterbeurteilung treffen Sie Aussagen zu:

- **Qualität**
  d.h. wie gut ist die Mitwirkung zur Erreichung der Unternehmensziele
- **Quantität**
  d.h. in welcher Zeit wurde wie viel oder wie viel in welcher Zeit erledigt
- **Zeit**
  d.h. wie zuverlässig, präzise, schnell und pünktlich wurden die Arbeiten abgewickelt
- **Methoden**
  d.h. wie wirkt sich der Arbeitsstil des Mitarbeiters auf die Zielerreichung aus
- **Initiative**
  d.h. sind kreative oder organisatorische Engagements zu erkennen
- **Teamwork**
  d.h. wirkt die Arbeitsleistung und im Kontext mit den Mitarbeitern

Versuchen Sie auch in der Beurteilung und dem persönlichen Gespräch (motivierend) Verbesserungen und kritische Anmerkungen des Mitarbeiters zu Organisation und Ablauf zu erfahren. Auch die Fehler, die Mitarbeiter machen, sind für diese oft frustrierend. Die Mitarbeiter entwickeln sehr schnell ein Gespür, derartige Wiederholungen zu vermeiden.

Hören Sie aktiv zu und überlassen Sie zeitweise die Gesprächskontrolle (sofern möglich) Ihrem Mitarbeiter. Sprechen Sie gezielt über anstehende oder gewünschte Weiterbildungsmöglichkeiten, deren Initiative sowohl von den Mitarbeitern als auch von Ihnen ausgehen kann. Entwickeln Sie mit Ihrem Mitarbeiter ein persönliches Karrierekonzept und definieren Sie gemeinsam Ihre Erwartungen.

6.3.5. Beendigung von Arbeitsverhältnissen

Obwohl Sie momentan in den Vorbereitungen zu Ihrer Unternehmensgründung stehen und eigentlich mit der Beschaffung von geeignetem Personal befasst sein sollten, sind auch Konsequenzen zu überdenken, die Sie mit der Auflösung von Arbeitsverhältnissen eingehen müssen. Massenentlassungen, Sozialpläne und strittige Kündigungen werden sicherlich nicht in den ersten Monaten auf Sie zukommen.

Es kann jedoch sein, dass Sie sich bei der Wahl einer Aushilfskraft vergriffen haben oder feststellen, dass Sie mit einem Mitarbeiter nicht so zurechtkommen, ein Verkäufer Ihre Erwartungen nicht so erfüllt, wie Sie es sich ursprünglich vorstellten, oder Mitarbeiter Sie aufgrund möglicher Unkenntnis unter Druck setzen. Deshalb, trotz Einstellungsschwerpunkten, auch jetzt an die Beendigung von Arbeitsverhältnissen denken.

Wann und wie kündigen?

Wurde ein auf Zeit bestimmtes Arbeitsverhältnis eingegangen, so endet es mit diesem Zeitablauf ohne Ausspruch einer Kündigung. Befristete Arbeitsverträge finden sich vor allem bei Aushilfs- und Probearbeitsverhältnissen. Unbefristete Arbeitsverhältnisse können mit Ausnahme des Erreichens der Altersgrenze oder durch Tod und Aufhebungsvertrag ordentlich oder außerordentlich durch den Arbeitgeber oder Arbeitnehmer beendet werden.

Wer spricht die Kündigung aus?

Der Arbeitnehmer hat sich an die tariflichen oder gesetzlichen Kündigungsfristen zu halten. Außer bei der fristlosen Kündigung muss der Arbeitnehmer keinen Grund angeben, warum er das Arbeitsverhältnis kündigt. Auch als Arbeitgeber können Sie eine Kündigung im Rahmen der tarifvertraglich oder gesetzlich vorgegebenen Kündigungsfristen aussprechen. Die ordentliche Kündigung des Arbeitsverhältnisses ist der Normalfall. Dennoch gibt es in der Praxis immer wieder Gründe und Fälle, die zu einer **außerordentlichen Kündigung** führen.

- **Anzeigen**
  Werden Anzeigen gegen Sie (Ausnahme wegen Straftaten) ausgesprochen, ist die arbeitsvertragliche Treuepflicht des Arbeitnehmers in Frage gestellt und kann Ihnen das Recht zur außerordentlichen Kündigung geben.
- **Verletzung der Arbeitsschutzbestimmungen**
  Die wiederholte Verletzung von Arbeitsschutzbestimmungen kann eine außerordentliche Kündigung rechtfertigen.
- **Außerdienstliches Verhalten**
  Außerbetrieblich nachteiliges Verhalten und Engagement, kann nach Abwägung eine außerordentliche Kündigung erforderlich machen.
- **Beleidigungen**
  Grobe Beleidigungen können eine fristlose Kündigung rechtfertigen.

Die außerordentliche Kündigung wird ausgesprochen, wenn für sie ein gesetzlich vorgesehener Grund besteht. Sie kann fristlos oder mit einer Auslauffrist erklärt werden. Die **fristlose Kündigung** wird mit ihrem Zugang wirksam, die mit Auslauffrist ausgesprochene zu dem in ihr angegebenen Zeitpunkt. Wird mit einer Auslauffrist aus wichtigem Grunde außerordentlich gekündigt, müssen Sie dies im eigenen Interesse eindeutig klarstellen, da sonst die Kündigung als eine ordentliche angesehen wird und unter Umständen die Kündigungsfrist dann nicht eingehalten wurde. Arbeitsrechtliche Auseinandersetzungen sind dann die Regel.

Beispiele für Gründe zur außerordentlichen Kündigung:

- **Trunkenheit am Steuer**
  Die Trunkenheit eines Kraftfahrers rechtfertigt im Allgemeinen keine fristlose Kündigung. Sie ist erst dann berechtigt, wenn dem Kraftfahrer der Führerschein entzogen wurde und der Arbeitgeber den Arbeitnehmer anderweitig nicht beschäftigen kann.
- **Bestechung**
  Liegt der Verdacht einer aktiven oder passiven Bestechung vor, kann eine fristlose Kündigung ausgesprochen werden. Da hier die Vertrauenssphäre betroffen ist, bedarf es keiner vorherigen Abmahnung.
- **Fehler in Abrechnungen und falsche Angaben zu Arbeits- und Fehlzeiten**
  Der Arbeitnehmer hat Spesen korrekt abzurechnen. Unkorrektheiten berechtigen zur fristlosen Kündigung. Eine vorherige Abmahnung ist bei nachweisbaren Fälschungen nicht notwendig.

Wird ein Arbeitsverhältnis beendet, hat Ihr Mitarbeiter ein Jahr Anspruch auf die Erstellung eines schriftlichen Zeugnisses. Das Zeugnis muss:

- wahr
- offen
- wohlwollend
- vollständig
- sachlich und

verständlich sein. Man unterscheidet:

- die einfache Arbeitsbescheinigung
- ein einfaches Zeugnis
- ein qualifiziertes Zeugnis

Eine einfache Arbeitsbescheinigung genügt in der Regel bei einem kurzfristigen Arbeitsverhältnis und falls es Ihnen nicht möglich ist, klare Aussagen zu den Leistungen bedingt durch die kurze Beschäftigung zu machen. Eine **Arbeitsbescheinigung** muss enthalten:

- Art der Tätigkeit
- Dauer des Beschäftigungsverhältnisses
- Grund der Beendigung des Beschäftigungsverhältnisses

Der **Arbeitnehmer** hat Anrecht auf Ausstellung einer Arbeitsbescheinigung. Bei einer unrichtig ausgestellten Arbeitsbescheinigung kann eine Anfechtungsklage vor dem Sozialgericht erhoben werden.

Einfache Zeugnisse enthalten:

- Vor- und Nachname des Arbeitnehmers
- Beschreibung des Tätigkeitsfeldes und
- Dauer des Beschäftigungsverhältnisses

Ohne Rücksicht auf die Gründe einer Beendigung, deren Dauer und ob in der vereinbarten Probezeit gekündigt wurde, hat der Arbeitnehmer Anspruch auf die Ausstellung eines einfachen Endzeugnisses. Das Zeugnis muss einem neuen Arbeitgeber ein genaues und exaktes Bild vom Tätigkeitsfeld des Arbeitnehmers machen können. Über die reine Tätigkeits- und Aufgabenbeschreibung hinaus enthält das **qualifizierte Zeugnis** neben Aussagen zum Arbeitsverhältnis eine umfassende Beurteilung und Einschätzung zu *„Leistung und Führung"*.

- Vor- und Zuname des Arbeitnehmers
- Geburtsdatum und Geburtsort
- Anschrift (als Adresse)
- Beginn, Dauer und Einsatz des Beschäftigungsverhältnisses
- Beruf des Arbeitnehmers
- Beschreibung der Arbeitstätigkeit
- qualitative, regionale und funktionale Änderungen im Beschäftigungsverhältnis
- Beurteilung der Leistung
- Führung und Verhalten gegenüber Kollegen und Vorgesetzten
- Grund des Ausscheidens aus dem Unternehmen
- Ort und Datum der Zeugnisausstellung
- Unterschrift des Arbeitgebers oder einer von diesem beauftragten Person

Händigen Sie das Zeugnis persönlich aus oder schicken Sie es schriftlich per Einschreiben mit Rückschein an den Wohnsitz des Mitarbeiters.

6.4. Einrichtung einer Verwaltung

Nachdem Sie sich in den Vorbereitungen zur Unternehmensgründung bisher auf die räumliche Ausstattung der Arbeitsplätze konzentriert, auch schon Vorbereitungen getroffen haben, entsprechende Mitarbeiter zu suchen, gilt es nun das erforderliche Fingerspitzengefühl zu entwickeln, um das künftige Unternehmen in den Griff zu bekommen. Immer wieder werden junge Unternehmer nach einer Weile feststellen, dass manches nicht so läuft wie es ursprünglich gedacht war. Solange diese Unregelmäßigkeiten kein Geld kosten und die Liquidität nicht beeinträchtigen, mag das nicht so wichtig erscheinen. Leider bestätigt die Erfahrung das Gegenteil. Technisch und handwerklich hochbegabte Jungunternehmer mit starken Motivationspotenzial, die *„ihre“* Idee auch richtig umsetzen wollen, übersehen dabei oft ganz wesentliche kaufmännische Notwendigkeiten bzw. schätzen diese falsch ein.

6.4.1. Notwendigkeiten und Ziele

Ob Sie als Tüftler ein Produkt entwickeln und zur Marktreife führen, einen Großhandel durch Umsatz in Bewegung setzen oder die Boutique mit tollen Schaufensterdekorationen und Erlebnisambiente versehen, Sie müssen:

- Zahlungstermine von Löhnen, Gehältern, Sozialversicherung einhalten
- Termine zur Entrichtung der Steuern oder Vorauszahlungen nicht übersehen
- Zins- und Tilgungszahlungen disponieren
- Ausgegangene Bestellungen auf rechtzeitigen Wareneingang kontrollieren
- Eingehende Lieferungen auf Vollständigkeit und Qualität prüfen
- Lieferpapiere und Rechnungen vereinnahmen und zweckgerichtet behandeln
- Belege archivieren und Zahlungen anweisen
- Versandpapiere, Ausfuhrerklärungen, Lieferscheine und Rechnungen erstellen
- Zahlungseingänge überwachen, ggf. anmahnen
- Kontierungen in der Buchhaltung durchführen
- offene Posten-Kontrollen auf der Kunden- wie Lieferantenseite einrichten
- Informations-, Waren- und Geldströme beobachten
- betriebswirtschaftliche Fragen an das Zahlenmaterial stellen
- Liquidität bewahren
- Finanzierungsquellen permanent erschließen und
- Neuinvestitionen wirtschaftlich durchrechnen
- und, und, und ... vieles mehr erledigen.

Verwaltung im Unternehmen

Termine - Fristen - Dispositionen

- Zahlung von Löhnen und Gehältern
- Steuern und Vorauszahlungen
- Zins– und Tilgungsdienste
- Lieferungs- und Zahlungskontrolle
- Dokumentation und Archivierung
- Liquidität bewahren
- Unternehmensentwicklung sichern

Organisation

Rechnungswesen

Arbeitsvolumen = produktiver Arbeitseinsatz + administrativer Zeiteinsatz

BL-00065

Hier liegt das Problem vieler Jungunternehmer. Diese so zahlreichen Positionen werden vernachlässigt und nicht mit der kaufmännischen Sorgfalt wahrgenommen. Gründer mit einer kaufmännischen Ausbildung wissen dies besser einzuschätzen. Denn auch hier sind ohne Rücksicht auf die handels- oder industriellspezifischen Ausrichtungen mehrere Jahre Ausbildung erforderlich - ein Gesichtspunkt, dessen Bedeutung von Technikern, Ingenieuren und Hochschulabsolventen, die theoretisches und in der Sache - am Objekt - praktisches Handeln gewohnt sind, immer wieder unterschätzt wird.

Mit den Funktionen **Organisation** und **Rechnungswesen** werden Begriffe etablierter Unternehmensstrukturen gewählt, die bereits im Kleinen angewandt, den Jungunternehmern in die Lage versetzen, in der Zeit ihrer Unternehmensentwicklung sukzessiv die Werkzeuge einzurichten, die zu einer später erfolgreichen Positionierung erforderlich werden.

☞ **Mit der Organisation beginnen Sie bei sich selbst.**

6.4.2. Zeit- und Selbstmanagement

Das Selbst- und Zeitmanagement - zwei Begriffe, die sich im Handeln stark ergänzen, werden Ihnen nicht nur helfen,

- besser mit Ihrer Zeit umzugehen,
- Termine zu vereinbaren und zu halten, sowie
- Wesentliches von Unwesentlichem zu trennen,

sondern Ihnen die Chance geben, durch Prioritätenregelungen die neuen Tätigkeits- und Aufgabenkomplexe besser in den Griff zu bekommen. Durch die Vielfalt der Aufgaben in der Gegenwart produktiv die Leistungserstellung und damit den Umsatz zu gestalten und neue Märkte zu bedienen, Produkte zu platzieren und Kunden anbieten zu können, ist eine klare Abwägung der persönlichen Leistungsressourcen vorzunehmen.

☞ **Verlangen Sie auch nichts von Ihren Mitarbeitern,**
was Sie nicht bereit wären selbst zu tun.

Ihr produktives Zeitpotenzial liegt abgesehen von einem außergewöhnlichen Run auf Ihre künftigen Produkte oder bei einem überproportional starken Anteil von Laufkundschaft im Einzelhandel, lediglich bei ca. 45 - 60 % der Tagesarbeitszeit.

Die verbleibende Zeit wird benötigt für:

- Verwaltung (Beleg-, Informationsfluss)
- Akquisition (Werbung, Kundengespräche etc.)
- Strategische Allianzen (Messen, Seminare, Tagungen, Versammlungen)
- Doppelarbeit durch Fehler, bedingt oder durch von außen eintretende Störgrößen beeinflusst (Garantie, Retouren, Prozesse, Beschwichtigungen)
- (Mitarbeiter-) Führung und Organisation
- Innovation und neue Ideen

Mal ehrlich! Denken Sie im jetzigen Stadium auch bereits an diese Aktivitäten? Angenommen - ein hypothetisches Beispiel - am Tag verbringen Sie 50 % produktiv an Ihrem Arbeitsplatz zur Erstellung Ihres Werkes (Unternehmensinhalt: Herstellen, Reparieren, Entwickeln, Durchführen oder Sonstiges) die verbleibenden 50 % mit den anderen Tätigkeiten. Dann wären dies bei einem Achtstundentag, vier Stunden produktiver und vier Stunden administrativer Zeiteinsatz. Sie werden mit Recht sagen, das ist hypothetisch. Also werden Sie den produktiven Anteil auf sechs Stunden ausdehnen wollen oder müssen. Durch diesen Mehranteil an produktiver Zeit nehmen aber auch Verwaltungsanteil, Risiko, Fehler etc. - wenn auch nicht unbedingt proportional - zu. Der administrative Teil lässt sich nicht mit den verbliebenen vier Stunden an den produktiven Teil anhängen. Sie müssen ihn vielleicht um ca. 50 % erhöhen. Sehr schnell kommen Sie zu einem bisher nicht vorhersehbaren Ergebnis:

Arbeitsvolumen	**bisher**	**jetzt**
Produktiver Einsatz	4 Std.	6 Std.
administrativer Einsatz	4 Std.	5 Std.
Gesamteinsatz	**8 Std.**	**11 Std.**

Die Praxis zeigt auch wirklich, dass Unternehmensgründer gerade in der ersten Zeit, und das können mehrere Jahre sein, viele Tage 14 Stunden und mehr arbeiten. Oft auch noch den Samstag, gar den Sonntag hinzunehmen müssen, um den administrativen Teil der Gesamttätigkeit, der stark unterschätzt wird, zu bewältigen.

Aus diesem Grund gilt es dem Selbst- und Zeitmanagement gerade in der Zeit der Unternehmensgründung und der Etablierung von Anfang an eine höhere Priorität einzuräumen.

Selbst- und Zeitmanagementseminare für Existenzgründer und Jungunternehmer geben sehr aufschlussreiche Hinweise, Tipps und Möglichkeiten sich problemorientiert mit dieser Thematik auseinanderzusetzen. Die auf Gründer modifizierten Seminare unterscheiden sich gravierend von den üblichen Trainingsveranstaltungen für Manager und Führungskräfte.

☞ **Besser mit der Zeit umgehen - Prioritäten setzen.**

6.4.3. Ablagesysteme

Ein weiteres Kernziel der Organisation ist Struktur und Ordnung in den Beleg- und Informationsfluss zu bringen. Das Wiederfinden einer bestimmten Information muss möglich werden. Das vielfach zitierte *„Suchen einer Stecknadel im Heuhaufen"* darf es nicht geben.

Über strukturierte Ablagesysteme bestehen gute Chancen:

- alphabetische Ablage der Lieferanten- und Kundeninformationen, Rechnungen, Lieferscheine, Preislisten, Produktbeschreibungen und sonstige Korrespondenz
- separate Ablage sonstiger Post, z.B. Behörden, Verbände, Vereine etc
- Archivierung aller intern erstellten Notizzettel, Formulare und schriftlichen Informationsträger, die in irgendeiner Form ausgefüllt oder ergänzt werden
- Archivierung von Kopiervorlagen für Produktinfos, Einladungen
- Archivierung von Mailings und deren relevante Verteiler
- Korrespondenz, Formulare, Anmeldungen und Erklärungen gegenüber Behörden
- Interessentenstamm nach Identnummer, falls Sie ein rechnergestütztes Akquisitionsmanagementsystem einsetzen
- Informationen, Belege und Dokumente, falls Sie regelmäßig an bestimmten Veranstaltungen teilnehmen (z.B. Messen)

Natürlich lassen sich diese Anregungen durch eigene Ideen ergänzen. Das Ziel muss sein, so wenig Zeit wie möglich beim Wiederfinden von Informationen aufzuwenden. Rechnergestützte Akquisitionsmanagementsysteme verschaffen einen Überblick über Aufwendungen und Kosten, die mit Interessenten und Neukunden entstehen. Wurde der Interessent schließlich zum Neu- bzw. später Stammkunden, sind die relevanten Umsätze über geeignete Controllinginstrumente weiter zu beobachten.

Akquisitionsmanagementsysteme helfen im Einzelfall

- einen vollständigen Überblick zum gesamten Engagement zu geben,
- wann, mit wem, worüber gesprochen wurde,
- eine abgestimmte Neu-/Wiederansprache (Termin vormerken) zu nutzen und
- Feedback über die verschiedenen Akquisitionsbemühungen zu erhalten.

Die konventionelle *„Zettel-am-Schreibtisch-Methode"* als Erinnerungs- und Steuerungsinstrument kann in der Akquisition günstigstenfalls 60 - 90 Vorgänge überblicken. Einen weiteren organisatorischen Schwachpunkt können Sie mit der Einrichtung eines Fehlermanagementsystems in den Griff bekommen. Doppelarbeit und Fehlersuche lassen sich von Beginn an mit der systematischen Erfassung aller Probleme in einem Fehlermanagementsystem reduzieren.

Fehler werden kommen - unter Umständen viele Fehler.

Sie sollten rechtzeitig daraus lernen und deshalb frühzeitig Fehlentwicklungen protokollieren. Werden Arbeitsbereiche an Mitarbeiter einmal delegiert, dann arbeiten Sie diese in das für sie neue Sachgebiet ein. Auch diese Mitarbeiter werden von Ihren Fehleraufzeichnungen profitieren. Bei aller Euphorie und Anfangshektik, Sie können das *„Drüber und Drunter"* am Anfang einer jeden Unternehmensgründung wesentlich mit beeinflussen.

Schaffen Sie auch persönlichen Freiraum für sich.

Sie benötigen diese Zeiten zum Stressabbau und zur Revitalisierung Ihrer kreativen Strömungen. Unternehmensführungsseminare gezielt und regelmäßig in der Jahresplanung berücksichtigt, schaffen die gewünschten Freiräume für die Bildung von Innovationen und Synergien. Beide Elemente, das Akquisitions- und Fehlermanagement, sind wichtig. Sie bestimmen die weitere Entwicklung, den Grad der Wirtschaftlichkeit des Unternehmens und wie dieses geführt wird mit.

6.4.4. Einrichten Ihrer Buchführung

Ins Handelsregister eingetragene Kaufleute sind nach dem HGB zur Führung von Büchern verpflichtet. Für das Steuerrecht hat dies insofern Bedeutung, als dort gilt, dass alle, die nach anderen Gesetzen zur Buchführung verpflichtet sind, auch zum Zwecke der Besteuerung buchführungspflichtig sind.

Die **Verpflichtung zur Buchführung** beginnt mit dem ersten Geschäftvorfall nach Aufnahme des Gewerbes. Bei Kapitalgesellschaften beginnt die Buchführungspflicht mit Abschluss des Gesellschaftsvertrages. Sie sind immer zur doppelten Buchführung verpflichtet. Gewerbliche Unternehmer, die nicht im Handelsregister eingetragen sind, sind nach steuerrechtlicher Vorschrift zur Bilanzierung verpflichtet, wenn sie folgende Voraussetzungen (Stand 2010) erfüllen:

- Umsatz mehr als 500.000,- Euro oder
- Gewinn mehr als 50.000,- Euro oder
- Wirtschaftswert der land- bzw. fortwirtschaftlichen Flächen mehr als 25.000,- Euro

Bei nicht originär zur Buchführung Verpflichteten, beginnt die Buchführungspflicht mit Beginn des Wirtschaftsjahres, das auf die Bekanntgabe der Mitteilung des Finanzamtes folgt, dass die genannten Grenzen überschritten sind und zur doppelten Buchführung übergegangen werden soll.

Das Steuerrecht erlaubt den Personen, die nicht zur doppelten Buchführung verpflichtet sind, die Erstellung des steuerpflichtigen Gewinns durch eine **Einnahmen-Überschuss-Rechnung**. Diese wird in standardisierter Form erstellt. Das hierfür vorgeschriebene Formular kann im Internetangebot des Bundesministeriums der Finanzen abgerufen werden. Unternehmen mit Betriebseinnahmen unter der Grenze von 17.500,- Euro können **eine formlose Gewinnermittlung** ohne Nutzung des Vordrucks erstellen. Die Pflichten des Unternehmers sind hier geringer als bei der doppelten Buchführung. Bei der Einnahmen-Überschuss-Rechnung handelt es sich um eine einfache Gegenüberstellung von Betriebseinnahmen und Betriebsausgaben nach dem Prinzip:

Betriebseinnahmen
./. Betriebsausgaben
Gewinn bzw. Verlust

Maßgeblich ist grundsätzlich der tatsächliche Zeitpunkt des Zuflusses/Abflusses. Die Geschäftsvorfälle werden in chronologischer Reihenfolge aufgrund der Buchungsbelege in einem Journal aufgezeichnet. Dabei ist es zweckmäßig, die einzelnen Posten beispielsweise nach Kostenarten zu sortieren. Außerdem müssen das Nettoentgelt, die Umsatzsteuer und der Gesamtbetrag einzeln aufgezeichnet werden. Gewerbliche Unternehmer sind verpflichtet, den Wareneingang und den Warenausgang aufzuzeichnen. Letzteres allerdings nur, wenn die Ware an einen anderen gewerblichen Unternehmer zur Weiterveräußerung oder zum Verbrauch geliefert wird. Bei den weiteren Ausführungen zur Buchführung werden weitere Orientierungshilfen geboten, eine Buchhaltung in einem jungen Unternehmen aufzubauen.

Ein weiterer Baustein der Verwaltung wird das Rechnungswesen sein. Es enthält zunächst aus der Sicht kleinerer Unternehmen die Buchhaltung und Planungs- und Controllingsysteme. Kern dieser Systeme ist die monatliche Gegenüberstellung der Ist-Zahlen und den vorher erarbeiteten Planzahlen. Die Einrichtung einer Buchführung beginnt mit der Wahl des Kontenrahmens und der Definition des Kontenplanes. Die richtige Entscheidung wirkt stark beim Aufbau und der Qualität des Controllingsystems mit. Die Aufgaben der Buchführung erstrecken sich auf die planmäßige, lückenlose und ordnungsgemäße Aufzeichnung aller Geschäftsvorfälle.

Sie gibt Auskunft über:

- Vermögenslage und Stand der Schulden
- Veränderungen der Vermögenswerte und Schulden
- Ermittlung des Erfolges
- Grundlage der Kostenrechnung und Kalkulation
- Informationen für innerbetriebliche Kontrolle und Betriebsvergleiche
- Grundlagen zur Berechnung der Steuern
- Beweismittel für das innerbetriebliche Geschehen gegenüber Behörden

Die Buchhaltung ist damit ein aufschlussreiches und unentbehrliches Instrument der Unternehmensleitung und sollte jeden veranlassen, in seinem eigenen Interesse Bücher zu führen. Kaufmännisch versierte Gründer können Kontenrahmen und -plan nach eigenen Bedürfnissen gestalten. Dennoch haben sich vielfach die Gemeinschaftskontenrahmen der Industrie, des Groß- und Außenhandels, des Einzelhandels und des Handwerks in den jeweiligen Wirtschaftszweigen durchgesetzt. Durch die Einbindung eines Steuerberaters zur Abwicklung der buchhalterischen Aktivitäten können von diesem Standards übernommen werden. Der Kontenrahmen ist nach dem Zehnersystem aufgebaut. Die Konten werden zunächst nach Sachgebieten in 10 Klassen, und zwar in die Klassen 0 bis 9 eingeteilt.

Der Aufbau des Gemeinschaftskontenrahmens beruht auf dem **Prozessgliederungsprinzip**, das bedeutet nach der Ablauforganisation innerhalb des Betriebes:

Klasse 0 - Anlagen- und Kapitalkonten
Klasse 1 - Finanzkonten
Klasse 3 - Bestandskonten an Verbrauchsstoffen und Erzeugnissen
Klasse 4 - Konten der Kostenarten
Klasse 8 - Erlöskonten
Klasse 9 - Abgrenzungs- und Abschlusskonten

Jede Kontenklasse wird in 10 Kontengruppen unterteilt. Jede Kontengruppe wiederum in 10 Kontenarten und diese schließlich noch einmal in 10 Unterarten. Damit ergibt sich in der Sachkontenbuchhaltung eine vierstellige Kontonummer:

Stelle 1 - Kontenklasse
Stelle 2 - Kontengruppe
Stelle 3 - Kontenart
Stelle 4 - Kontenunterart

Der Kontenrahmen bezweckt:

- die systematische Gliederung und eindeutige Bezeichnung aller Konten zu einer einheitlichen und übersichtlichen Organisation der Buchführung,
- die genaue Erfassung aller Aufwendungen und Erträge als zuverlässige Unterlage für die Kosten- und Leistungsrechnung und
- die Bildung brauchbarer Grundlagen für einen aussagefähigen innerbetrieblichen Vergleich der Vermögens- und Kapitalwerte, sowie der Aufwendungen und Erträge zur Steigerung der Wirtschaftlichkeit.

Aus dem Kontenrahmen können Sie den eigenen Kontenplan entwickeln. Dieser ist auf Ihre besonderen Belange auszurichten, d.h., er wird nur die für Ihre Unternehmung tatsächlich notwendigen Konten enthalten. Die Nummern der Kontenklassen und -gruppen aus dem Kontenrahmen sind für die ersten beiden Stellen zu übernehmen. In der weiteren Ausgestaltung des Kontenplanes, d.h. in der Unterteilung nach Kontenarten und -unterarten, sind Sie weitgehend frei. Mit der weiteren Gestaltung des Kontenplanes werden zusätzliche Indikatoren zur Definition des Nummernsystems notwendig.

So sind für unterschiedliche Bankinstitute - Kontokorrent- und Darlehenskonten - unterschiedliche Sachkontennummern zu verwenden. Für Unternehmen, die mit einem Stammkäuferpotenzial oder auch über längere Zeiträume hinweg mit einem wiederkehrenden Kaufverhalten der Kunden rechnen können, kann eine Aufbereitung der Sachkonten nach Kundengruppen in verschiedenen Unterstufen als beiläufig erstelltes Controllinginstrument für Marketing sehr interessant sein. Werden während der Geschäftsjahre Veränderungen erkannt, können dem Unternehmen recht interessante Verhaltensweisen des Stammkäuferpotenzials signalisiert werden. In anderen Bereichen des Unternehmens, z.B. bei der Lagerhaltung und Umsatzanalyse, werden derartige differenzierende Verfahren als ABC-Analysen bezeichnet. In Handelsbetrieben wird u.U. die Unterteilung des Wareneingangskontos nach verschiedenen Warengruppen interessant. Für diesen Fall können ebenfalls die beiden letzten Stellen des Sachkontos verwendet werden.

Die **Klasse 4** des Kontenrahmens ist für die **Kosten** des Unternehmens reserviert. Eine weitgehende Differenzierung signalisiert dem Unternehmer zu späteren Zeitpunkten Kostenschwerpunkte in seinem Betrieb. Sofern in der **Kontenklasse 3** neben **Handelswaren** auch **Roh-, Hilfs- und Betriebsstoffe** geführt werden, die in den Produktionsprozess einfließen, in die zu erstellenden Produkte einfließen, sind innerhalb der Kontenklasse 4 die relevanten Konten *„Wareneinsatz“* zu modifizieren. Diese Wareneinsatzkonten entlasten den Bestand der Kontenklasse 3 und werden damit kostenwirksam.

Die **Kontenklasse 8** enthält die **Erlöskonten**. Innerhalb dieser Klasse 8 sollten lediglich Erlöse geführt werden, die unmittelbar mit der Leistungserstellung des Betriebes zusammenhängen sollten. Analog zu den Wareneinsatzkonten können diese auch nach Warengruppen gegliedert sein. Außerordentliche oder betriebsfremde Aufwendungen und Erträge, Zins- und Diskontaufwendungen und Erträge gehören in die **Klasse 9**.

Fragen Sie Ihren Steuerberater, ob er Ihnen einen entsprechend modifizierten Kontenplan erstellt. Verweist dieser auf eingeführte Standards, überlegen Sie, ob Sie nicht besser den Steuerberater wechseln oder unter Zuhilfenahme eines Unternehmensberaters die Buchhaltung im eigenen Hause selbst einführen. Letztlich geht es nicht darum, dass Sie sich mit Ihrem Unternehmen an einen Standard anpassen, sondern Ihre Geschäftspartner, *„Steuerberater oder Unternehmensberater“* sich mit Ihren typischen Unternehmensinhalten befassen und ein zweckgerichtetes, Ihren Bedürfnissen entsprechendes Buchhaltungssystem aufbauen.

Mit Ablauf des Geschäftsjahres ist der Jahresabschluss zu erstellen, dem die Punkte

- Inventur
- Inventar
- Bilanz und
- Gewinn- und Verlustrechnung

angehören.

Das Geschäftsjahr darf nicht länger als 12 Monate sein. In Ausnahmefällen, beispielsweise bei Unternehmensgründungen, kann es kürzer sein. Es wird dann Rumpfgeschäftsjahr genannt.

Der HGB § 244 schreibt die Erstellung des Jahresabschlusses in deutscher Sprache vor.

Bedingt durch die steigende Zahl von Handelsgeschäften die von ausländischen Kaufleuten betrieben werden, wurde diese Klarstellung notwendig. Unberührt bleibt davon die Möglichkeit, Handelsbücher und sonst erforderliche Aufzeichnungen in einer anderen lebenden Sprache zu führen (HGB § 239 Abs. 1). Auch wenn die Bücher evtl. in Fremdwährung geführt werden, ist die Währungseinheit für den Jahresabschluss Euro.

Gemäß HGB § 245 ist der Jahresabschluss vom Kaufmann und Inhaber oder Geschäftsführer zu unterschreiben.

Das gilt für alle persönlich haftenden Gesellschafter. Die Unterschrift hat unter Angabe des Datums zu erfolgen. Diese Verpflichtung zur Unterschrift gilt auch für die Eröffnungsbilanz. HGB § 240 übernimmt inhaltlich die Regelungen über die Erstellung eines Inventars sowie des Festwertverfahrens und der Gruppenbewertung. Der Kaufmann hat zu Beginn seines Handelsgewerbes und für den Schluss eines jeden Geschäftsjahres ein Inventar innerhalb der einem ordnungsmäßigen Geschäftsgang entsprechenden Zeit zu erstellen.

Grundlage des Inventars ist die Inventur, d.h. die Bestandsaufnahme aller vorhandenen Wirtschaftsgüter.

Damit übernehmen Inventar und Inventur Kontrollfunktionen der Buchführung. Die durch die Zählung ermittelten Ist-Werte werden den Soll-Beständen der Bücher gegenüber gestellt.

Die **Bilanz** ist im Grunde nichts anderes, als eine zu einem bestimmten Stichtag erstellte einfache Übersicht über Vermögen und Schulden eines Unternehmens. Die Vermögensbestandteile eines Unternehmens, das sind der Wert der Wirtschaftsgüter, Guthaben, flüssige Mittel, werden als **Aktiva** bezeichnet und sind auf der linken Seite der Bilanz angeordnet. Die Geldmittel, die in diese Vermögensbestandteile investiert worden sind, erscheinen nach ihrer Herkunft in Eigen- und Fremdkapital getrennt auf der rechten Seite der Bilanz und werden als Passiva bezeichnet. Die Passiva gibt damit als Kapitalposten die Quellen an, aus denen die Aktiva in Form von Vermögenswerten finanziert worden ist.

Die Gesamtsummen von Aktiva und Passiva müssen immer gleich hoch sein.

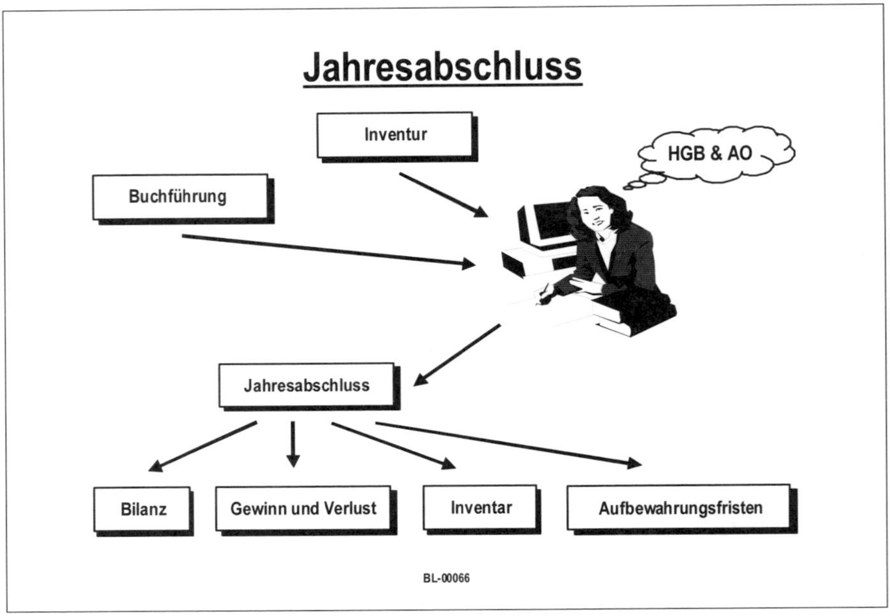

Die in der Bilanz stehenden Daten ergeben sich aus den zum Bilanzstichtag abgeschlossenen Konten der Buchhaltung. Entsprechend der Bilanzgliederung unterscheidet man Aktiv- und Passivkonten. Erstere erfassen das Vermögen, letztere das Kapital. Da beide Kontenarten Bestände bzw. Bestandsveränderungen aufzeichnen, nennt man sie auch **Bestandskonten**.

Wird durch einen Geschäftsvorfall ein Erfolg erzielt, so erhöht sich das Vermögen (Bankeingang) und damit die Summe der Aktiva. Eine entsprechende Erhöhung ist beim Eigenkapital (Gewinn) und somit auch auf der Passivseite zu verzeichnen. Ergeben sich während der Geschäftsperiode Aufwendungen, die das Eigenkapital mindern und Erträge, die das Eigenkapital erhöhen, dann wird in der Bilanz lediglich der Saldo ausgewiesen. Die Ursachen der Erfolgsbildung werden dabei nicht sichtbar. Um aber die Quellen des Erfolges transparent zu machen, werden Erfolgskonten als Vorkonten zum Eigenkapitalkonto gebildet, die die Aufwendungen und Erträge während einer Geschäftsperiode enthalten.

Die Salden sämtlicher Erfolgskonten werden in einem weiteren gesonderten Abschlusskonto, das als Gewinn- und Verlustkonto bezeichnet wird, übernommen. Der Saldo dieser Gewinn- und Verlustrechnung wiederum stellt den Erfolg der Geschäftsperiode dar und wird beim Abschluss auf das Eigenkapitalkonto übertragen. Das Gewinn- und Verlustkonto ist damit neben der Bilanz zwar ein eigenständiges Abschlusskonto, hat andererseits die bedeutende Funktion Einblick in die Entwicklung der Veränderungen zum Eigenkapitalkonto zu geben. Zusammenfassend ist festzustellen:

- Die Bilanz ist die Auflistung der Vermögensbestandteile und Schulden.
- Gegenübergestellt werden hier Aktiva und Passiva.
- Die Passiva zeigen die Mittelherkunft an.
- Als Aktiva bezeichnet man die Vermögensbestände. Sie geben Aufschluss darüber, wie die Finanzmittel eingesetzt wurden.
- Die Summe aller Aktiva ist stets gleich der Summe aller Passiva.
- Die Bilanzdaten ergeben sich aus der Übertragung der Kontensalden, die an einem bestimmten Stichtag aus der Buchhaltung entnommen wurden.

Die Bilanz ist in Kontoform aufzustellen. Dabei haben große und mittelgroße Kapitalgesellschaften (HGB § 267 Abs.3.2) auf der Aktivseite die in Absatz 2 und auf der Passivseite die in Absatz 3 bezeichneten Posten gesondert und in der vorgeschriebenen Reihenfolge auszuweisen. Kleine Kapitalgesellschaften (HGB §267 Abs.1) brauchen nur eine verkürzte Bilanz aufzustellen.

Selbst wenn Sie keine GmbH-Gründung planen, empfiehlt es sich bei entsprechendem Geschäftsvolumen, die Gliederung der Kleinen Kapitalgesellschaft zu berücksichtigen. Wandeln Sie zu einem späteren Zeitpunkt doch in eine GmbH um, haben Sie bereits Bilanzkontinuität betrieben. Als Kleine Kapitalgesellschaften (Stand 2010) werden solche bezeichnet, die mindestens zwei der drei nachstehenden Merkmale nicht überschreiten:

- 4,84 Mio. Euro Bilanzsumme nach Abzug eines auf der Aktivseite ausgewiesenen Fehlbetrags (§ 268 Abs. 3)
- 9,68 Mio. Euro Umsatzerlöse in den zwölf Monaten vor dem Abschlussstichtag
- im Jahresdurchschnitt fünfzig Arbeitnehmer

Mittelgroße Kapitalgesellschaften sind solche, die mindestens zwei der drei unter kleinen Kapitalgesellschaften bezeichneten Merkmale überschreiten und jeweils mindestens zwei der drei nachstehenden Merkmale nicht überschreiten:

- 19,25 Mio. Euro Bilanzsumme nach Abzug eines auf der Aktivseite ausgewiesenen Fehlbetrags (§ 268 Abs.3)
- 38,5 Mio. Euro Umsatzerlöse in den zwölf Monaten vor dem Abschlussstichtag
- im Jahresdurchschnitt zweihundertfünfzig Arbeitnehmer

Große Kapitalgesellschaften sind solche, die mindestens zwei der zuvor genannten Merkmale überschreiten. Eine Kapitalgesellschaft gilt stets als große, wenn Aktien oder andere von ihr ausgegebene Wertpapiere an der Börse in einem Mitgliedsstaat der Europäischen Wirtschaftsgemeinschaft zum amtlichen Handel zugelassen oder in den geregelten Freiverkehr einbezogen sind oder die Zulassung zum amtlichen Handel beantragt ist. Die Gewinn- und Verlustrechnung ist in Staffelform nach dem Gesamtkostenverfahren oder dem Umsatzkostenverfahren aufzustellen.

Aufbewahrungsformen und -fristen sind zu beachten.

Die Aufbewahrungspflicht ergibt sich aus der Pflicht zur ordnungsgemäßen Buchführung. Es genügt nicht die Unterlagen lediglich aufzuheben. Es muss eine systematische Ablage mit Systemen zur Datenwiederbeschaffung eingerichtet werden. Eröffnungs- oder andere Bilanzen und Unterlagen der Jahresabschlüsse sind in Urschrift aufzubewahren. Alle übrigen Unterlagen können unter den im Gesetz festgelegten Voraussetzungen, zur Wiedergabe auf einem Bild- oder anderen Datenträger aufbewahrt werden. Die mit der EDV-Buchführung unmittelbar auf Datenträgern hergestellten Handelsbücher, Aufzeichnungen oder Belege können aber auch ausgedruckt aufbewahrt werden. Die für die Praxis wichtigsten Regelungen ergeben sich aus HGB § 257 und AO § 147. Empfangene und Wiedergaben (Kopien, Durchschläge) abgesandter Handelsbriefe sowie Buchungsbelege müssen Sie sechs Jahre aufbewahren. Für die übrigen genannten Unterlagen (Handelsbücher, Abschlüsse usw.) gilt eine zehnjährige Aufbewahrungsfrist.

Im Falle möglicher Rechtsstreitigkeiten ist zu berücksichtigen, dass die Aufbewahrungsfrist für die in der Sache erforderlichen Unterlagen grundsätzlich nicht abläuft.

Es empfiehlt sich bei der Archivierung von abgelegten Geschäftsunterlagen, die beispielsweise über das aktuelle und Vorjahr hinausgehen, statt in Ordnern diese in Kartons oder sonstigen Hüllen aufzubewahren und farbig zu markieren. Die farbigen Markierungen dienen dazu die Aufbewahrungszeiträume abzuleiten.

Eine detaillierte Auflistung der Aufbewahrungsfristen und buchhalterischen Unterlagen können durch Downloads erfahren werden.

Premium-Download
Unterlagen mit sechs- und zehnjährigen Aufbewahrungsfristen.

Über strukturierte Ablagesysteme bestehen gute Chancen:

- alphabetische Ablage der Lieferanten- und Kundeninformationen, Rechnungen, Lieferscheinen, Preislisten, Produktbeschreibungen und sonstige Korrespondenz
- separate Ablage sonstiger Post, z.B. Behörden, Verbände, Vereine etc
- Archivierung aller intern erstellten Notizzettel, Formulare und schriftlichen Informationsträger, die in irgendeiner Form ausgefüllt oder ergänzt werden
- Archivierung von Kopiervorlagen für Produktinfos, Einladungen
- Archivierung von Mailings und deren relevante Verteiler
- Korrespondenz, Formulare, Anmeldungen und Erklärungen gegenüber Behörden
- Interessentenstamm nach Identnummer, falls Sie ein rechnergestütztes Akquisitionsmanagementsystem einsetzen
- Informationen, Belege und Dokumente, falls Sie regelmäßig an bestimmten Veranstaltungen teilnehmen (z.B. Messen)

6.5. Das Rechnungswesen des Freiberuflers

Als Freiberufler beziehen Sie Einkünfte aus selbständiger Arbeit (EStG § 18 Abs.1 Nr. 1), die zwar der Einkommensteuer, nicht aber der Gewerbesteuer, unterliegen. Sie haben ein Wahlrecht: Sie können Ihren Gewinn entweder durch **Vermögensvergleich** (EStG § 4 Abs. 1) oder durch Einnahme-Überschussrechnung (EStG § 3 Abs. 3) - auch **Überschussrechnung** genannt - ermitteln. Die Gewinnermittlung durch Vermögensausgleich (EStG § 4 Abs. 1) setzt die Einrichtung einer Buchführung und die Erstellung eines Jahresabschlusses (Bilanz und Gewinn- und Verlustrechnung) voraus.

Freiberufler können ihren Gewinn regelmäßig durch Überschussrechnung ermitteln (EStG § 4 Abs. 3). Im Einzelfall können Ihnen bei der Wahl das Finanzamt oder ein Steuerberater behilflich sein.

Sind Ihre Betriebseinnahmen höher als Ihre Betriebsausgaben, ergibt sich ein Gewinn aus selbständiger Arbeit. Übersteigen dagegen Ihre Betriebsausgaben Ihre Betriebseinnahmen, erzielen Sie einen Verlust, der mit Ihren anderen positiven Einkünften, z.B. der Einkünfte aus nichtselbständiger Arbeit, verrechenbar ist. Eine Begriffsbestimmung zu **Betriebseinnahmen** enthält das Gesetz nicht. Nach der Rechtsprechung sind Betriebseinnahmen *„alle Zugänge in Geld oder Geldeswert, die durch den Betrieb veranlasst sind“* (BFH,Urteil vom 13.03.1991, BFH/NV 1991 S.537).

Hierzu zählen z.B.:

- Honorareinnahmen
- Entgelte aus Hilfs- und Nebengeschäften
- vom Finanzamt erstattete Umsatzsteuer

Bei der Überschussrechnung (EStG § 4 Abs. 3) kommt es auf den Zeitpunkt der Vereinnahmung an. Das bedeutet: Ihre Betriebseinnahmen sind in dem Veranlagungszeitraum einkommensteuerlich zu erfassen, in dem sie Ihnen zugeflossen sind (EStG § 11 Abs. 1). Wann Ihre Leistung erbracht worden ist, ist ohne Bedeutung. Darin unterscheidet sich die Gewinnermittlung durch Überschussrechnung (EStG § 4 Abs. 3) von der Gewinnermittlung durch Vermögensvergleich (EStG § 4 Abs. 1).

Darum bewirken auch Vorschüsse für Honorare, die Sie im Hinblick auf eine noch zu erbringende Leistung erhalten, bereits bei ihrem Zufluss eine Gewinnerhöhung. Dies trifft auch dann zu, wenn Sie später aufgrund einer endgültigen Abrechnung zur Rückzahlung eines Teils des Vorschusses verpflichtet sind. Entsprechendes gilt ebenfalls für Honorar-Abschlagszahlungen. Zu den Betriebsausgaben zählen alle Aufwendungen, die durch den Betrieb Ihrer selbständigen Tätigkeit angefallen sind (EStG § 4 Abs. 4).

Es wird zwischen

- sofort abzugsfähigen
- nicht sofort abzugsfähigen und
- nicht bzw. nur beschränkt abzugsfähigen

Betriebsausgaben unterschieden. Sofort abzugsfähig sind alle durch Ihre freiberufliche Tätigkeit veranlassten Aufwendungen, die laufend anfallen, für die aber kein bewertbares Wirtschaftsgut entsteht (z.B. Löhne, Portokosten, Schreibmaterial, Telefonkosten, Telefaxkosten usw). Auch gehört hierzu die verausgabte Umsatzsteuer.

Derartige Aufwendungen sind grundsätzlich in dem Kalenderjahr als Betriebsausgaben abzuziehen, in dem sie verausgabt werden (EStG §11 Abs. 2). Zu den sofort abzugsfähigen Betriebsausgaben gehören auch die Anschaffungskosten für so genannte geringwertige Wirtschaftsgüter (EStG § 6 Abs. 2).

Darunter versteht man die abnutzbaren Wirtschaftsgüter des Anlagevermögens (z.B. Schreibmaschine, Rechenmaschine), deren Anschaffungs- oder Herstellungskosten 410,- Euro (150,- Euro in 2008/2009) nicht übersteigen. AB 01.01.2010 besteht ein Wahlrecht je Wirtschaftsjahr für geringwertige Wirtschaftsgüter. Hierbei können Wirtschaftsgüter bis 410,- Euro netto im Jahr der Anschaffung sofort abgeschrieben werden. Die Aufzeichnung in ein entsprechendes Verzeichnis für Wirtschaftsgüter von 150,0' bis 410,- Euro ist Pflicht.

Alternativ kann weiterhin die Regelung zum Sammelposten angewendet werden, welcher einheitlich über 5 Jahre abgeschrieben wird. Wichtig ist, dass pro Wirtschaftsjahr für jedes neu angeschaffte Wirtschaftsgut, die gleiche Regel anzuwenden ist. Ein Wechsel innerhalb des Jahres zum Sammelposten wäre dann nicht möglich.

Bei nicht sofort abzugsfähigen Aufwendungen gilt der Grundsatz, dass Betriebsausgaben den steuerlichen Gewinn sofort im Zeitpunkt ihrer Verausgabung mindern, nicht uneingeschränkt.

Auch für Freiberufler finden die Vorschriften über die Absetzung für Abnutzung (AfA) Anwendung.

Sonderabschreibungen für kleine und mittlere Betriebe, die man auch als Mittelstands-AfA bezeichnet, bieten gute Möglichkeiten zur Gewinngestaltung. Die Vorschrift (EStG § 7g) ermöglicht es Ihnen, im Jahr der Anschaffung und in den folgenden 4 Jahren neben der linearen AfA Sonderabschreibungen bis zu insgesamt 20 % der Anschaffungskosten des erworbenen Anlageguts geltend zu machen.

Freiberufliche Existenzgründer müssen die Investition statt innerhalb von fünf in drei Jahren vornehmen.

Die Inanspruchnahme der Sonderabschreibung hängt von folgenden Voraussetzungen ab:

- Sie haben ein fabrikneues, bewegliches Wirtschaftsgut des Anlagevermögens, z.B. einen Computer angeschafft,
- der Einheitswert Ihres freiberuflichen Betriebs darf einen bestimmten Wert nicht überschreiten (Finanzamt anfragen),

- im Jahr der Sonderabschreibung wird der angeschaffte Gegenstand zu mindestens 90 % betrieblich genutzt,
- er wird mindestens ein Jahr nach der Anschaffung von Ihnen betrieblich genutzt,
- soweit die Einnahmenüberschussrechnung angewandt wird, darf der Gewinn nicht über 100.000,- Euro liegen.

Nicht bzw. nur beschränkt abzugsfähig sind einige Betriebsausgaben, die nicht in voller Höhe abzusetzen sind. Hierzu zählt:

- betrieblich veranlasste Geschenke. Diese können nur abgezogen werden, wenn die Anschaffungs- oder Herstellungskosten der im Kalenderjahr zugewendeten Gegenstände 35,- Euro (Stand 2010) nicht übersteigen (EStG § 4 Abs. 5 Nr. 1). Diese müssen in der Buchführung separat kontiert werden. Eine Namensnennung auf dem Buchungsbeleg genügt nicht.
- geschäftlich veranlasste Bewirtungskosten zur Anbahnung oder Pflege von Geschäftsbeziehungen und im Rahmen der Öffentlichkeitsarbeit in einer Höhe von 70 % (Stand 2010) als Betriebsausgaben (EStG § 4 Abs.5 Nr. 2).

6.6. Markteintritt und Geschäftseröffnung

Irgendwann ist der Tag der Geschäftseröffnung gekommen, der Startschuss fällt und das neue operative Tagesgeschäft beginnt. Ein solcher Zeitpunkt ist wirtschaftlich zu gestalten, denn es entstehen eine Menge Kosten. Viele Maßnahmen sind vorzubereiten und die Gunst der Stunde ist zu nutzen, möglichst kompakt den Markteintritt zu realisieren. Die Bandbreite der Aktionen reichen von Maßnahmen zum Eröffnungstag, den Einladungen und weiteren werblichen Maßnahmen bis hin zur Einbindung von Presse, Funk und Regional-TV, der Einbindung von Kollektiven. Aber auch Schautage und Hausmessen in der Zeit unmittelbar nach der Eröffnung bieten Spielräume.

Schließlich sind gezielte Werbekampagnen vorzubereiten und künftig durchzuführen, der Erfolg der Maßnahmen ist zu messen. Ein Cocktail an Möglichkeiten, die sich von den üblichen Marketing- und Werbemaßnahmen unterscheiden, müssen um den Bonus des Markteintritts voll abzuschöpfen, gezielt durchgeführt werden.

Weitere Detailinformationen in dieser Buch-Reihe
Buch II - „Markteintritt und Wachstum“

6.7. Kontrollfragen

- ❑ Entsprechen Ihre Geschäftsräume den Anforderungen der Arbeitsstätten-Verordnung?

- ❑ Entsprechen eingesetzte Geräte und Mobiliar den relevanten einschlägigen Vorschriften an Ergonomie?

- ❑ Wenn in Ihrem Unternehmen Raucher beschäftigt sind, treffen Sie Vorsorge für den Nichtraucherschutz?

- ❑ Können Sie Ihr künftiges Telefonverhalten in der Einschätzung der notwendigen Kommunikationsmittel richtig beurteilen?

- ❑ Haben Sie sich bereits Gedanken über Anzahl, Alter und Qualifikation Ihrer künftigen Mitarbeiter gemacht?

- ❑ Arbeitsverträge sind grundsätzlich schriftlich niederzulegen.

- ❑ Nutzen Sie Informationsmöglichkeiten der Sozialversicherungsträger, der Krankenkassen, Rentenversicherungsanstalt um sich über Versicherungspflichten und Tarife kundig zu machen?

- ❑ Schätzen Sie Ihren administrativen Zeiteinsatz im operativen Tagesgeschäft richtig ein?

- ❑ Unterschätzen Sie vielleicht die denkbaren Erfolgschancen um durch rechnergestützte Akquisitions- und Clientingsysteme besser in den Markt einzutreten?

- ❑ Fehlermanagementsysteme sind Elemente auf dem Weg zu einem kontinuierlichen Verbesserungsprozess - ist Ihnen das klar?

- ❑ Planen Sie ausreichend Zeit zur Planung und Gestaltung des Buchführungssystems (Kontenplan) ein. Solche Systeme sind wichtige Wegbegleiter für das spätere Planungs- und Controllingsystem.

- ❑ Werden für Sie eine kaufmännische Buchhaltung und ein Vermögensvergleich im Sinne eines §4 Abs1 EStG erforderlich, d.h. Sie fertigen als Jahresabschluss Bilanzen und GuV an oder beschränken Sie sich auf eine Einnahmen-/ Ausgabenüberschussrechnung gemäß §3 Abs3 EStG?

- ❑ Kann der Freiberuflerstatus für Ihr Vorhaben relevant sein?

7. Index

A

B

C

D

E

F

G

W

Z

Chance

Setzen Sie Ihre Idee um ...
... wir belohnen Sie dafür

1. Schritt
Möchten Sie Ihre Gründungsidee literarisch vermarkten?

2. Schritt
Können Sie die verschiedenen Schritte Ihres Gründungsvorhaben wochenweise festhalten?

3. Schritt
Informieren Sie sich unter www.uvis-verlag.de/uv8010.htm
„Schreiben Sie Ihre Erfolgsstory"

4. Schritt
Reichen Sie uns Ihre Entwürfe zur beabsichtigten Publikation ein.
Download auf Website unter www.uvis-verlag.de/uv8020.htm

Resümee
So können Sie Ihre Ideen - als strategisches Marketingkonzept - vermarkten und neue Partner gewinnen, die Sie sonst nie erreichen würden.

Freiraum für Notizen

Schlusswort

Vielen Dank für das Vertrauen, das Sie in das Werk gesetzt haben. Als Autor habe ich mich bemüht, Erfahrungen und thematische Erkenntnisse so aufzubereiten, dass sie einer sehr heterogenen Zielgruppe verständlich werden.

Alle Angaben wurden sorgfältig recherchiert und geprüft. Dennoch können durch regionale Unterschiede, Betrachtungsweisen, Aktualität und begrenzte Darstellungsmöglichkeiten, selbst bei diesem umfangreichen Werk nicht alle Dinge, von allen Seiten, in einer vielleicht gewünschten Tiefe durchleuchtet werden. Da genannte Gebühren, Kosten, Beiträge und Zinssätze seit der Recherche, über den Zeitpunkt der Veröffentlichung, bis hin zum heutigen Datum einem ständigen Wandel unterworfen sind, bitte ich Sie, sich in Einzelfällen an die entsprechenden Stellen zu wenden und sich grundsätzlich zurück zu versichern. Auch kann eine Gewähr für Vollständigkeit und Richtigkeit weder vom Verlag noch vom Autor übernommen werden.

Ausdrücklich möchte der Autor darauf aufmerksam machen, dass Hinweise auf Gesetzestexte und Interpretationen nur allgemeingültige Aussagen in der Betrachtung des Kontextes sind und keinesfalls eine Bewertung darstellen. In keinem Fall können daraus Rechtsansprüche oder Rechtsverbindlichkeiten abgeleitet werden. Für diese Eventualitäten bedienen Sie sich bitte ausschließlich juristischer Hilfe.

Um die hohen Qualitätsansprüche auch für die Zukunft zu sichern, möchten wir die Möglichkeit bieten, uns über die Veränderungen, Abweichungen und anders erfahrene Sachverhalte zu informieren. Der Autor hat zu diesem Zweck eine Hotline eingerichtet unter der Sie Ihre Kommentierungen wahlweise per e:Mail oder Fax uns melden können.

Hotline: UVIS Beratung GmbH
- Lesermeinung -
Existenzgründung - Fakten & Grundsätzliches
e:Mail info@uvis.de
Fax 07392 / 105 97

Verlagshinweise

Um Ihrem Vorhaben eine rundum sichere Entscheidungsgrundlage zu bieten, haben wir den Existenzgründerzyklus in thematische Schwerpunkte unterteilt. Alle Werke sind prozessorientiert und begleiten Sie durch die typischen Phasen einer Existenzgründung.

Während Sie in diesem jetzt aktualisierten Werk ***„Fakten und Grundsätzliches“*** rund um den Weg in die Selbständigkeit erfahren haben, befassen sich die anderen Bände der Reihe mit

- Markteintritt und Wachstum
- Businessplan und Chancen
- Finanzierung und Sicherheiten
- Netzwerke und Partnerschaften

und bieten somit ein Rundum-Sorglos-Paket für die klassischen Fragen einer Existenzgründung.

Auf den folgenden Seiten haben wir die wesentlichen Motive und Inhalte der Gesamtausgabe und der einzelnen Werke vorgestellt.

Freiraum für Notizen

Der Existenzgründerzyklus
**„Der sichere Weg
zum erfolgreichen Unternehmen"**

Der Existenzgründerzyklus „Der sichere Weg zum erfolgreichen Unternehmen" schließt in einer sehr umsichtig praxis-orientierten Form Visionen, Ideen und Überlegungen von Existenzgründern auf und begleitet sie Schritt für Schritt auf über 1.500 Seiten mit praxiserprobten Wissen.

EUR 155,- ; sFr 240,- ; £ 110,-
ISBN 978-3-938684-01-6

Der Binnenmarkt hat sich erweitert und ein enormes Potenzial an Möglichkeiten geschaffen. Neue Länder sind hinzugekommen und bieten sowohl Migranten in Deutschland, als auch Deutschen Aspekte, sich in den Nachbarländern innerhalb der EU gleichermaßen zu verselbständigen. Nationalitäten spielen nahezu keine Rolle mehr. Die EU wacht über die Chancengleichheit im Markt. Der organisatorische Aufbau und das operative Tagesgeschäft der neuen Unternehmen, die Reduzierung des Risikos verbunden mit dem Wunsch, sich mit einer tragfähigen Vollexistenz zu etablieren, bergen den Schlüssel für den Erfolg und in den wirtschaftlich, schwierigen Zeiten für Wachstum und Arbeitsplätze. Im Vertrauen auf Bewährten und kritischen Hinterleuchten realer Beziehungsgeflechte, will diese Wissenssammlung die Motivation der nach Erfolg strebenden Menschen fördern.

In den fünf Schwerpunkten Fakten, Markteintritt, Businessplan, Finanzierung und Netzwerke werden Themenfelder dezidiert aufbereitet und Existenzgründern als auch Jungunternehmern gleichermaßen verständlich nahe gebracht. Dieser Existenzgründungs-ratgeber, der sich praktisch im Schuber als Repräsentationsobjekt im Regal eines jeden Jungunternehmer-Chefzimmer oder sich als Präsent vor der Unternehmensgründung eignet, ist für Personen gedacht, die sich als originäre Start ups, Seiteneinsteiger, Frei-berufler oder Gewerbebetreibende in Industrie, Handel, Handwerk, Dienstleistungen und ihren jeweiligen Mischformen verselbständigen oder nebenberuflich die Selbständigkeit erst einmal austesten wollen.

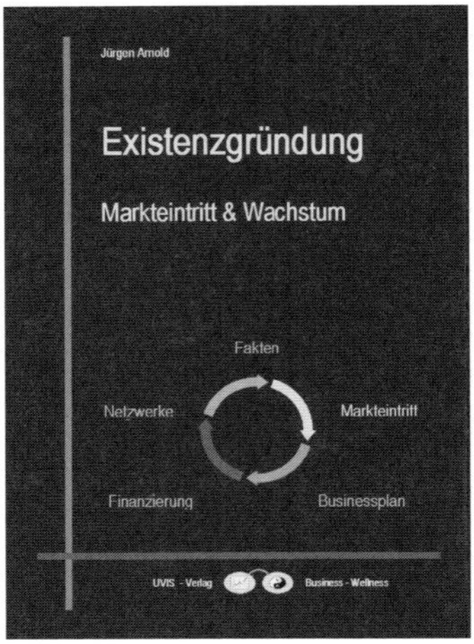

Existenzgründung
Markteintritt und Wachstum

Das beste Produkt nutzt nichts, wenn es keiner kauft.

Wege finden, erfolgreich die Bedürfnisse von Markt und Zielgruppen ansprechen.

34,- €; sFr 53,-; £ 24,-
ISBN 978-3-938684-01-6

Der Markteintritt vieler Existenzgründer gestaltet sich vor dem Hintergrund verschärfter Wettbewerbsverhältnisse, Preiskämpfe und den Engagements weiterer neuer Marktteilnehmer aus dem In- und Ausland immer schwieriger. Treten eine ungünstige Konjunkturlage oder Kaufzurückhaltung noch hinzu, wird die Luft für ein junges Unternehmen und die etablierten Marktteilnehmer recht eng.

Eine Herausforderung für junge Entrepreneurs, unvorbelastet und unvoreingenommen diesen Markt anzugehen. Gelingt es den jungen Unternehmen mit einem perfekt ausgerichteten Portfolio, marktgerechten Preise, zum richtigen Zeitpunkt und auf die richtige Art und Weise die Zielgruppen zu treffen, stehen die Chancen für eine erfolgreiche Umsetzung der Idee nicht schlecht. Neben der Kunst, Interessenten zu gewinnen und diese zu Neukunden zu qualifizieren, tritt ein weiteres Unterfangen hinzu, nämlich diese Neukunden jetzt auch zu Stammkunden weiter zu entwickeln, folgend aktives Kundenclienting, d.h. Kundenbindung und -pflege zu betreiben.

Die Erreichung derartiger Ziele wird möglich, wenn die eigenen Produkte und Dienstleistungen klar und unverwechselbar vom Wettbewerb abgehoben positioniert werden können. Gleichzeitig ist ein sehr dezidiertes Gefühl für den Markt zu entwickeln.

- Schützen Sie Ihre Schätze.
- Schaffen Sie Marken, Qualität und Vertrauen.
- Analysieren Sie den Markt, Ihre Teilnehmer, Wettbewerber und denkbaren Partner.
- Gestalten Sie immer wieder Sortiment und ihre Preise um.

Nichts ist beständiger als der Wandel. Das gilt besonders für die Attribute, die man ihren Leistungen und Unternehmen zuschreibt. *„Preisbewusst, zuverlässig, sicher, berechenbar, langlebig“* sind einige dieser Merkmale. Sie werden sicherlich für sich selbst und ihr Unternehmen noch weitere Merkmale finden, mit denen Sie sich identifizieren und den Erfolg mitbestimmen können, Ziele zu definieren ist eine Marketingaufgabe, Methoden und Wege zu finden und zu nutzen, um sie zu erreichen, eine weitere Handlungsmaxime.

Der Markteinführung, die dem gesamten Mix eines Bauchladens vergleichbar ist, kommt die gleiche Bedeutung, wie der auf lange Sicht angelegten Werbung zu. Dabei bestimmen unterschiedliche Techniken in der Zielgruppenansprache, sei es auf dem direkten Weg oder über Mittler, den erforderlichen Zeit- und Kosteneinsatz mit. Traditionelle als auch neuzeitliche Kommunikationsmittel wirken mit, Interessenten zu mobilisieren und sie zu kaufwilligen Kunden zu motivieren.

Effizienz und Effektivität sind wichtige unternehmerische Werte. Sie lassen den Wunsch entstehen, mehr über die Wirkung der den Kunden vermittelten Mehrwerte und Zusatznutzen zu erfahren, wie diese auf das eigene Unternehmen reflektieren. Die Visualisierung derartiger Entwicklungen setzt den Einsatz von ausführlichen Vertriebs- und Finanzcontrollingsystemen voraus.

Gelingt Ihnen der Spagat, diesen Wunsch in das gelebte operative Tagesgeschäft einzubetten, halten Sie den Schlüssel zur Entwicklung eines erfolgreichen Unternehmens, - der Umsetzung Ihrer Gründungsidee - in Händen. Bedenken Sie jedoch bitte, dass auch Marketing, Werbung und Vertrieb nur einzelne Elemente eines Gestaltungskonglomerats sind die ein erfolgreiches Unternehmensprozedere bewirken.

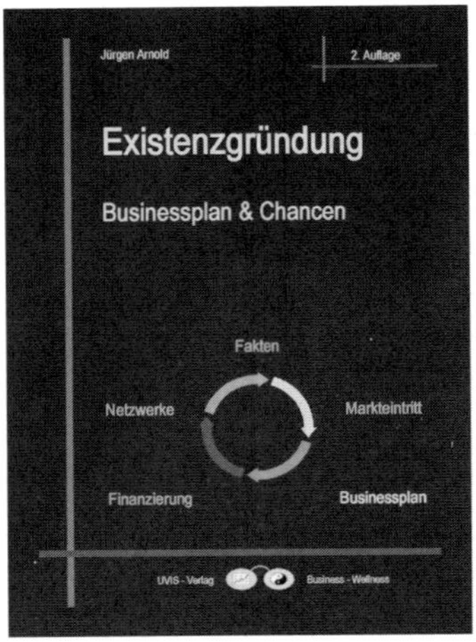

Existenzgründung

Businessplan und Chancen
2. aktualisierte Auflage

Mit der 2. aktualisierten Ausgabe wurde die Struktur und die Transparenz des Businessplans an neueste Erkenntnisse und Erfahrungen ausgerichtet.

Der Businessplan wird damit zum wichtigsten Planungs- und Controlling-instrument.

34,- €; sFr 53,-; £ 24,-
ISBN 978-3-938684-08-5

Das Unternehmenskonzept oder der Businessplan ist ein Geschäftsplan, der das A & O einer jeden auf Erfolg und Zukunft gesetzten Unternehmensidee beschreibt. Er ist ein Leitfaden für Entrepreneurs und ein zentrales Element um Wirtschaftspartner, die in der Regel als Kapitalgeber hinzutreten, von Vorhaben und Nachhaltigkeit zu überzeugen.

Die größte Herausforderung bei der Erstellung des Unternehmenskonzeptes ist es, ein komplexes Thema auf den Punkt zu bringen und die Erfolgsaussichten zu vermitteln. Es gibt nicht den auf Erfolg programmierten Businessplan. Man sollte sich hüten Pläne zu kopieren, Daten auszutauschen oder Quellen im Internet als allwissende Heilbringer für den idealen Plan zu sehen. Aus der Erfahrung, - Gründer würden sich keinen Gefallen tun, sich selbst nur betrügen und durch Fachleute schnell als Fantasten entlarvt werden.

- Doch wie muss ein Businessplan aussehen?
- Was gehört dazu?
- Was darf wegbleiben?
- Wie wird Erfolg glaubhaft geplant und dokumentiert?

Der dritte Band *"Businessplan und Chancen"* des neuen Existenzgründerzyklus *"Der sichere Weg zum erfolgreichen Unternehmen"* baut auf die beraterische, solide und umfassende Erfahrung vieler Jahrzehnte im Markt auf und will dem Gründer Hilfe zur Selbsthilfe bieten.

Er fokussiert Inhalte, Quellen, Gliederungsschemata, ableitbare Nutzen und Synergiepotenziale, die einmal in den Businessplan hinein gesteckt nicht nur zu einem optisch schön zusammengestellten Anschauungsexemplar führen, sondern dem Gründer ein praktikables Werkzeug und Controllinginstrument für die Etablierungs- und Unternehmensaufbauphase schaffen.

Der Businessplan als Beschreibung ist somit nicht das Ziel sondern die Zusammenfassung der Informationen, die dem Entrepreneur zur Selbstreflexion anregen und bereits in der Gründungsphase den Grundstein für einen kontinuierlichen Verbesserungsprozess legen. Dieses Werk enthält sowohl erklärende und beschreibende Teile wie auch zahlreiche Muster, die mit Hilfe üblicher Textverarbeitungs-, Tabellenkalkulation- und Präsentationsprogramme erstellt und vertieft werden können.

Zahlreiche Anregungen und Tipps unterstützen den Existenzgründer, sich mit seinem Konzept bei Bankgesprächen oder Ausscheidungen vor größeren Auditorien profilieren und durchsetzen zu können. Evaluationen, Erfolgskontrollen und Chancen zu Verbesserungen schließen das Werk ab. Sie bieten den motivierten Gründer eine umfassende Grundlage an sich zu arbeiten und einfach besser zu werden.

Nutzen Sie Struktur und Inhalte eines erfolgreich im Markt eingeführten Konzeptes für Ihre Idee

In der zweiten Ausgabe finden sich viele Neuerungen eingearbeitet. Neue Ansätze in der Markterkundung, der Wettbewerbsbeobachtung, der Investitionsbedarfsplanung und der Finanzierung wurden berücksichtigt.

Existenzgründung
Finanzierung und Sicherheiten

Finanzierungsquellen systematisch erschließen und für das Vorhaben gewinnen.

Klassische und neuzeitliche Möglichkeiten miteinander verbinden und einen gesunden Finanzierungsmix nutzen.

34,- €; sFr 53,-; £ 24,-
ISBN 978-3-938684-03-0

Außergewöhnliche Ideen in gute Geschäfte umsetzen, neue Märkte erschließen, innovative Produkte entwickeln, Arbeitsplätze schaffen und natürlich einen hohen Grad an Selbstverwirklichung erfahren - sind Faszinationen und Motive, die sich um Existenzgründungen und dem Aufbau junger Unternehmen immer wieder ranken.

Um derartige Vorhaben zu realisieren wird Geld und Kapital benötigt, nicht selten sogar sehr viel Geld. Auch ein gerüttelt Maß an Eigenkapital tut Not. Damit ist es nicht immer zum besten bestellt. Deshalb verstauben auch viele gute Ideen in den Schubladen der Gründer und kommen erst gar nicht in den Markt.

Wer Eigenkapital beschaffen will, kann - sofern vorhanden - eigene Ressourcen nutzen, Investoren suchen oder sich an eine Bank des Vertrauens, - seine künftige Hausbank -, wenden. Darüber hinaus unterstützen Förderprogramme eine Vielzahl von Maßnahmen in

- der Phase der Gründung,
- der Sicherung des neuen Unternehmens und
- der Ausweitung in neue Geschäftsfelder und Märkte.

Sind die Vorarbeiten zur Erstellung eines Businessplanes abgeschlossen, gilt es finanzstarke und willige Partner zu finden und für das Vorhaben zu begeistern.

Der immer wieder anzutreffenden restriktiven Haltung von Kreditinstituten gegenüber neuen Marktteilnehmern oder Gründungen in bestimmten Geschäftsfeldern, gilt es mit dezidiert ausgearbeiteten und aussagekräftigen Unterlagen Paroli zu bieten, aber auch den Blick zu alternativen oder ergänzenden Finanzierungsformen, z.B. dem Mezzanine-Kapital zu schärfen.

Wer meint es genügen alleine gute Ideen und gute Bankpartner um einen oder mehrere dem Vorhaben angepassten Kredite zu bekommen, sieht sich spätestens bei der Stellung von Sicherheiten für den erforderlichen Fremdmittelbedarf getäuscht. Sich in einem solchen Moment durchzusetzen und parallel mehrgleisig eine Finanzierung mit denkbaren Varianten vorzubereiten, die auch die spätere Etablierungsphase konsequent abdecken, ist eine Kunst, die mit den strukturierten Hilfestellungen dieses Werkes angeregt und gefördert werden.

Mit dem vierten Band *"Existenzgründung - Finanzierung und Sicherheiten"* des neuen Existenzgründerzyklus *"Der sichere Wege zum erfolgreichen Unternehmen"* werden denkbare Facetten rund um das Geld aufgezeigt, die Gründern hilfreich durch die Prozesse und Themen begleiten.

Dieses Werk eignet sich - angesichts der Neugestaltung von Rating- und Pricinginstrumenten, Änderungen der bankeninternen Ertrags- und Risikobesteuerung sowie der veränderten regulatorischen Anforderungen durch Basel II - um systematisch die Möglichkeiten auszuschöpfen, in einem risikogerechten Zinssystem den individuell richtigen Zinssatz für Gewerbe- und Förderkredite zu erhalten.

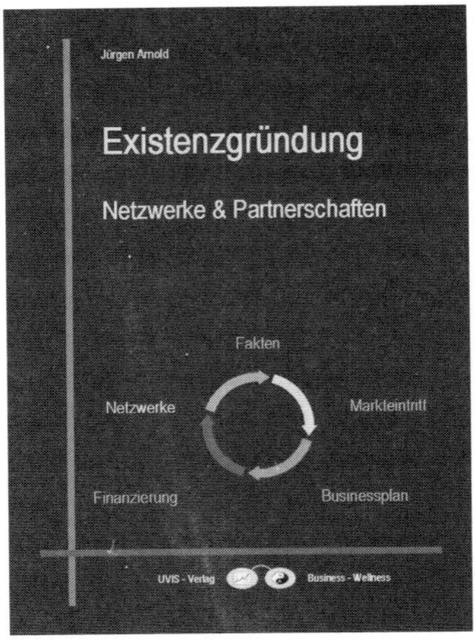

Existenzgründung

Netzwerke und Partnerschaften

Gemeinsam einfach mehr erreichen.

Die Hilfen, anfangs mit Partnern den richtigen Weg zu finden, setzen sich mit dem späteren Unternehmen in Netzwerken fort.

29,- €; sFr 45,-; £ 20,-

ISBN 978-3-938684-04-7

Einzelkämpfer sind out - Warum? Weil ihnen Kommunikation und Fähigkeiten fehlen Feedback wahrzunehmen und erfolgssichernd auch ausbauend einzusetzen. Der Markt ist global. Wir können heute überall hin und von überall besucht werden. Es ist völlig normal, dass in diesem Umfeld Existenzgründer auf Dauer sich nur dann erfolgreich bewegen können, wenn sie offen und kommunikativ in der Lage sind mit Menschen zusammen zu arbeiten. Eine Vielzahl von Partnern, Fachleuten und Informationsquellen stehen dem Entrepreneur in seiner ersten Phase der Ideenumsetzung zur Seite. Sie vermitteln Wissen, Erfahrungen und geben Tipps - soweit man denn zuhört - was geht und wo von man lieber die Finger lassen soll. Solche Ratschläge und Empfehlungen sind stets subjektiv und basieren auf den Wertevorstellungen der Sender.

Vor dem Hintergrund des jeweils individuellen Vorhabens eines Existenzgründers ist dieser gut beraten, solche Informationen zu filtern, gegebenenfalls anders zu bewerten und den für sich richtigen Nutzen daraus zu ziehen.

Die Zahl der denkbaren Partner vor der Gründung ist groß. Es sind Behörden, Kammern, Versorger, Verbände, Institute, Hochschuleinrichtungen, Stiftungen, Private Initiativen, Gremien, Clubs, Vereine, Interessensgemeinschaften. Doch viel wichtiger ist es - gleich einer Spinne - dieses Netz der Kontakte nach vollzogener Gründung zu Partnerschaften auszubauen.

Sie erfahren in diesem Werk neben der expliziten Vorstellung einzelner Partner, Wege und Methoden zu finden, in persönlichen, zum Teil auch ehrenamtlichen Engagements, Türen für sich zu öffnen, die anderen verschlossen bleiben. Diese Gabe und Chancen zu nutzen sind absolute Wettbewerbsvorteile, die Ihnen im Markt die Vorsprünge verschaffen, Ihre Unternehmensidee erfolgreich umzusetzen.

Welche Türen sich öffnen, welche Räume Sie betreten und Gesellschaften Sie kennen lernen können, hängt stark von Ihrer Vorstellungskraft ab, gleich in einem imaginären Haus zu schauen, wie viele Etagen Sie mit ihrem Fahrstuhl erreichen können. Verbleiben Sie im Erdgeschoss, vergeben Sie eine Reihe von Möglichkeiten, die sonst in den oberen Etagen über Arbeitskreise, Kooperationen, Partnerschaften zu neuen Kontakten hätte führen können. Nicht nur Interessenten und neue Kunden sind Ansprechpartner, auch Multiplikatoren und Meinungsbilder können oftmals einen vielfach höheren Nutzen dem jungen Unternehmen bieten.

Mit diesem fünften Band *"Existenzgründung - Netzwerke und Partnerschaften"* des neuen Existenzgründerzyklus *"Der sichere Weg zum erfolgreichen Unternehmen"* runden Sie ihre Kenntnisse zu denkbaren Partnern in Wirtschaft, Politik und Gesellschaft ab. Sie erfahren auch, wie Sie sich entweder partnerschaftlich in bestehende Netzwerke einbinden oder selbst aktiv werden können, um Gremien zu gestalten und zu führen.

Intelligenten Teamkonzepten gehört die Zukunft. Sie prägen nachhaltig Partnerschaften. Richtig angewandt werden Sie im Aufbau Ihres neuen Unternehmens bald feststellen, dass Wirtschaftlichkeit und Erfolg auf der Grundlage vertrauensvollen Co-Workings einfach sicherer gedeihen.

Franchise-Systeme

Gemeinsam erfolgreicher werden

Die Lizenz zum Erfolg.

So bringen Sie Ihre Vorstellungen als Franchise-Nehmer mit den Erwartungen des Franchise-Gebers unter einen Hut.

EUR 34,- ; sFr 53,- ; £ 24,-
ISBN 978-3-938684-09-2

Sich selbständig machen, will gründlich durchdacht sein.

Die Zeiten, in denen man durch eine Idee eine Unternehmensgründung und damit einen guten Start auf dem Markt platzieren konnte, sind rar geworden.

Marktlücken gibt es so gut wie keine mehr, Marktnischen sind schwer für Ungeübte zu durchleuchten und der Traum der Existenzgründung kann schnell zum Trauma werden, wenn man als Newcomer und Verdränger auf einen geordneten und ausgereizten Markt trifft.

Dennoch bieten alternative Gründungsformen gegenüber einem traditionellen Marktneueintritt mitunter gute Chancen für unternehmerischen Erfolg. Schlüsselwörter wie Start up-, Buy out-, Spin off-, insbesondere Franchise-Gründungen, allesamt aus dem angloamerikanischen Sprachgebrauch stammend, haben seit Jahren in deutschen Fachterminologien Einzug gehalten und mit dem EG-Binnenmarkt und den Entwicklungen in ganz Europa verstärkt Anwendung gefunden. Franchise ist ein vertikal-kooperativ organisiertes Absatzsystem rechtlich selbständiger Unternehmen auf der Basis eines vertraglichen Dauerschuldverhältnisses. Dieses System tritt am Markt einheitlich auf und wird geprägt durch das arbeitsteilige Leistungsprogramm der Systempartner sowie ein Weisungs- und Kontrollsystem zur Sicherung eines systemkonformen Verhaltens.

Das Leistungsprogramm des Franchise-Gebers ist das Franchise-Paket. Es besteht aus einem Beschaffungs-, Absatz- und Organisationskonzept, dem Nutzungsrecht an Schutzrechten, der Ausbildung von Franchise-Nehmern und der Verpflichtung des Franchise-Gebers, den Franchise-Nehmer aktiv und laufend zu unterstützen sowie das Konzept ständig weiterzuentwickeln.

Der Franchise-Nehmer ist im eigenen Namen und für eigene Rechnung tätig; er hat das Recht und die Pflicht, das Franchise-Paket gegen Entgelt zu nutzen. Als Leistungsbeitrag liefert er Arbeit, Kapital und Informationen.

Die Franchise-Kette mit über 200 Partnern weiß mehr darüber, wie man ein Produkt verkauft, als ein Existenzgründer zur Gründung und unmittelbar danach in Erfahrung bringen könnte. Vom günstigeren Großeinkauf bis zur Qualitätsgüteprüfung, von der Gemeinschaftswerbung bis zur Marktforschung spannt sich der Bogen, der durch strikte Arbeitsteilung die Vorteile dieser Idee unterstreicht. Ein üblicher Start up-Gründer muss erst den Markt erkunden, sein Ladenlokal vorbereiten und gestalten, günstige Einkaufsquellen erschließen und seine verkäuferischen Fähigkeiten trainieren.

Im Franchise-System kann es durchaus als üblich angesehen werden, dass der Franchise-Geber seinem Partner das Ladenlokal schlüsselfertig einrichtet, die überregionale sowie auch die Eröffnungswerbung organisiert und regelmäßig Produktschulungen durchführt.

Dieses Buch begleitet den Leser in der Beantwortung existenziell wichtiger Fragen. Es durchleuchtet sowohl Franchise-Geber- wie Franchise-Nehmer-Interessen und zeigt deren Vor- und Nachteile auf. Keinesfalls ersetzt dieses Werk jedoch jegliche Beratung durch Dritte, insbesondere Unternehmensberater, Steuerberater oder Fach- und Rechtsanwälte.

Es soll helfen, Interessierten, die Mühe und Risiko nicht scheuen, erste Orientierungshilfen zu geben, Tipps und Kniffe in der Gründungsvariante "*Franchise*" kennenzulernen und Voraussetzungen zu einer tragfähigen Vollexistenz rechtzeitig richtig einzuschätzen. Für die bei den Recherchen gewährte Unterstützung bedanke ich mich insbesondere bei den Mitarbeitern des Deutschen Franchise-Verbandes, des Deutschen Franchise Nehmer Verbandes, dem Franchise-Institut, der Fachschule für Betriebswirtschaft - Schwerpunkt „*Franchising*“ (WKS) und den zahlreichen Franchise-Gebern, die mit aktuellen Informationen, die Qualität des Werkes mitbestimmt haben.